ÖSTERREICHISCHE RAUMORDNUNGSKONFERENZ (ÖROK)
SCHRIFTENREIHE NR. 191

BEITRÄGE DER RAUMORDNUNG ZUR UNTERSTÜTZUNG „LEISTBAREN WOHNENS"

ERGEBNISSE DER ÖREK-PARTNERSCHAFT

Wien, Oktober 2014

IMPRESSUM

© 2014 by Geschäftsstelle der Österreichischen Raumordnungskonferenz (ÖROK), Wien
Alle Rechte vorbehalten.

Medieninhaber und Herausgeber: Geschäftsstelle der Österreichischen Raumordnungskonferenz (ÖROK)
Geschäftsführer: Johannes Roßbacher/Markus Seidl
Projektkoordination: Elisabeth Stix
Ballhausplatz 1, A-1014 Wien
Tel.: +43 (1) 535 34 44
Fax: +43 (1) 535 34 44 – 54
E-Mail: oerok@oerok.gv.at
Internet: www.oerok.gv.at

Auftraggeber:
Österreichische Raumordnungskonferenz (ÖROK)

Teil 1:
Bearbeitung: Mitglieder der ÖREK-Partnerschaft
Teil 2:
Autor: Ao. Univ.-Prof. Dr. Arthur Kanonier (Technische Universität Wien)
Finanzierung durch das Bundeskanzleramt
Teil 3:
Autoren:
O. Univ.-Prof. Dr. Walter Berka (Universität Salzburg)
Univ.-Prof. Dr. Andreas Kletečka (Universität Salzburg)
Finanzierung durch die Bundesländer Burgenland, Niederösterreich, Oberösterreich, Salzburg, Steiermark, Tirol, Vorarlberg, Wien

Grafische Gestaltung:
www.pflegergrafik.at

Copyrights der Coverfotos:
Tirol Werbung, Gerhard Eisenschink/Fotolia.com/J. Roßbacher/H. Widmann/Amt der Niederösterreichischen Landesregierung/Magistrat der Stadt Wien, Magistratsabteilung 18 – Stadtentwicklung und Stadtplanung

Produktion:
medien & mehr – Kommunikationsagentur, Wien

Druck: MDH-Media GmbH, Wien

Eigenverlag

ISBN: 978-3-85186-108-2

Hinweis:
Bei allen personenbezogenen Bezeichnungen gilt die gewählte Form für beide Geschlechter.

VORWORT DER ÖROK-GESCHÄFTSSTELLE

Eine Vielzahl an Faktoren – wie zum Beispiel das Wohn- und Mietrecht, Bau- und Steuerrecht oder die Wohnbauförderung – prägt und beeinflusst „leistbares Wohnen". Mit Instrumenten der Raumordnung wird in erster Linie auf die Zurverfügungstellung bzw. Sicherung von entsprechenden Flächen sowie die Abstimmung im räumlichen Gesamtgefüge abgezielt. Dies kann beispielsweise durch die Ausweisung spezifischer Flächen („Vorbehaltsflächen", „Sonderwidmungen"), vertragliche Vereinbarungen mit GrundeigentümerInnen („Vertragsraumordnung") oder Maßnahmen, die der Hortung von Bauland entgegenwirken („Baulandmobilisierung"), erfolgen.

Die aktuelle Preis- und Kostenentwicklung sowie das für Österreich prognostizierte Bevölkerungswachstum bewirken, dass Fragen des „leistbaren Wohnens" bzw. der Zurverfügungstellung entsprechender Flächen eine immer größer werdende gesamtgesellschaftliche Bedeutung zukommt.

Diese Entwicklungen sowie die im Österreichischen Raumentwicklungskonzept 2011 („ÖREK 2011") zur Umsetzung vereinbarten strategischen Handlungsfelder „Wachstum qualitätsorientiert bewältigen" und „Flächensparen und Flächenmanagement implementieren" veranlassten die Stellvertreterkommission der ÖROK auf Antrag des Bundeskanzleramtes daher zur Einrichtung einer ÖREK-Partnerschaft, die den Fokus auf die Beiträge der Raumordnung zum „leistbaren Wohnen" legen sollte.

Die ÖREK-Partnerschaft nahm im September 2013 unter der Federführung des Bundeskanzleramts ihre Arbeit auf. Bezugnehmend auf die aktuellen Herausforderungen sowie vor dem Hintergrund der bereits bislang im Rahmen der ÖROK erfolgten Arbeiten widmete sich die ÖREK-Partnerschaft vordergründig der Frage, welche konkreten Beiträge die Raumordnung und Raumplanung zu einer Senkung der Wohnkosten leisten kann. Der Fokus wurde auf Möglichkeiten zur Steigerung der Wirksamkeit der in der Raumordnung zur Verfügung stehenden Instrumente gelegt.

Die Bedeutung des Themas ließ sich insbesondere auch am Interesse der Mitglieder ablesen, die ihre Mitarbeit im Rahmen der ÖREK-Partnerschaft bestätigten: Auf Seite des Bundes nahmen neben dem Bundeskanzleramt das Bundesministerium für Wissenschaft, Forschung und Wirtschaft, auf Seite der Länder Burgenland, Niederösterreich, Oberösterreich, Salzburg, Steiermark, Tirol, Vorarlberg sowie darüber hinaus der Österreichische Gemeindebund und der Österreichische Städtebund, die Arbeiterkammer und Wirtschaftskammer Österreich sowie der Österreichische Gewerkschaftsbund die Einladung zur Mitarbeit an und brachten sich tatkräftig ein.

Der erste Teil der Publikation enthält daher Empfehlungen, welche die aus Sicht dieser Mitglieder der ÖREK-Partnerschaft wichtigsten Vorschläge auf den Punkt bringen: Welche Schritte sollten in der Raumordnung und Raumplanung hinsichtlich der Unterstützung von „leistbarem Wohnen" und der Erhöhung der Wirksamkeit ihrer Instrumente weiter umgesetzt werden?

Bei der Formulierung der Empfehlungen stützten sich die Mitglieder der ÖREK-Partnerschaft auf grundlegende, im Rahmen der Arbeiten erstellte Dokumente, die in Teil 2 und Teil 3 der gegenständlichen Publikation veröffentlicht werden:

Das von Ao. Univ.-Prof. Dr. Arthur Kanonier (Technische Universität Wien) unter dem Titel „Umgang mit förderbarem Wohnbau im österreichischen Planungsrecht" verfasste Positionspapier bildet den zweiten Teil dieser Publikation. In diesem Dokument wird ein kompakter Überblick über den rechtlichen Rahmen und die möglichen Instrumente der Raumordnung gegeben, mit denen das Ziel, Flächen für „leistbaren Wohnraum" zur Verfügung zu stellen, erreicht werden kann.

In Teil 3 der Publikation befindet sich das „Gutachten zu Rechtsfragen der Vertragsraumordnung in Österreich", das bei o. Univ.-Prof. Dr. Walter Berka und Univ.-Prof. Dr. Andreas Kletečka (beide Universität Salzburg) beauftragt wurde.

Mit diesem Rechtsgutachten wurde eine Vertiefung zu einem Instrument vorgenommen, das seitens der Raumordnung zum Ziel der Bodenmobilisierung zwar häufig eingesetzt wird, seit einem Erkenntnis des Österreichischen Verfassungsgerichtshofes zur Salzburger Vertragsraumordnung (VfSlg 15.625/1999) jedoch mit einigen rechtlichen Bedenken belegt war.

Sowohl im Positionspapier als auch im Gutachten zur Vertragsraumordnung werden zwar teils bereits bekannte Ansätze dazu aber durchaus neue Gesichtspunkte in Bezug auf die Möglichkeiten der Raumordnung dargestellt, erstmals aber vor allem konkret auf das Thema des „leistbaren Wohnens" hin durchleuchtet. Ein wichtiger Grundtenor lautet, dass die bestehenden rechtlichen Grundlagen vieles möglich machen, allerdings die Abstimmung und Klärung in den gesetzlichen Grundlagen deutlich gegeben sein muss. Gerade hinsichtlich oft geäußerter Unsicherheiten in Bezug auf das Instrument der „Vertragsraumordnung" lädt das Gutachten von Walter Berka und Andreas Kletečka zu einem offenen Zugang ein und spricht ein klares Bekenntnis für die „Vertragsraumordnung" aus.

Trotz aller Zuspitzung und unterstützender Aussagen in den Gutachten muss allerdings noch einmal darauf hingewiesen werden, dass sehr wesentliche Hebel und Instrumente außerhalb des Einflussbereiches der Raumordnung liegen.

Mit den Empfehlungen der ÖREK-Partnerschaft liegt zu den möglichen Beiträgen der Raumordnung zur Unterstützung des Ziels, leistbaren Wohnraum zu schaffen, aber ein sehr deutliches Bekenntnis vor.

Johannes Roßbacher   Markus Seidl
Geschäftsführer

INHALTSVERZEICHNIS

VORWORT DER ÖROK-GESCHÄFTSSTELLE 3

ZUSAMMENFASSUNG 6

SUMMARY 9

Teil 1 – Empfehlungen der ÖREK-Partnerschaft 13

Teil 2 – Positionspapier zum Umgang mit förderbarem Wohnbau im österreichischen Planungsrecht 21

Teil 3 – Gutachten zu Rechtsgrundlagen der Vertragsraumordnung in Österreich 77

ÖROK-SCHRIFTENREIHENVERZEICHNIS 127

ZUSAMMENFASSUNG

ÖROK-SCHRIFTENREIHE NR. 191 – BEITRÄGE DER RAUMORDNUNG ZUR UNTERSTÜTZUNG „LEISTBAREN WOHNENS"

Die ÖREK-Partnerschaft „Leistbares Wohnen" nahm im September 2013 ihre Arbeit auf und widmete sich vor dem Hintergrund des Preisanstieges auf dem Wohnungsmarkt der Frage, welche Beiträge die Raumordnung und Raumplanung zu einer Senkung der Wohnkosten leisten könnte. Dabei wurde, unter Berücksichtigung des Gesamtrahmens, der Fokus auf die Möglichkeiten zur Steigerung der Wirksamkeit der in der Raumordnung zur Verfügung stehenden Instrumente gelegt.

Diese Instrumente – wie z. B. Möglichkeiten der Baulandmobilisierung, Vertragsraumordnung, Sonderwidmungen etc. – wurden im Rahmen der ÖROK bereits in mehreren, aber doch länger zurückliegenden Publikationen diskutiert und beleuchtet (siehe z. B. „Möglichkeiten und Grenzen integrierter Bodenpolitik in Österreich", Wien 1995). Vor dem Hintergrund der Verschärfung der Preisentwicklung sowie auch im Sinne der im Österreichischen Raumentwicklungskonzept 2011 („ÖREK 2011") zur Umsetzung vereinbarten Handlungsfelder „Wachstum qualitätsorientiert bewältigen" und „Flächensparen und Flächenmanagement implementieren" wurde im Rahmen der ÖREK-Partnerschaft eine Aktualisierung und vertiefende Betrachtung vereinbart. In der vorliegenden Publikation können die gesammelten Ergebnisse dieser Bearbeitung nachgelesen werden.

Teil 1 – Empfehlungen der ÖREK-Partnerschaft „Beiträge der Raumordnung zum leistbaren Wohnen":

Dieser Teil enthält die relevantesten Empfehlungen aus Sicht der Mitglieder der ÖREK-Partnerschaft. Die Empfehlungen bringen die aus den Arbeiten zusammengefassten Vorschläge zur Verbesserung und Erhöhung der Wirksamkeit der wichtigsten Instrumente auf den Punkt, die den Maßnahmenträgern auf Bundes- und Landesseite besonders zur Umsetzung empfohlen werden:

→ Empfehlung 1 – Raumordnungsziele: Leistbares Wohnen soll verstärkt als Ziel im Raumordnungsrecht verankert werden.
→ Empfehlung 2 – Überörtliche Raumplanung: Leistbares Wohnen soll verstärkt als überörtliches Planungsthema wahrgenommen werden.
→ Empfehlung 3a – Widmungen für den förderbaren Wohnbau: Das Raumordnungsrecht soll um Widmungen (Sonderwidmungen oder Vorbehaltsflächen) für förderbaren Wohnbau ergänzt werden.
→ Empfehlung 3b – Erfahrungsaustausch: Die Erfahrungen der jeweiligen Länder in der praktischen Anwendung von Widmungen für den förderbaren Wohnbau sollen verstärkt ausgetauscht werden.
→ Empfehlung 3c – Widmungskriterien: Für die Ausweisung von (Sonder-)Widmungen oder Vorbehaltsflächen für förderbaren Wohnbau sollen spezifische raumordnungsfachliche Widmungskriterien festgelegt werden.
→ Empfehlung 4 – Dichtebestimmungen: Zur Unterstützung des leistbaren Wohnens sollen insbesondere in örtlichen Planungsinstrumenten angemessene Dichten verfolgt werden.
→ Empfehlung 5 – Vertragsraumordnung und geförderter Wohnbau: In den Raumordnungsgesetzen soll der Anwendungsbereich der Vertragsraumordnung auf die Bereitstellung bzw. Überlassung von Flächen für den förderbaren Wohnbau geprüft bzw. ausgedehnt werden.
→ Empfehlung 6a – Baulandmobilisierung: Der Hortung von für den förderbaren Wohnbau geeigneten Liegenschaften soll durch baulandmobilisierende Maßnahmen entgegengewirkt werden.
→ Empfehlung 6b – Befristete Baulandwidmungen: Die Raumordnungsgesetze sollen die Möglichkeit einer zeitlichen Befristung für Baulandwidmungen vorsehen.
→ Empfehlung 6c – Infrastrukturbeiträge für unbebautes Bauland: Den Gemeinden soll durch entsprechende raumordnungsrechtliche Regelungen die Möglichkeit gegeben werden, für unbebautes Bauland künftig Aufschließungs- und Erhaltungsbeiträge einzuheben.
→ Empfehlung 6d – Baulandumlegungen: In allen Bundesländern sollen die rechtlichen Rahmenbedingungen für Baulandumlegungen geschaffen werden.
→ Empfehlung 6e – Bodengesellschaften oder -fonds: Leistbares Wohnen bzw. die aktive Bodenpolitik soll durch Bodengesellschaften oder -fonds unterstützt werden.
→ Empfehlung 7 – Kompetenzrechtlicher Rahmen: Die kompetenzrechtlichen Rahmenbedingungen in

den Bereichen Volkswohnungswesen und Zivilrecht sollen für den planerischen Umgang mit leistbarem Wohnen geprüft und angepasst werden.
- → Empfehlung 8 – Wohnbauförderung: Die Koordination und Kooperation von Raumordnung und Wohnbauförderung soll weiter gestärkt werden.
- → Empfehlung 9 – steuerliche Anreizsysteme: Bei der Ausgestaltung steuerlicher Anreizsysteme sind Auswirkungen auf Bodenmobilisierung und Grundpreisentwicklung systematisch zu berücksichtigen.

Teil 2 – Positionspapier „Umgang mit förderbarem Wohnbau im österreichischen Planungsrecht"

Um von einer aktuellen Ausgangsbasis starten zu können, wurde Ao. Univ.-Prof. Dr. Arthur Kanonier (Technische Universität Wien) mit der Erstellung eines „Positionspapiers" beauftragt.

Das Positionspapier enthält einen kompakten Überblick zum Thema „Umgang mit förderbaren Wohnbau im österreichischen Planungsrecht" und geht dabei insbesondere auf jene Instrumente der Raumordnung ein, die förderbaren Wohnbau bzw. die Zurverfügungstellung oder Sicherung von Flächen für den förderbaren Wohnbau unterstützen.

Der rechtliche Rahmen wird in seiner aktuellen Situation dargestellt, die Instrumente werden hinsichtlich ihrer Wirksamkeit durchleuchtet sowie offene Fragen aufgezeigt und Empfehlungen zur Erhöhung der Wirksamkeit bzw. zur Beseitigung von Hemmnissen gegeben. Damit zeigt das Positionspapier auch Ansatzpunkte für weitere Tätigkeiten der zuständigen Maßnahmenträger auf Bundes- bzw. Landesseite auf. Die folgenden Themen werden dabei bearbeitet:
- → Kompetenzrechtliche Einordnung zum kompetenzrechtlichen Tatbestand „Wohnen" und „Raumordnung"; Begriffsdefinitionen und -differenzierungen („Wohnen", „förderbarer Wohnbau", „leistbarer Wohnbau");
- → Allgemeine raumordnungsrechtliche Regelungssystematik (Aufgaben der Raumordnung, Raumordnung und Wohnen,…);
- → Planungssystematischer Umgang mit Wohnnutzungen sowie mit förderbarem Wohnbau;
- → Raumordnungsrechtliche Ziele und Instrumente (überörtliche Raumplanung, Sonderwidmungen, Dichtebestimmungen,…);
- → Vertragsraumordnung (rechtliche Rahmenbedingungen, Einbettung im System der Raumordnung);
- → Maßnahmen der Baulandmobilisierung (befristete Baulandwidmungen, Baulandumlegung,…);
- → Bodenbeschaffung;
- → Empfehlungen aus Sicht des Gutachters.

Teil 3 – Gutachten „Rechtsfragen der Vertragsraumordnung in Österreich"

Bereits in der Vorbereitungsphase für die Arbeiten der ÖREK-Partnerschaft wurde vereinbart, abhängig von den Befunden des Positionspapiers, eine Vertiefung hinsichtlich landesgesetzlich relevanter Materien vorzunehmen.

Aufgrund der großen Bedeutung des Instruments der Vertragsraumordnung für die Mobilisierung von Bauland (und damit auch der Zurverfügungstellung von Flächen für den förderbaren Wohnbau), aber der teilweise massiven rechtlichen Bedenken, die bei der Anwendung dieses Instruments bestehen, entschieden die Mitglieder der ÖREK-Partnerschaft, ein „Gutachten zu Rechtsfragen der Vertragsraumordnung in Österreich" bei o. Univ.-Prof. Dr. Walter Berka und Univ.-Prof. Dr. Andreas Kletečka (beide Universität Salzburg) zu beauftragen.

Dieses Gutachten leuchtet den rechtlichen Rahmen sowie die Ausgestaltungsmöglichkeiten und Modelle dieses Instruments vertiefend aus und geht dabei auf offene Fragen ein (z. B. Thema „obligatorische Vertragsraumordnung", Vertragsraumordnung und zivilrechtliche Aspekte, …).

Die verfassungsrechtlichen Aspekte bearbeitete o. Univ.-Prof. Dr. Walter Berka, die zivilrechtliche Perspektive brachte Univ.-Prof. Dr. Andreas Kletečka ein.

Als Ergebnis führen die Gutachter Schlussfolgerungen an, die gerade hinsichtlich lange geäußerter Bedenken zu sehr klaren Einschätzungen kommen und damit insbesondere die Landesgesetzgeber bei der rechtskonformen Ausgestaltung dieses Instruments unterstützen.

Raumordnungsverträgen wird dabei in der Praxis eine wesentliche Bedeutung attestiert und in ihnen ein geeignetes Mittel gesehen, das einen Beitrag zur Mobilisierung von Bauland leistet. Als eine der Kernaussagen kommen die Gutachter zu dem Schluss, dass es nach geltendem Recht ausreichende gesetzliche Grundlagen für eine privatrechtlich ausgestaltete Vertragsraumordnung gibt, wobei natürlich beim Abschluss der Raumordnungsverträge die einschlägigen Grundrechte entsprechend zu beachten sind (v. a. Gleichheitsgrundsatz und Eigentumsgarantie).

Im Gutachten wird auch erörtert und dargestellt, welche Maßnahmen zur Steigerung der Effizienz und Zielgerichtetheit des Instruments der Vertragsraumordnung – vor allem im Zusammenhang mit einer Mobilisierung von Bauland mit der Zielrichtung

ZUSAMMENFASSUNG

„leistbares Wohnen" – angewendet werden könnten. Eine stärkere Verknüpfung zwischen den Widmungsentscheidungen und dem Abschluss von Raumordnungsverträgen wird als möglicher Ansatz genannt und die entsprechenden Anforderungen an eine korrekte Ausgestaltung festgehalten.

Darüber hinaus wird die Frage erörtert und abgewogen, ob das Instrument der Vertragsraumordnung auch in Form öffentlich-rechtlicher Verträge realisiert werden könnte. Die Gutachter kommen auch hier zu dem Schluss, dass dies grundsätzlich möglich sei, gehen aber auf die Für und Wider dieser Fragestellung ausführlich ein.

Ein eigenes Kapitel widmet sich verfassungsrechtlichen Fragen der Vertragsraumordnung: Da sich dies auf die am häufigsten genannte Frage in Bezug auf das Instrument der Vertragsraumordnung bezieht, wird auf die verfassungsrechtlichen Unsicherheiten in Bezug auf eine stärkere Verpflichtung der Gemeinden zum Hinwirken auf den Abschluss privatrechtlicher Verträge und ihre Verknüpfung mit Planungsentscheidungen vertiefend bearbeitet (Bezug: Erkenntnis des Verfassungsgerichtshofes zur Salzburger Vertragsraumordnung 1999). Die Gutachter gelangen hier zur Ansicht, dass dieses Erkenntnis einer Ausgestaltung der Vertragsraumordnung mit stärkerem Verpflichtungscharakter nicht entgegensteht, führen aber die aus ihrer Sicht dafür unumgänglich zu beachtenden Punkte an (Vertrag ist nur ein tatbestandliches Element unter anderen, die eine sachgerechte Planungsentscheidung determinieren).

Abschließend wird im Gutachten noch darauf hingewiesen, dass der Schaffung von ausreichend leistbarem Wohnraum nicht mit dem Instrument der Vertragsraumordnung alleine begegnet werden kann, und auch andere Instrumente entsprechend anzuwenden sind.

ÖROK-PUBLICATION NO 191 – "CONTRIBUTION OF SPATIAL PLANNING TO AFFORDABLE HOUSING"

The ÖREK Partnership "Affordable Housing" started work in September 2013. Its focus was on the question of how spatial planning and spatial development can help to lower housing costs before a backdrop of rising prices on the housing market. Considering the overall framework, the focus was placed on the possibilities of increasing the effectiveness of the tools available to spatial planning.

The instruments – such as for example the possibilities of mobilising building land, contract-based spatial development, special zoning, etc. – have been discussed and analysed within ÖROK in several publications, albeit some time ago (see, for example, the "Opportunities and Limitations of Land Policy in Austria", Vienna 1995). Considering the steeply rising prices and bearing in mind the goals of the Austrian Spatial Planning Concept 2011 ("Österreichisches Raumentwicklungskonzept 2011", "ÖREK 2011") for the implementation of the key fields of action "Qualitiy-based approach to coping with growth" and "Implementing space-saving and space management", agreement was reached within the ÖREK Partnership to update and analyse these issues in more depth. This publication contains the compiled findings of this work.

Part 1 – Recommendations of the ÖREK Partnership "The Contribution of Spatial Planning to Affordable Housing":

Part 1 of this publication discusses the most relevant recommendations from the perspective of ÖREK members. The recommendations concisely summarize the proposals from the work to improve and ncrease the efficiency of the key instruments and strongly recommended this implementation to the competent bodies of federal resp. Länder governments:

→ Recommendation 1 – Spatial Planning Objectives: Affordable housing should be more firmly established as a goal in legislation relating to spatial planning.

→ Recommendation 2 – Supra-regional spatial planning (überörtliche Raumplanung): Affordable housing should be more firmly established as a goal in supra-regional planning.

→ Recommendation 3a – Special zoning land for subsidy-eligible housing: Spatial planning-related legislation needs to be supplemented by zoning for subsidy-eligible residential construction (special zoning or reserved spaces).Recommendation 3b – Sharing experiences: The sharing of experiences gained in the practical application of zoning for subsidy-eligible housing in each Land should be intensified.

→ Recommendation 3c: Zoning criteria: Specific spatial planning criteria for zoning should be defined for (special) zoning or reserved spaces for subsidy-eligible housing construction.

→ Recommendation 4 – Density regulations: To support affordable housing, an effort should be made to achieve appropriate densities, above all, in local planning instruments.

→ Recommendation 5 – Contract-based spatial planning and subsidised housing construction: Spatial planning laws need to be reviewed and/or their scope enlarged in order for the application of contract-based spatial planning to also cover the provision or making available of space for subsidy-eligible housing.

→ Recommendation 6a – Mobilising building land: Hoarding properties eligible for subsidy-eligible housing is to be counteracted by measures to mobilise building land.

→ Recommendation 6b – Limited-time zoning for construction: Spatial planning legislation should include the possibility of zoning for construction for limited time periods.

→ Recommendation 6c – Charges for infrastructure in new building land: The municipalities should have the option of collecting charges for infrastructural costs when zoning new building land. Therefore appropriate regulations have to be implemented in the spatial planning laws.

→ Recommendation 6d – Re-defining the outlines of building land (Baulandumlegungen): The legal framework for redefining the outline of building land needs to be established in all Länder.

→ Recommendation 6e – Land funds (Bodengesellschaften/-fonds): Affordable housing and active land policy should be supported by land associations and land funds.

→ Recommendation 7 - Framework for legal scopes

of competence: The framework for the legal scopes of competence in the areas of public housing and civil law should be reviewed and adjusted to accommodate the planning aspects relating to affordable housing.
- → Recommendation 8 – Residential housing subsidies: Coordination and cooperation between spatial planning and housing subsidy programmes needs to be further intensified.
- → Recommendation 9 – Tax incentive systems: When designing tax incentive systems, the effects of land mobilisation and property prices needs to be taken into consideration in a systematic manner.

Part 2 – Position paper "Subsidy-eligible Housing Construction in Austrian Planning Legislation"

In order to be able to start out from an updated planning basis, Ao. Univ.-Prof. Dr. Arthur Kanonier (Technical University of Vienna) was commissioned with the drafting of a "position paper".

The position paper contains a concise overview of the topic of "subsidy-eligible housing construction in Austrian planning legislation" and analyses, above all, the spatial planning instruments that support subsidy-eligible housing and make it possible to provide or secure land for subsidy-eligible housing.

The legal framework is presented as it stands today, instruments are analysed as to their effectiveness and open issues are revealed, and recommendations are made to increase effectiveness and eliminate barriers. Thus, the position paper also contains ideas for further activities of the competent bodies responsible for organising measures at the federal and Land level. The following themes are discussed to this end:
- → Definition of scope of legal competence for the specific themes of "housing" and "spatial planning"; definition of terms and distinctions ("housing", "subsidy-eligible housing construction", "affordable housing");
- → General regulatory system for spatial planning themes in laws (tasks of spatial planning, spatial planning and housing,…);
- → Treatment of housing and subsidy-eligible housing construction in line with spatial planning needs;
- → Spatial planning objectives and instruments in laws (supra-regional spatial planning, special zoning, density rules, …)
- → Contract-based spatial planning (legal framework, embedded in spatial planning system);
- → Measures to mobilise building land (limited zoning for building land, rezoning of building land,…);
- → Land procurement;
- → Recommendations from the perspective of the expert.

Part 3 – Expert Opinion "Legal Issues of Contract-based Spatial Planning in Austria"

In the preparatory phase for the work of the ÖREK Partnership, agreement was already reached – depending on the findings of the position paper – to dedicate more attention to the relevant laws at the Länder-level.

In the light of the enormous significance of the instrument of contract-based spatial planning ("Vertragsraumordnung") for the mobilisation of building land (and thus the provision of land for subsidy-eligible housing), and also in some cases the massive reservations regarding the application of this instrument, the members of the ÖREK Partnership decided to commission o.Univ.-Prof. Dr. Walter Berka and Univ. Prof. Dr. Andreas Kletečka (both University of Salzburg) with the preparation of an "Expert Opinion on the legal issues of contract-based spatial planning in Austria".

This Expert Opinion carefully analyses the legal framework and the design options and models of the instrument, and also addresses open issues (e. g. theme "mandatory contract-based spatial planning", contract-based spatial planning and civil law aspects,…).

The constitutional law aspects were analysed by o.Univ.-Prof. Dr. Walter Berka, and the civil law side by Univ.-Prof. Dr. Andreas Kletečka.

The experts arrived at conclusions that resulted in very clear assessments especially with respect to long-standing reservations, and therefore, serve as support for legislators at the Land level to implement this instrument in conformity with the law.

Contract-based spatial planning is deemed to be of key significance in practice and is viewed as a suitable means for contributing to the mobilisation of building land. One of the principal findings of the experts states that in their view there is sufficient legal basis under current legislation for contract-based spatial planning in accordance with private law, though, of course, when concluding spatial planning contracts all applicable fundamental rights must be observed (especially principles of equal treatment and property ownership).

The expert opinion also discusses and presents which measures can be applied to increase efficiency and the targeted effect of the spatial planning instruments – especially in connection with the mobilisation of building land to support the objective of "affordable housing". A strong link between the zoning decisions and the conclusion of spatial planning contracts is named as a potential approach and specifications are given for the required contract terms.

Furthermore, the question is discussed and assessed if the instrument of contract-based spatial planning can also be realised in the form of contracts under public law. The experts arrive at the conclusion in this case that it is generally possible and explain the pros and cons of the issue in detail.

A separate Chapter is dedicated to the constitutional law aspects of contract-based spatial planning. As this concerns the question frequently asked about the instrument of contract-based spatial planning, the experts analysed the constitutional law uncertainties with respect to the stronger obligation on municipalities to conclude spatial planning contracts under private law and the contingency of planning decisions on such contracts (reference: Ruling of the Constitutional Court on Salzburg's Contract-based Spatial Planning 1999). The experts arrive at the conclusion that this ruling does not contradict increasing the obligatory nature of contract-based spatial planning, but in this context also list the issues which in their opinion must be considered without fail (the contract is only one element of the factors that influence planning decisions).

Finally, the expert opinion points out that the creation of sufficient affordable housing cannot be achieved by the instrument of contract-based spatial planning alone, but other instruments must be applied accordingly.

ÖSTERREICHISCHE RAUMORDNUNGSKONFERENZ (ÖROK)

SCHRIFTENREIHE NR. 191

**TEIL 1
EMPFEHLUNGEN DER ÖREK-PARTNERSCHAFT
BEITRÄGE DER RAUMORDNUNG ZUR
UNTERSTÜTZUNG „LEISTBAREN WOHNENS"**

Bearbeitung:
MITGLIEDER DER ÖREK-PARTNERSCHAFT

Wien, Oktober 2014

INHALTSVERZEICHNIS
TEIL 1: EMPFEHLUNGEN DER ÖREK-PARTNERSCHAFT

0 Präambel 15

1 Raumordnungsrecht 15

1.1 Raumordnungsziele 15
1.2 Überörtliche Raumordnung..15
1.3 Widmungen für den förderbaren Wohnbau 16
1.4 Dichtebestimmungen..16
1.5 Vertragsraumordnung und geförderter Wohnbau 17
1.6 Maßnahmen der Baulandmobilisierung 17

2 Kompetenzrechtliche Rahmenbedingungen 18

3 Komplementäre Maßnahmen 19
3.1 Wohnbauförderung...19
3.2 Steuerliche Anreizsysteme 19

EMPFEHLUNGEN DER ÖREK-PARTNERSCHAFT

0 Präambel

In jüngster Zeit werden verstärkt Maßnahmen für leistbares Wohnen fachlich und politisch diskutiert, wobei auch die Raumordnung einen entsprechenden Beitrag leisten soll.

Um leistbares Wohnen zu ermöglichen, bieten sich unterschiedliche Maßnahmen an, wobei raumordnerische Festlegungen lediglich einen Teil des Maßnahmenspektrums darstellen.

Bezüglich leistbarem Wohnens kommt der Raumordnung insbesondere die Aufgabe zu, geeignete Flächen für den förderbaren Wohnbau bedarfsgerecht zu sichern bzw. das Angebot an verfügbarem Bauland durch baulandmobilisierende Maßnahmen zu erhöhen. Deswegen wird im Rahmen der Empfehlungen insbesondere auf den „förderbaren Wohnbau" und die Möglichkeiten der Raumordnung, diesen zu unterstützen, abgestellt.

Die Raumordnung verfolgt das Ziel, „leistbares Wohnen" zu unterstützen. Sämtliche der genannten Instrumente der Raumordnung dienen darüber hinaus aber auch anderen Zwecken bzw. ist das „leistbare Wohnen" eine wichtige Zielgröße von mehreren, die in der Raumordnung verfolgt werden.

Das Ziel der Unterstützung des „leistbaren Wohnens" kann aus Sicht der Raumordnung nur durch einen – am besten möglichst konsistenten – Instrumentenmix erreicht werden. Auch wenn Wohnungspreise durch eine Vielzahl von Instrumenten beeinflusst werden können, erfolgt in den vorliegenden Empfehlungen eine Konzentration auf die Möglichkeiten von Instrumenten der Raumordnung hinsichtlich des Ziels, leistbares Wohnen zu unterstützen.

Nachfolgende Empfehlungen gelten österreichweit. Zu beachten ist, dass in einzelnen Bundesländern manche der empfohlenen Maßnahmen bereits umgesetzt sind.

1 Raumordnungsrecht

1.1 Raumordnungsziele

Empfehlung 1: Leistbares Wohnen soll verstärkt als Ziel im Raumordnungsrecht verankert werden.

Im Raumordnungsrecht wird Wohnen als eine von mehreren Daseinsfunktionen behandelt, für die in der Folge spezifische Zielbestimmungen gelten, ohne allerdings finanzielle Aspekte zu thematisieren. Eine entsprechende Überarbeitung der Ziele in den Raumordnungsgesetzen hinsichtlich einer stärkeren gesetzlichen Verankerung von leistbarem Wohnen als Raumordnungsanliegen würde entsprechende Maßnahmen erleichtern und allfällige Interessenabwägungen bei konkreten Planungs- und Widmungsentscheidungen zugunsten des leistbaren Wohnens beeinflussen.

Um Fehlentwicklungen in der kommunalen Siedlungstätigkeit zu vermeiden, ist in der konkreten Umsetzung nicht ein einzelnes Ziel, das leistbares Wohnen priorisiert, isoliert zu maximieren, sondern mit den sonstigen Raumordnungszielen und insbesondere Raumordnungsgrundsätzen abzustimmen (z. B. Standorteignung, -ausstattung, Gestaltungsqualität).

1.2 Überörtliche Raumordnung

Empfehlung 2: Leistbares Wohnen soll verstärkt als überörtliches Planungsthema wahrgenommen werden.

Der Zurverfügungstellung leistbaren Wohnraums kommt in vielen Regionen eine zunehmende Bedeutung zu; gerade Räume mit hoher Entwicklungsdynamik und größeren funktionalen Verflechtungsräumen weisen dabei meist eine erhöhte Nachfrage nach leistbarem Wohnraum auf.

In Bezug auf die Aufgabe, geeignete Flächen für den förderbaren Wohnbau bedarfsgerecht zu sichern bzw. das Angebot an verfügbarem Bauland zu erhöhen, ist daher auch die überörtliche Raumordnung zunehmend gefordert, Ziele, Maßnahmen und Widmungskriterien für den förderbaren Wohnbau landes- und regionsspezifisch zu verankern. Da die Bereitstellung von Flächen für den förderbaren Wohnbau vielfach nicht nur einzelne Gemeinden isoliert betrifft, sondern von benachbarten Gemeinden aufgrund der funktionalen Verflechtungen gemeinsam zu lösen ist, wird der regionale und landesplanerische Abstimmungsbedarf offensichtlich.

Offene Fragen der Bedarfsabschätzung an Flächen für den förderbaren Wohnbau sowie der Kriterien für die Bedarfzuweisung und Flächenverteilung sind auf überörtlicher Ebene grundsätzlich zur Unterstützung der Gemeinden bzw. Planungsträger zu klären. Welche konkreten Maßnahmen, insbesondere auch zur Baulandmobilisierung und aktiven Bodenpolitik, in den Regionen zur Zielerreichung eingesetzt werden, kann zum Beispiel in regionalen Raumordnungsplänen oder informellen Konzepten konkretisiert werden bzw. ist ein möglichst konsistenter Instrumentenmix auf Basis der entsprechenden Rechtsgrundlagen anzuwenden.

1.3 Widmungen für den förderbaren Wohnbau

Sonderwidmungen, Vorbehaltsflächen

Empfehlung 3a: **Das Raumordnungsrecht soll um Widmungen (Sonderwidmungen oder Vorbehaltsflächen) für förderbaren Wohnbau ergänzt werden.**

Die Reservierung von geeigneten Flächen für den förderbaren Wohnbau durch Sonderausweisungen im Flächenwidmungsplan ist eine sinnvolle Erweiterung des Planungsinstrumentariums, wodurch eine räumliche Abgrenzung der entsprechenden Nutzungen ermöglicht wird.

Durch eine Sonderwidmung für den förderbaren Wohnbau kann eine Fläche reserviert und verhindert werden, dass diese für eine andere Nutzung verwendet wird. Umsetzungsverpflichtungen könnten vor der Umwidmung durch zivilrechtliche Vereinbarungen mit den Grundeigentümern (Vertragsraumordnung) vereinbart werden.

Vorbehaltsflächen für den förderbaren Wohnbau bieten neben der Sicherung der betreffenden Fläche die Möglichkeit, auf die Umsetzung der Widmungsfestlegung stärker Einfluss zu nehmen. Eine Rechtswirkung wie in Tirol (Möglichkeit der entschädigungslosen Rückwidmung, wenn die Grundflächen nicht innerhalb von zehn Jahren der öffentlichen Hand für Zwecke des geförderten Wohnbaus zum Kauf angeboten werden) könnte die Abtretungsbereitschaft erhöhen.

Erfahrungsaustausch

Empfehlung 3b: **Die Erfahrungen der jeweiligen Länder in der praktischen Anwendung von Widmungen für den förderbaren Wohnbau sollen verstärkt ausgetauscht werden.**

Die Anwendungserfahrungen der vielfältigen Ausgestaltung der Sonderwidmungen bzw. Vorbehaltsflächen für förderbaren Wohnbau in den Raumordnungsgesetzen sollten miteinander verglichen werden, um daraus Best-Practice-Lösungen hinsichtlich des Regelungsumfangs (objektgeförderter – subjektgeförderter Wohnbau, Geschoßwohnbau – alle Wohnbauten), Teilungsschlüssel zwischen förderbarem und sonstigem Wohnbau oder hinsichtlich der Bedarfsermittlung und allfälligen Festlegungspflichten ableiten zu können.

Widmungskriterien

Empfehlung 3c: **Für die Ausweisung von (Sonder-) Widmungen oder Vorbehaltsflächen für förderbaren Wohnbau sollen spezifische raumordnungsfachliche Widmungskriterien festgelegt werden.**

Um in der konkreten Anwendung den verfassungsrechtlichen Anforderungen für Widmungsfestlegungen (insbesondere Sachlichkeitsgebot, Gleichheitssatz bzw. bei überörtlichen Vorgaben eigener Wirkungsbereich der Gemeinden) gerecht zu werden, sollen planungsfachliche Kriterien, aus denen Standortvoraussetzungen für den förderbaren Wohnbau ableitbar sind, entwickelt und in der Folge entsprechend vorgegeben werden.

1.4 Dichtebestimmungen

Empfehlung 4: **Zur Unterstützung des leistbaren Wohnens sollen insbesondere in örtlichen Planungsinstrumenten angemessene Dichten verfolgt werden.**

Durch die Festlegung angemessener Dichten über geeignete Kennzahlen und Parameter in den örtlichen Raumplänen oder weiteren Planungsinstrumenten können entsprechende Rahmenbedingungen für Siedlungsstrukturen geschaffen werden, die (neben den weiteren allgemeinen Zielen der Raumordnung) auch den förderbaren Wohnbau – nicht nur hinsichtlich der Leistbarkeit – unterstützen können.

Grundlegende Aussagen zu Siedlungs- und Bebauungsdichten, wobei je nach örtlichen Gegebenheiten Mindest- bzw. Maximaldichten relevant sein können, sollten schon in den strategischen Überlegungen zur Gemeindeentwicklung und damit in den örtlichen

Planungsinstrumenten wie z. B. im örtlichen Entwicklungskonzept oder im Flächenwidmungsplan vorgegeben werden.

Im Zusammenhang mit dem förderbaren Wohnbau ist darauf zu achten, dass durch planerische Vorgaben nicht nur entsprechende Bebauungsdichten ermöglicht werden, sondern dass mit anderen Raumordnungszielen abgestimmte, qualitativ hochwertige und lebenswerte Siedlungs- sowie Wohnstrukturen entstehen. Bei Verdichtungen sind generell besonders Aspekte der Standorteignung und -ausstattung sowie der Gestaltungsqualität zu berücksichtigen.

1.5 Vertragsraumordnung und förderbarer Wohnbau

Empfehlung 5: **In den Raumordnungsgesetzen soll der Anwendungsbereich der Vertragsraumordnung auf die Bereitstellung bzw. Überlassung von Flächen für den förderbaren Wohnbau geprüft bzw. ausgedehnt werden.**

Zivilrechtlichen Raumordnungsverträgen kommt in der Praxis eine nicht unerhebliche Bedeutung zu, und sie werden als geeignetes Mittel angesehen, unter bestimmten Umständen einen Beitrag zur Mobilisierung von Bauland zu leisten.

Im Prinzip gibt es ausreichende zivilrechtliche Grundlagen für eine privatrechtlich ausgestaltete Vertragsraumordnung. Für einen wirksamen Einsatz des Instruments der Vertragsraumordnung im Bereich der Zurverfügungstellung von Flächen für den förderbaren Wohnbau sollen bestehende Schwächen analysiert und aufbauend darauf die entsprechenden rechtlichen Grundlagen gegebenenfalls geschärft werden. Dabei sollen Regelungen über Vertragsziele und mögliche Vertragsinhalte ebenso definiert werden wie der räumliche und sachliche Anwendungsbereich. Den Gemeinden könnte damit ein klarer Rahmen für ihre privatrechtlichen Vereinbarungen im Raumordnungsumfeld gegeben werden.

Im Sinne der Steigerung der Zielgerichtetheit und Effizienz der Vertragsraumordnung soll geprüft werden, ob Gemeinden in gewissen Planungslagen zum Abschluss von Raumordnungsverträgen angehalten werden können.

Darüber hinaus könnte auch eine engere Verknüpfung zwischen den hoheitlichen Widmungsentscheidungen, insbesondere in Bezug auf eine Widmungskategorie „förderbarer Wohnbau", und dem Abschluss von privatrechtlichen Verträgen geprüft bzw. angestrebt werden.

Bei allen Maßnahmen zur Erhöhung der Effizienz der Vertragsraumordnung müssen die rechtsstaatlichen Erfordernisse entsprechend beachtet werden. Grundsätzlich sind beim Abschluss der Raumordnungsverträge die einschlägigen Grundrechte, in erster Linie der Gleichheitsgrundsatz und die Eigentumsgarantie, zu berücksichtigen.

Überlassungs-, Vorbereitungs-, Durchführungs- und Kostenübernahmeverträge erscheinen solange privatrechtlich unbedenklich, als ihr Abschluss zur Erreichung der Raumordnungsziele notwendig ist, und die einschlägigen Grundrechte gesichert sind.

1.6 Maßnahmen der Baulandmobilisierung

Baulandmobilisierung

Empfehlung 6a: **Der Hortung von für den förderbaren Wohnbau geeigneten Liegenschaften soll durch baulandmobilisierende Maßnahmen entgegengewirkt werden.**

Eine Intensivierung des förderbaren Wohnbaus setzt voraus, dass geeignete Flächen in Gemeinden, die einen Wohnungsbedarf aufweisen, zur Verfügung stehen. Der Verfügbarkeit von Flächen kommt vielfach eine Schlüsselrolle in der Raumentwicklung zu.

Die Maßnahmen zur Erhöhung der Bodenmobilität sind vielfältig und reichen von öffentlich-rechtlichen Maßnahmen und vertragsrechtlichen Vereinbarungen bis hin zu informellen Maßnahmen der Bewusstseinsbildung. Ein Vergleich der einzelnen Planungssysteme macht deutlich, dass vor dem Hintergrund der unterschiedlichen Planungskulturen jeweils spezifische Maßnahmenbündel geschnürt werden, die in der Regel in der Kombination mehrerer Instrumente und Maßnahmen wirken.

Durch Ausloten der Möglichkeiten und Grenzen, insbesondere raumordnungsrechtlicher Durchsetzungsmaßnahmen im Bereich der Baulandmobilisierung, sollen Rechtssicherheit und Anwendungsbereitschaft erhöht werden.

In den letzten Jahren wurden unterschiedliche Regelungen in den Raumordnungsgesetzen verankert und landesspezifische Maßnahmenbündel geschnürt, um die Verfügbarkeit von Bauland zu verbessern. Als mögliche Instrumente können genannt werden:

Befristete Baulandwidmungen

Empfehlung 6b: **Die Raumordnungsgesetze sollen die Möglichkeit einer zeitlichen Befristung für Baulandwidmungen vorsehen.**

Durch eine Ergänzung der raumordnungsgesetzlichen Bestimmungen, die den Gemeinden die Möglichkeit für befristete Baulandwidmungen geben, kann das planungsrechtliche Spektrum an baulandmobilisierenden Maßnahmen erweitert werden. Rechtswirkungen einer auslaufenden befristeten Baulandwidmung können erleichterte und entschädigungslose Umwidmungen oder finanzielle Leistungen der LiegenschaftseigentümerIn sein.

Bei planungsgesetzlichen Bestimmungen, die eine Befristung des Baulandes ermöglichen, sollte der Anwendungsbereich nicht nur bei einer Neuwidmung von Bauland gelten, sondern auch im Rahmen der Überarbeitung von Flächenwidmungsplänen geprüft werden. Somit könnte auch gültiges Bauland nachträglich mit einer Realisierungsfrist belegt werden, was mobilisierend wirken kann.

Zielführend wäre, wenn die Gemeinden künftig entsprechende Durchsetzungsmöglichkeiten in der Praxis tatsächlich anwenden.

Infrastrukturbeiträge für unbebautes Bauland

Empfehlung 6c: **Den Gemeinden soll durch entsprechende raumordnungsrechtliche Regelungen die Möglichkeit geben werden, für unbebautes Bauland künftig Aufschließungs- und Erhaltungsbeiträge einzuheben.**

Ausgehend von bestehenden Regelungen (z. B. nach dem Öo ROG) sollen Modelle zur Einhebung von Aufschließungs- und Erhaltungsbeiträgen für unbebaute Grundstücke als Maßnahme zur Baulandmobilisierung geprüft und entwickelt werden.

Die Einhebung von Infrastrukturbeiträgen nach Baulandwidmung und Baureifmachung der Liegenschaft verschafft der Gemeinde in der Regel einen frühzeitigen Kostenersatz für die Infrastrukturmaßnahmen, zumal allfällige Aufschließungsbeiträge vielfach erst nach Erteilung der Baubewilligung fällig werden.

Erhaltungsbeiträge in Form von „verlorenen Zahlungen" („nicht anrechenbaren Zahlungen") für die Infrastrukturbereitstellung können erhebliche baulandmobilisierende Wirkungen haben und sollen daher verstärkt eingesetzt werden.

Baulandumlegung

Empfehlung 6d: **In allen Bundesländern sollen die rechtlichen Rahmenbedingungen für Baulandumlegungen geschaffen werden.**

Die Bereitstellung von Flächen für den förderbaren Wohnbau setzt als wesentliches Umsetzungskriterium voraus, dass die erforderlichen Liegenschaften auch tatsächlich bebaut werden können. Vielfach behindern freilich die aktuellen Grundstückszuschnitte eine rasche Bebauung, da sie von der Größe, Lage und dem Zuschnitt her ungünstige Konfigurationen aufweisen. Mit dem bodenpolitischen Instrument der Baulandumlegung können Gebiete, deren zweckmäßige Bebauung infolge ungeeigneter Parzellenstrukturen verhindert oder wesentlich erschwert wird, neu geordnet werden.

Um das Flächenangebot für den förderbaren Wohnbau zu verbessern, sollen die rechtlichen Rahmenbedingungen für Baulandumlegungen in allen Bundesländern geschaffen werden.

Die vermehrte Durchführung von amtlichen Umlegungsverfahren kann den Wissensstand und die Verfahrenskenntnisse verbessern und damit die „Scheu" vor diesen vergleichsweise komplexen Verfahren reduzieren.

Bodengesellschaften oder Bodenfonds

Empfehlung 6e: **Leistbares Wohnen bzw. die aktive Bodenpolitik soll durch Bodengesellschaften oder -fonds unterstützt werden.**

Aktive Bodenpolitik wird in einzelnen Bundesländern teilweise durch die Gemeinden selbst betrieben, etwa durch den Erwerb von Liegenschaften, oder durch ausgegliederte Rechtsträger, denen unter anderem die Aufgabe der Bodenbeschaffung zukommt. Die aktive Bodenpolitik der Gemeinden wird in einzelnen Bundesländern raumordnungspolitisch unterstützt durch Bodenbeschaffungsfonds oder Baulandsicherungsgesellschaften (Land, Gemeinde, weitere Träger bzw. Gesellschaften).

2 Kompetenzrechtliche Rahmenbedingungen

Empfehlung 7: **Die kompetenzrechtlichen Rahmenbedingungen in den Bereichen „Volkswohnungswesen" und „Zivilrecht" sollen für den planerischen Umgang mit leistbarem Wohnen geprüft und angepasst werden.**

Die kompetenzrechtlichen Grenzen und Möglichkeiten des „Volkswohnungswesens", der „Raumplanung" und des „Zivilrechtswesens" sollen insbesondere im Zusammenhang mit dem förderbaren Wohnbau geprüft und angepasst werden, um einerseits zulässige Verflechtungen und andererseits Zuständigkeitsgrenzen klar aufzuzeigen bzw. effizienter zu gestalten.

Die vergleichsweise geringe fachliche Auseinandersetzung mit dem Kompetenztatbestand „Volkswohnungswesen" soll intensiviert und Abgrenzungsfragen vor allem zu den Landesmaterien Raumordnungs- und Baurecht geklärt werden. Damit soll die Rechtssicherheit in der Anwendung deutlich erhöht bzw. der Beitrag zum Ziel der Förderung des leistbaren Wohnbaus optimiert werden.

Bezugnehmend auf den Bereich „Zivilrecht" sollen die bestehenden zivilrechtlichen Kompetenzen im Rahmen des Artikel 15 Abs. 9 B-VG dahin gehend präzisiert werden, dass damit eine einwandfreie kompetenzrechtliche Absicherung für die Instrumente der Vertragsraumordnung gegeben ist.

Dabei könnten folgende Überlegungen zugrunde gelegt werden:

Da die Abstimmung zwischen den Maßnahmen der Bodenbeschaffung und der Zuständigkeit der Länder für die Raumordnung ungenügend ist, könnte die Gesetzgebungszuständigkeit aus dem Bereich des Volkswohnungswesens für die Beschaffung von Baugrund für „Klein- und Mittelwohnungen" auf die Bundesländer übertragen werden. Dies könnte ein sinnvoller Beitrag sein, um das Instrumentarium im Sinne des Ziels des „leistbaren Wohnens" zu stärken.

Das Schließen dieser kompetenzrechtlichen Lücke zwischen Bodenbeschaffungsrecht und Raumordnungsrecht würde eine Neuregelung der raumordnungsrechtlichen Instrumente einer Baulandbeschaffung für Zwecke des förderbaren Wohnbaus ermöglichen.

Aufgrund dieser geänderten Kompetenzgrundlage wäre es möglich, auf Basis besonderer Widmungskategorien für Bauland (z. B. Widmungen für den förderbaren Wohnbau, siehe 1.3) im Wege eines neu gestalteten Mechanismus der Vertragsraumordnung durch Verwendungs- und/oder Überlassungsverträge dafür zu sorgen, dass Bauflächen verstärkt für den förderbaren Wohnbau den gemeinnützigen Wohnbauträgern zur Verfügung gestellt werden.

Eine gesetzliche Ausgestaltung von Modellen der Vertragsraumordnung hat die zur Zivilrechtskompetenz des Bundes gezogenen Grenzen zu beachten, wobei bei gesetzlichen Neuregelungen der Vertragsraumordnung die Landesgesetzgeber mögliche Gestaltungsspielräume nutzen sollten.

3 Komplementäre Maßnahmen

3.1 Wohnbauförderung

***Empfehlung 8:* Die Koordination und Kooperation von Raumordnung und Wohnbauförderung soll weiter gestärkt werden.**

Ausgehend von einer umfassenden Analyse der Beiträge der Wohnbauförderung zum förderbaren Wohnbau ist die Abstimmung zwischen Wohnbauförderung und Raumordnung – etwa durch die Koppelung der Wohnbauförderung auch an raumplanerische Kriterien – zu intensivieren.

3.2 Steuerliche Anreizsysteme

***Empfehlung 9:* Bei der Ausgestaltung steuerlicher Anreizsysteme sind Auswirkungen auf Bodenmobilisierung und Grundpreisentwicklung systematisch zu berücksichtigen.**

ÖSTERREICHISCHE RAUMORDNUNGSKONFERENZ (ÖROK)
SCHRIFTENREIHE NR. 191

**TEIL 2
POSITIONSPAPIER ZUM
UMGANG MIT FÖRDERBAREM WOHNBAU
IM ÖSTERREICHISCHEN PLANUNGSRECHT**

Bearbeitung:

AO. UNIV.-PROF. DR. ARTHUR KANONIER

TECHNISCHE UNIVERSITÄT WIEN

Wien, Oktober 2014

INHALTSVERZEICHNIS
TEIL 2: POSITIONSPAPIER ZUM UMGANG MIT FÖRDERBAREM WOHNBAU IM ÖSTERREICHISCHEN PLANUNGSRECHT

1	**Einleitung**	25
1.1	Kompetenzrechtliche Einordnung	25
1.2	Definitionen und Begriffsdifferenzierungen	27
2	**Planungsrechtliche Systematik**	29
2.1	Allgemeine raumordnungsrechtliche Regelungssystematik	29
2.2	Planungssystematischer Umgang mit Wohnnutzungen	30
2.3	Planungssystematischer Umgang mit förderbarem Wohnbau	31
2.4	Raumordnungsrechtliche Ziele und Grundsätze	32
2.5	Überörtliche Raumplanung	34
2.6	Sonderwidmungen und Vorbehaltsflächen	37
2.7	Förderbarer Wohnbau und Dichtebestimmungen	42
3	**Vertragsraumordnung**	45
3.1	Vertragsraumordnung in den Raumordnungsgesetzen	45
3.2	Raumordnungsverträge in der Praxis	46
3.3	Vertragsraumordnung – rechtliche Rahmenbedingungen	47
3.4	Vertragsraumordnung und geförderter Wohnbau	49
4	**Maßnahmen der Baulandmobilisierung**	51
4.1	Befristete Baulandwidmungen	51
4.2	Baulandumlegung	54
4.3	Ausgewählte Maßnahmen zur Baulandmobilisierung	55
5	**Bodenbeschaffung**	59
6	**Empfehlungen des Autors**	63
	LITERATUR	67
	ANHÄNGE	69
Anhang 1:	Begriffe „förderbarer Wohnbau" in den Raumordnungsgesetzen	71
Anhang 2:	Wohnungsbezogene Ziele und Grundsätze in Raumordnungsgesetzen	72
Anhang 3:	Sonderwidmungen bzw. Vorbehaltsflächen für förderbares Wohnen	73
Anhang 4:	Förderbarer Wohnbau und Vertragsraumordnung	74
Anhang 5:	Befristung von Bauland in den Raumordnungsgesetzen	75
Anhang 6:	Vertiefungsbedarf für den Bereich der Vertragsraumordnung	76

1 EINLEITUNG

Als eine Daseinsgrundfunktion berührt „Wohnen" in erheblichem Umfang **öffentliche Interessen** und weist demzufolge eine beträchtliche **rechtliche Durchdringung** auf. Wie für eine Vielzahl von Regelungsgegenständen gilt insb. auch für das Wohnen, dass nicht ein Materiengesetz allein Ziele und Regelungsansätze enthält, sondern dass sowohl auf Bundes- als auch auf Länderebene mehrere Gesetzmaterien den Umgang mit Wohnen regeln.

Auch das Planungsrecht enthält wesentliche Bestimmungen für Wohnprojekte und -nutzungen, wobei hinsichtlich einer Differenzierung in **allgemeines Wohnen und förderbares Wohnen** erhebliche Unterschiede bestehen. Wenn in Reaktion auf die gestiegenen Wohnungskosten in den letzten Jahren verstärkt Lösungsansätze gesucht werden, um künftig leistbares Wohnen zu ermöglichen, sind unterschiedliche Maßnahmen zu unterscheiden. Während die Wohnbauförderung seit Jahren durch unterschiedliche Fördersysteme für sozialen/förderbaren Wohnbau Anreize für Grundeigentümer/Bauträger setzt, enthält das Planungsrecht bislang nur vereinzelt Anreiz- oder insb. Zwangsmaßnahmen, welche die Dispositionsfreiheit der Grundeigentümer oder Bauträger bei Wohnbauvorhaben einschränken.

Das **raumordnungsrechtliche Instrumentarium** ist zwar vielfältig, im Zusammenhang mit der Schaffung von Wohnraum fällt allerdings auf, dass wichtige Maßnahmen nicht Teil der hoheitlichen Raumplanung der Länder sind. So werden weder die Vergabe von Fördermittel für Wohnbauzwecke in den Raumordnungsgesetzen geregelt noch die Enteignung von Flächen für den förderbaren Wohnbau. Somit bleiben vor allem die hoheitlichen Nutzungsregelungen für Wohnbauten, die in den letzten Jahren zunehmend verdichtet und ergänzt wurden.

Eine **Verbesserung** im Planungsinstrumentarium kann wichtige Beiträge für ein leistbares Wohnen liefern, wobei Synergieeffekte zu anderen Rechtsmaterien durch entsprechende Abstimmungen zweckmäßig sind.

Die vorliegende Untersuchung stellt ein **Positionspapier** zum Thema „Umgang mit förderbarem Wohnbau im Österreichischen Planungsrecht" dar, da für eine umfassende Studie die Zeit, aber auch die fachliche Kompetenz für alle unterschiedlichen Themenbereiche fehlte. Das Positionspapier soll die aktuelle Situation in Österreich darstellen, offene Fragen aufzeigen und Empfehlungen formulieren. Dieses Ansinnen ist vor dem Hintergrund der Ziel-, Maßnahmen- und Akteursvielfalt im Bereich „Wohnungswesen" anspruchsvoll und kann lediglich eingelöst werden, wenn eine breite fach- und gebietskörperschaftenübergreifende Diskussion fortgesetzt wird.

1.1 Kompetenzrechtliche Einordnung

Ist schon die kompetenzrechtliche Zuständigkeitsverteilung in der Raumordnung von einer **beträchtlichen Komplexität** gekennzeichnet, erweisen sich die Zuständigkeitsabgrenzungen zum Themenbereich „Wohnen" aufgrund der vielfältigen Tatbestände und Anknüpfungspunkte als mindestens ebenso **vielschichtig**. „Wohnen ist auch kompetenzrechtlich eine durchaus komplexe Materie. Allen staatlichen Ebenen sind Funktionen zugeordnet, den Gemeinden, den Ländern und dem Bund."[1]

Der **Bund** ist im Zusammenhang mit dem Tatbestand „Wohnen" vor allem in folgenden Kompetenztatbeständen **zuständig**:
→ **Zivilrecht**, insb. mit dem Mietrecht (MRG) und dem Wohnungseigentumsrecht (WEG)
→ **Volkswohnungswesen**, betreffend insb. das Wohnungsgemeinnützigkeitsrecht

Zum **Volkswohnungswesen** zählt die „Wohnfürsorge für minderbemittelte Schichten der Bevölkerung" bzw. die „Vorsorge für die Bereitstellung von Klein- und Mittelwohnungen (...), wie sie in der Regel für die minderbemittelten Bevölkerungskreise in Betracht kommen und benützt werden – sowie die Regelung der Wohnwirtschaft, soweit sie solche Wohnungen zum Gegenstand hat".[2] Der VfGH grenzt somit das „Volkswohnungswesen" vom „Wohnungswesen" da-

---

1 *Wirtschaftsministerium (Hrsg.)*, Kompetenzgefüge in österreichischen Wohnungswesen, 2008, S. 5.
2 VfSlg 2217/1951 und 3378/1958.

durch ab, dass es sich dabei nur um die Wohnvorsorge für minderbemittelte Schichten der Bevölkerung handelt.

Ausdrücklich fällt allerdings die **Wohnbauförderung** in die Zuständigkeit der Länder. Die „Förderung des Wohnbaus und der Wohnhaussanierung bildet einen Ausnahmetatbestand zum Volkswohnungswesen in Art 11 Abs. 1 B-VG und unterliegt gemäß Art 15 Abs. 1 B-VG der Zuständigkeit der Länder. Die Länderzuständigkeit im Bereich der Wohnbauförderung beruht auf der B-VG-Novelle BGBl. 146/1987, mit der die Ausnahme vom „Volkswohnungswesen" bestimmt wurde.

nungsgesetzes hat in Österreich zu neuen unterschiedlichen Rechtssystemen der Raumplanung in den Bundesländer geführt, die nur mit erheblichem Aufwand vergleichbar sind.

Hinsichtlich der Kompetenzen der Landesraumordnung hat der VfGH keine Bedenken, wenn der Landesgesetzgeber an eine **wohnbauförderungsrechtliche** Regelung anknüpft, um auch innerhalb der Wohnbauten zu differenzieren. Für den VfGH[3] relevant ist, dass die Bestimmungen auf einen grundsätzlich förderbaren und nicht tatsächlich geförderten Wohnbau abstellen. Angesichts der Tatsache, dass § 12 Abs. 3 TROG nicht gebietet, dass auf dem Grund-

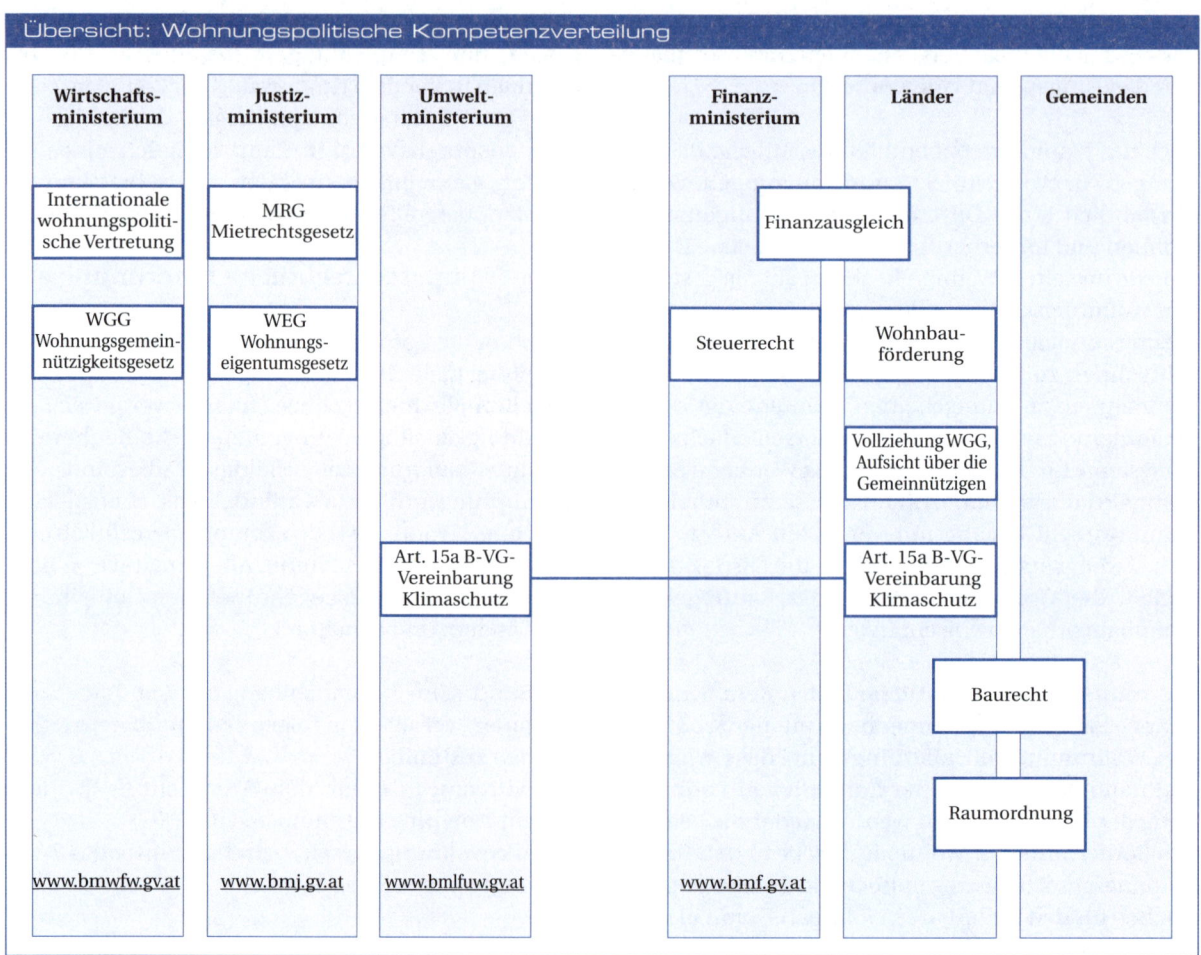

Quelle: Wirtschaftsministerium (Hrsg.), Kompetenzgefüge in österreichischen Wohnungswesen, 2008, S. 7. Datumsstand der Weblinks: Oktober 2014

„**Raumordnung**" stellt in Österreich ein Bündel von Planungsbefugnissen dar mit Kompetenztatbeständen für Fachplanungen auf Bundesebene sowie einer generellen Raumordnungszuständigkeit auf Länderebene. Somit sind grundsätzlich die Länder für die Raumplanung verantwortlich, dem Bund kommen planerische Zuständigkeiten in – wichtigen – Fachmaterien zu. Das Fehlen eines Bundesraumord-

stück ein tatsächlich geförderter, sondern bloß ein hinsichtlich Größe und Verwendungszweck abstrakt förderbarer Wohnbau errichtet wird, braucht nicht weiter begründet zu werden, dass diese Bestimmung keinen wohnbauförderungsrechtlichen Inhalt hat, sondern vielmehr eine – der Raumordnung zuzurechnende – Vorschrift hinsichtlich der Größe und Ausgestaltung von Wohnungen darstellt.

---

[3] VfSlg 12.569/1990 zum TROG.

Empfehlung Kompetenzen

Die kompetenzrechtlichen Grenzen und Möglichkeiten des „Volkswohnungswesens", der „Raumplanung" und des „Zivilrechtswesens" könnten im Zusammenhang mit dem förderbaren Wohnbau überprüft und **grundlegend aufbereitet** werden, um einerseits zulässige Verflechtungen und andererseits Zuständigkeitsgrenzen klar aufzuzeigen. Die vergleichsweise geringe fachliche Auseinandersetzung mit dem Kompetenztatbestand „Volkswohnungswesen" könnte intensiviert und Abgrenzungsfragen insb. zum Raumordnungs- und Baurecht geklärt werden.

Durch eine Abklärung der kompetenzrechtlichen Rahmenbedingungen würde die **Rechtssicherheit** in der Anwendung deutlich erhöht.

1.2. Definitionen und Begriffsdifferenzierungen

Die Raumordnungsgesetze verwenden zum Themenbereich „förderbarer Wohnbau" **unterschiedliche Begriffskombinationen**, wobei diese überwiegend im Zusammenhang mit Vorbehaltsflächen und der Vertragsraumordnung genannt werden.[4] Gemeinsam ist der raumordnungsrechtlichen Begriffsverwendung, dass in der Regel nicht näher definiert wird, was unter „förderbarem Wohnbau" oder ähnlichen Begriffen zu verstehen ist. Vereinzelt wird lediglich auf die jeweiligen **Wohnbauförderungsgesetze** verwiesen.

Ein begrifflicher Unterschied zwischen den Begriffen „**förderbar**" und „**gefördert**" besteht darin, dass im ersten Fall lediglich auf eine mögliche Förderung, in der Regel durch die Wohnbauförderung, abgestellt wird. Dieser Zusatz beschränkt somit Wohnbauvorhaben auf Projekte, die nach den jeweiligen Wohnbauförderungsgesetzen förderfähig sind.[5] Im Unterschied zum Begriff „gefördert" ist eine tatsächliche Förderung nicht Voraussetzung. Wird durch die Widmung „geförderter Wohnbau" auf eine positive Förderzusage nach den Wohnbaugesetzen abgestellt, wird die Rechtswirkung neben fachlichen Kriterien auch von der Finanzierungsleistung der Landeswohnbauförderung abhängen. Bei der Widmung „förderbarer Wohnbau" gelten besondere Anforderungen an die (spätere) Kontrolle der tatsächlichen widmungskonformen Umsetzung.

In den meisten Bundesländern wird mit dem förderbaren Wohnbau der **objektgeförderte Wohnbau** verstanden. Lediglich in Tirol ist nunmehr auch der subjektgeförderte Wohnbau bei der Vorbehaltsfläche für den **geförderten Wohnbau** mitumfasst. Eine vergleichbare begriffliche Ausdehnung des Begriffs „förderbarer Wohnbau" würde erhebliche Anforderungen an die Auslegungskriterien insb. in den baurechtlichen Bewilligungsverfahren bewirken.

Die Begriffe „**sozial**" oder „**gemeinnützig**" werden in den Raumordnungsgesetzen vergleichsweise selten angewendet. Der „Soziale Wohnungsbau" ist mehr ein fachlicher denn rechtlicher Begriff und „bezeichnet den staatlich geförderten Bau von Wohnungen, insbesondere für soziale Gruppen, die ihren Wohnungsbedarf nicht am freien Wohnungsmarkt decken können".[6]

Der Begriff „**gemeinnützig**" verweist wohl im Sinne des Wohnungsgemeinnützigkeitsgesetzes[7] auf die Träger des Wohnbaus, nämlich auf gemeinnützige Bauvereinigungen. Bauvereinigungen, die aufgrund des Wohnungsgemeinnützigkeitsgesetzes als gemeinnützig anerkannt wurden, haben gemäß § 1 Abs. 2 ihre Tätigkeit unmittelbar auf die Erfüllung dem Gemeinwohl dienender Aufgaben des Wohnungs- und Siedlungswesens zu richten.

Die Begriffe „**Wohnbau**" oder „**Wohngebäude**" beziehen sich vor allem auf die Bestimmungen der objektbezogenen Wohnbauförderungen, wobei vor allem im Rahmen der objektbezogenen Förderkriterien die Größenbestimmungen und die bautechnische Ausführung bedeutend sind. Erhebliche Begriffsdifferenzierungen bezüglich „Wohnen" enthalten die raumordnungsgesetzlichen Ziele, die „Wohnen", „Wohnungswesen", „Wohnungen", Wohnraum" oder „Wohnsiedlungen" benennen – freilich ohne den Zusatz „förderbar".

Zu beachten ist, dass die Begriffsverwendung „förderbarer bzw. geförderter Wohnbau" ohne zusätzliche Einschränkung grundsätzlich alle förderfähigen Bauvorhaben nach den jeweiligen Kriterien der Wohnbauförderungsgesetze umfasst. Demzufolge kann das Spektrum an zulässigen Bauten von **Einfamilienhäusern über verdichtete Bauformen bis zum mehrgeschoßigen Wohnbau** reichen. Um diesbezüglich eine Einschränkung bei den Gebäudetypen zu bewirken,

---

4 Vgl. **Anhang 1: Begriffe „förderbarer Wohnbau" in den Raumordnungsgesetzen**.
5 So wird auch in den Erl. Bem. zu § 4 Z 5 und 6 des Entwurfes der WBO-Novelle 2013 ausdrücklich darauf hingewiesen, dass bei „Gebieten für förderbaren Wohnbau" nicht entscheidend ist, ob eine solche Förderung auch tatsächlich erfolgt.
6 http://de.wikipedia.org/wiki/Sozialer_Wohnungsbau, 16. 9. 2013.
7 Bundesgesetz vom 8. März 1979 über die Gemeinnützigkeit im Wohnungswesen (Wohnungsgemeinnützigkeitsgesetz).

beschränkt etwa § 22 Abs. 1 Oö ROG den förderbaren Wohnbau auf **mehrgeschoßige Wohnbauten** und definiert solche mit mindestens drei Geschoßen über dem Erdboden.[8]

Mit dem Begriff „förderbar bzw. geförderter Wohnbau" wird zunächst keine Differenzierung hinsichtlich der **Eigentums- oder Mietwohnungen** getroffen, auch wenn in größeren Städten vielfach vom „Mietwohnungsbau" ausgegangen wird, was fallweise auch durch privatrechtliche Vereinbarungen abgesichert wird (z. B. Stadt Salzburg). Mit der Kennzeichnung einer Fläche als Vorbehaltsfläche für den förderbaren Wohnbau ist allerdings gemäß § 42 Abs. 2 Slbg ROG gleichzeitig die Mindestzahl an zu errichtenden förderbaren Miet-, Mietkaufwohnungen oder Eigentumswohnungen oder das Mindestmaß an zu errichtender förderbarer (Wohn-)Nutzfläche festzulegen.[9]

Wenn nachfolgend überwiegend der Begriff „**förderbarer Wohnbau**" verwendet wird, wird damit der Begriffsmehrheit in den Raumordnungsgesetzen gefolgt. Aus Gründen der Vereinfachung werden nachfolgend auch die Begriffe „**Raumordnung**" und „**Raumplanung**" synonym verwendet und grundsätzlich von Raumordnungsgesetzen gesprochen.[10]

---

8 Zusätzlich können gemäß § 22 Abs. 1 Oö ROG, Flächen für Gebäude in verdichteter Flachbauweise festgelegt werden.
9 Soweit die Errichtung von geförderten Miet(kauf-)wohnungen nach § 42 Abs. 2 Slbg ROG festgelegt ist, hat sie durch gemeinnützige Bauvereinigungen zu erfolgen. Gewerbliche Bauträger dürfen geförderte Miet(kauf-)wohnungen nur dann errichten, wenn die Errichtung aufgrund der Wohnbauförderungsbestimmungen des Landes in der Kategorie Mietwohnungen oder Mietkaufwohnungen gefördert wird.
10 Damit sind auch das Bgld und Vlbg Raumplanungsgesetz, das Ktn Gemeindeplanungsgesetz sowie der 1. Abschnitt der WBO mitumfasst.

2 PLANUNGSRECHTLICHE SYSTEMATIK

2.1 Allgemeine raumordnungsrechtliche Regelungssystematik

Die Raumordnungsgesetze der Länder[11] bestimmen die zentralen Anliegen der Raumplanung durch **Grundsätze und -ziele**, die sich ua. dem Umgang mit Bauland für Wohnzwecke widmen und Widmungskriterien vorgeben.[12]

Zur Umsetzung der Grundsätze und Ziele sehen die Raumordnungsgesetze für die **Bodennutzungsplanung** ein hierarchisches Planungsinstrumentarium vor. Die hoheitliche Raumordnung in Österreich[13] basiert auf einem Planungssystem, das mehrere Ebenen und Instanzen mit hierarchisch abgestuften Vorgaben bzw. Plänen aufweist, wobei die Über- und Unterordnung mehrere Formen aufweisen kann. Die Planungsakten der Gemeinde können neben den Bestimmungen in den Raumordnungsgesetzen durch hoheitliche Raumpläne auf überörtlicher Ebene sowie Planungen und Maßnahmen aufgrund von Fachmaterien des Bundes und der Länder determiniert sein, wobei in der Regel die Aufsichtsbehörde die Einhaltung überprüft.

Das **Spektrum an Instrumenten und Maßnahmen** zur Steuerung der räumlichen Entwicklung allgemein und zur Steuerung der Wohnbautätigkeit ist vielfältig. Hoheitliche Maßnahmen schränken den Handlungsspielraum der Normadressaten ein und legen beispielsweise – einem öffentlichen Interesse folgend – bestimmte Nutzungseinschränkungen fest. Neben Zwangsmaßnahmen der hoheitlichen Planung kommt vor allem bei der Wohnraumschaffung den Förderungsinstrumenten erhebliche Bedeutung zu, wobei in den letzten Jahren verstärkt die Wohnbauförderung mit Anliegen der Raumplanung verschränkt wird. In zunehmendem Maße werden konzeptive und informelle Instrumente (unverbindliche Programme, Konzepte, Leitplanungen, Masterpläne, …) sowie Maßnahmen der Kommunikation und Bewusstseinsbildung unverzichtbar.

Über die Jahre hat sich ein **differenziertes raumordnungsrechtliches Planungsinstrumentarium** entwickelt, das nach wie vor den Flächenwidmungsplan als wesentliches Steuerungsinstrument auf örtlicher Ebene vorsieht. Der **Flächenwidmungsplan** wird in der Regel ergänzt durch das örtliche Entwicklungskonzept als strategisches und den Bebauungsplan als konkretisierendes Planungsinstrument. Als klassisches Instrument der örtlichen Raumordnung hat der Flächenwidmungsplan, der durchwegs als Verordnung des Gemeinderates erlassen wird, allgemein das Gemeindegebiet nach räumlich-funktionalen Erfordernissen zu gliedern und verbindliche Widmungs- bzw. Nutzungsarten festzulegen. Zeitlicher Bezugspunkt des Flächenwidmungsplans ist nicht nur der Ist-Zustand der Bodennutzung, sondern – aus den tatsächlichen Gegebenheiten abgeleitet – soll durch Widmungen die künftig gebotene Verwendung als Soll-Zustand festgelegt werden.[14] Die Widmungsfestlegung bewirkt eine räumliche Trennung der einzelnen Daseinsfunktionen, Nutzungs- und Interessenkonflikte sollen durch die Entmischung und räumliche Trennung von gegensätzlichen Funktionen minimiert werden.

Die bauvorhabenbezogene Umsetzung der planerischen Festlegungen erfolgt durch die **baurechtlichen Verfahren**, insb. im Rahmen der Bauplatzerklärung

---

11 Burgenländisches Raumplanungsgesetz (Bgld RplG), LGBl. für Bgld Nr. 18/69 idF. 1/2010;
Kärntner ROG (Ktn ROG), LGBl. für Ktn Nr. 76/69 idF. 136/2001; Kärntner Gemeindeplanungsgesetz 1995 (Ktn GplG), LGBl. für Ktn Nr. 23/95 idF. 88/2005;
NÖ Raumordnungsgesetz 1976 (NÖ ROG), LGBl. für NÖ idF. 8000-26 (20. Novelle) (2013);
Oberösterreichisches Raumordnungsgesetz 1994 (Oö ROG), LGBl. für Oö Nr. 114/93 idF. 73/2011;
Salzburger Raumordnungsgesetz 2009 (Slbg ROG), LGBl. für Slbg Nr. 118/09 idF. 32/2013;
Steiermärkisches Raumordnungsgesetz 2010 (Stmk ROG), LGBl. für die Stmk Nr. 49/10 idF. 44/2012;
Tiroler Raumordnungsgesetz 2011 (TROG), LGBl. für Tirol Nr. 56/11 idF. 150/2012;
Vorarlberger Raumplanungsgesetz (Vlbg RplG), LGBl. für Vlbg Nr. 39/96 idF. 72/2012;
Wiener Stadtentwicklungs-, Stadtplanungs- und Baugesetzbuch (Bauordnung) (WBO), LGBl. für Wien Nr.11/30 idF. 64/2012.
12 Spezifische Raumordnungsziele und Widmungskriterien zielen etwa darauf ab, neues Bauland lediglich an bestehende Siedlungsgebiete anzuschließen, Nutzungskonflikte zu minimieren oder Infrastrukturkosten zu schonen.
13 Hoheitliche Planungsmaßnahmen werden durch den Gesetzgeber in der Regel durch generelle Rechtsnormen (Verordnungen) gesetzt, wobei insb. verbindliche Bodennutzungsregelungen dazu beitragen sollen, dass geeignetes Bauland für Wohnzwecke ausgewiesen wird.
14 *Leitl*, Überörtliche und örtliche Raumplanung, 2006, S. 113.

bzw. Baubewilligung, wobei im jeweiligen Bauverfahren die Baubehörden die Nutzungsvorgaben der (örtlichen) Raumplanung für konkrete Bauführungen anwenden. Bauliche Maßnahmen sind nur bewilligungsfähig, wenn sie den Festlegungen örtlicher Raumpläne entsprechen, die vom Gemeinderat im eigenen Wirkungsbereich erlassen werden. So sind auch für Wohnbauten Wohnbaulandwidmungen notwendig, auf denen solche Bauten errichtet werden dürfen, die den in den planungsrechtlichen Normen bestimmten Voraussetzungen entsprechen.

2.2 Planungssystematischer Umgang mit Wohnnutzungen

Die **Reservierung von Flächen für Wohnzwecke** allgemein zählt zu den zentralen raumplanerischen Aufgaben, insb. der hoheitlichen Raumplanung. Vor allem im kommunalen Flächenwidmungsplan können durch entsprechende Widmungsfestlegungen Flächen für wohnbezogene Nutzungen reserviert werden. Bezüglich „Wohnen" sehen die Raumordnungsgesetze durchwegs unterschiedliche Widmungsarten vor, die im Bauland folgendermaßen differenziert werden können:
→ Widmungsarten, die ausschließlich oder überwiegend Wohnnutzungen ermöglichen (Bauland-Wohngebiet),
→ Widmungsarten, die ua. auch Wohnnutzungen ermöglichen (z. B. Mischgebiete, gemischte Baugebiete, Kerngebiete),
→ Widmungsarten, die Wohnnutzungen nur in Sonderfällen zulassen (z. B. Betriebsgebiete),
→ Widmungsarten, die keine Wohnnutzungen zulassen (z. B. Industriegebiete, Einkaufszentren, Sondernutzungen).

Bei Widmungsarten, die Wohnnutzungen ermöglichen, wird zwischen zulässigen Bauführungen differenziert, **weniger Unterschiede** werden allerdings **zwischen Wohnbauten und -nutzungen** gemacht. In Bauland-Wohngebieten sind demzufolge Gebäude und Bauwerke für taxativ aufgezählte Nutzungen zulässig, insb. solche, die eine Wohnfunktion aufweisen („Wohngebäude"). So erlaubt etwa nach § 16 Abs. 1 Z 1 NÖ ROG die Widmung „Bauland-Wohngebiet" einerseits unterschiedliche Bauführungen im Wohnumfeld, jedoch andererseits allgemein Wohngebäude – ohne wesentliche Differenzierung. Keine weiteren Einschränkungen in Bauland-Wohngebiet und anderen wohnbezogenen Baulandwidmungen werden in der Regel hinsichtlich der Arten von Wohnbauten oder Wohnformen gemacht.

Insgesamt können im Wohnbauland somit grundsätzlich alle möglichen Wohngebäude und auch Wohnformen realisiert werden. In den allgemeinen Wohnbaulandkategorien sind Einschränkungen der Wohnnutzungen oder -bauten kaum vorgesehen. So wird – soweit ersichtlich – weder hinsichtlich Miet- oder Eigentumsstrukturen noch nach Nutzergruppen differenziert.

Einschränkungen der Wohnnutzung finden sich lediglich vereinzelt in den Raumordnungsgesetzen und betreffen beispielsweise:
→ **Zeitliche Nutzungsdauer:** Die raumordnungsgesetzlichen Regelungen für Zweitwohnsitze[15] oder Ferienwohnungen[16] erlauben nicht nur dauerhafte, sondern ausdrücklich auch temporäre Wohnnutzungen.
→ **Berufsbedingte Wohnbevölkerung:** Einzelne Widmungskategorien erlauben Wohnnutzungen, wenn diese unmittelbar mit der Berufsausübung zusammenhängen. Einerseits können diese berufsbedingten Ausnahmen die Nutzungsmöglichkeiten im Bauland einschränken. So sind beispielsweise gemäß § 16 Abs. 2 NÖ ROG in Betriebs-, Industrie- und Sondergebieten Wohngebäude sowie eine sonstige Wohnnutzung nur insoweit zuzulassen, als diese mit Rücksicht auf die betrieblichen Erfordernisse vorhanden sein müssen. Andererseits ermöglichen Wohnbedürfnisse der bäuerlichen Bevölkerung Bauführungen für Wohnzwecke im Grünland.
→ Die Raumordnungsgesetze sehen zusätzlich zu Wohnbauwidmungen die Möglichkeit vor, als **Ergänzung quantitative Vorgaben** zu machen. So darf etwa nach § 16 Abs. 5 NÖ ROG zur Sicherung des strukturellen Charakters die Widmungsart „Bauland-Wohngebiet" mit dem Zusatz „maximal zwei Wohneinheiten" oder „maximal drei Wohneinheiten" verbunden werden.[17]

Im Vergleich mit anderen Widmungsarten fällt beim Wohnbauland die **geringe inhaltliche Differenzierung** auf. Bislang wurde in den Baulandwidmungen offensichtlich nicht diesem Trend gefolgt. Verstärkt werden Widmungsarten vorgesehen, die im Vergleich zu den Nutzungsbeschränkungen die traditionellen

---

15 Eine Verwendung als Zweitwohnung liegt etwa nach § 31 Abs. 2 Slbg ROG vor, wenn Wohnungen oder Wohnräume dem Aufenthalt während des Urlaubs, des Wochenendes oder sonstigen Freizeitzwecken dienen und diese Nutzung nicht im Rahmen des Tourismus (gewerbliche Beherbergung, Privatzimmervermietung u. dgl.) erfolgt.
16 Als Ferienwohnung gelten nach § 16 Abs. 2 Vlbg RplG Wohnungen oder Wohnräume, die nicht der Deckung eines ganzjährig gegebenen Wohnbedarfs dienen, sondern während des Urlaubs, der Ferien oder sonst zu Erholungszwecken nur zeitweilig benützt werden.
17 Unter dieser Bezeichnung dürfen nicht mehr als zwei bzw. drei Wohneinheiten im Sinne des § 40 bzw. § 108 NÖ Bautechnikverordnung 1997, LGBl. 8200/7–1, pro Grundstück errichtet werden.

Widmungen spezifischer einschränken.[18] Beispiele dafür sind Widmungen für Einkaufszentren, für Großbauvorhaben[19] oder Sonderwidmungen, insb. im Grünland.[20] So werden beispielsweise für Einkaufszentren umfangreich planungsrechtliche Vorgaben bestimmt, die je nach Standort, EKZ-Typ, Warenangebot und Verkaufsflächen spezifische Einschränkungen definieren.[21] Werden somit bei wohnbezogenen Widmungen verstärkt zusätzliche Kriterien festgelegt, ist dies kein Novum im Raumordnungsrecht, sondern resultiert aus der generellen Forderung nach spezifischen Nutzungsregelungen.

Durch detaillierte und spezifische Widmungsbestimmungen ändern sich allerdings nicht nur die inhaltlichen Vorgaben, sondern auch das **Planungsverfahren in der Planungspraxis** (weniger aus rechtlicher Sicht). So werden eben nicht mehr ausschließlich allgemeine Nutzungsbeschränkungen in Form von Widmungskategorien, die je nach Widmungsart einen gewissen Realisierungsspielraum bieten, vorausschauend und längerfristig festgelegt. Bei der Festlegung von Sonderwidmungen erfolgen erst bei Vorliegen eines konkreten Vorhabens vielfach die projektbezogenen Grundlagenforschungen, Interessenabwägungen und Bewertungen. In der Regel werden Widmungen mit spezifischen Rechtswirkungen nicht mehr auf „Reserve" gewidmet, sondern kurzfristig nach Bedarf festgelegt.[22] Die abstrakte Festlegung von Widmungen aufgrund langfristiger Nachfragemodelle steht im Gegensatz zu den aktuellen Anforderungen.[23]

Grundsätzlich werden bei einer Umwidmung öffentliche Interessen, insb. ein Bedarf und die Eignung für die spezifische Widmungsart, nachzuweisen sein, wobei die Gesetzgeber nicht eindeutig klären, in welcher Form und wie konkret der **Bedarf an Bauland** besteht. Demzufolge können sowohl allgemeine als auch konkrete projektorientierte Bedarfsabschätzungen eine ausreichende Grundlage für eine Planänderung darstellen, wenn diese in eine schlüssige Begründung und nachvollziehbare Interessenabwägung eingebunden werden. Je spezifischer und umfangreicher die Nutzungseinschränkung ausfällt, desto höher werden die Anforderungen an die Bedarfsprüfung.

Aus den Widmungsfestlegungen ergibt sich in der Regel keine Verpflichtung zur widmungskonformen Nutzung. Der Flächenwidmungsplan zählt grundsätzlich zu den Instrumenten der langfristigen Angebots- oder **„Negativ"-Planung**, die es dem Grundeigentümer überlassen, den Zeitpunkt der Nutzung zu bestimmen. Als Beispiel für die Negativplanung kann eine Grundfläche gelten, die als Bauland-Wohngebiet gewidmet ist, woraus aber nicht folgt, „dass der Grundeigentümer auf diesen Flächen alsbald Wohngebäude errichten müsste (dies wäre Positivplanung), sondern bloß, dass im Falle der Bauführung nur bestimmte Baulichkeiten erlaubt und alle anderen („negativ") ausgeschlossen sind."[24]

Aus dieser Rechtswirkung des Flächenwidmungsplanes resultiert ua. eine erbliche **Baulandhortung**, der durch verschiedene raumordnungsrechtliche Maßnahmen in den letzten Jahren begegnet wird. Hinsichtlich der Baulandwidmungen ist in diesem Zusammenhang festzuhalten, dass vielfach Widmungen mit Zusatzbedingungen oder zivilrechtlichen Vereinbarungen ausgewiesen werden, die Grundeigentümer zur fristgerechten Bebauung veranlassen sollen. Die ursprüngliche Widmung ist diesbezüglich nur noch ein Teil eines umfangreichen Regelungssystems.

2.3 Planungssystematischer Umgang mit förderbarem Wohnbau

Da der förderbare Wohnbau ein **Teilbereich des allgemeinen Wohnbaus** ist, gelten die wohnbezogenen Regelungsansätze im Raumordnungsrecht überwiegend auch für förderbares Wohnen. Mit dem Zusatz „förderbar" zum allgemeinen „Wohnbau" wird eine inhaltliche Einschränkung dahin gehend vorgenommen, als eine bestimmte Ausprägung von Wohnbauten angestrebt wird. Dies gilt unabhängig davon, ob eine Sonderwidmung oder eine Vorbehaltsfläche für den förderbaren Wohnbau vorgesehen ist, da beide kommunale Nutzungsbeschränkungen darstellen.

Eine wichtige strategische Bedeutung für die Bereitstellung von Flächen für den förderbaren Wohnbau kann **konzeptiven Planungsinstrumenten** zukommen, in welchen verschiedene Maßnahmen kombiniert und abgestimmt werden können. Insb. das **örtli-**

---

18 *Kanonier*, Anlass- und projektbezogene Festlegungen im österreichischen Flächenwidmungsplan, 2009, S. 305 ff.
19 Gemäß § 7b Abs. 1 WBO können in den Bebauungsplänen für Großbauten spezielle „Zonen für Großbauvorhaben" festgelegt werden.
20 So dürfen etwa gemäß § 41 Abs. 2 TROG im Freiland nur ortsübliche Städel in Holzbauweise, die landwirtschaftlichen Zwecken dienen, Bienenhäuser in Holzbauweise mit höchstens 20 m² Nutzfläche sowie Nebengebäude und Nebenanlagen errichtet werden. Alle anderen Grünlandbauten setzen nach § 43 TROG eine entsprechende Sonderwidmung voraus, die in der Praxis vielfach lediglich bei konkreten Projektvorhaben sinnvoll festlegbar sind.
21 Eine Übersicht über die raumordnungsrechtlichen Regelungen für Handelsbetriebe bieten *Feik, Jahnel, Klaushofer, Randl, Reitshammer, Winkler, Zenz*, Handelsbetriebe im Raumordnungsrecht, 2008.
22 *Kanonier*, Investorenplanung im österreichischen Raumordnungsrecht, 1999, S. 22.
23 *Greiving*, Strategische Überlegungen für eine zeitlich und inhaltlich flexiblere Flächennutzungsplanung, 1998, S. 295.
24 *Hauer*, Grundbegriffe und verfassungsrechtliche Vorgaben, 2006, S. 5.

che Entwicklungskonzept bietet sich als Instrument an, zumal im Rahmen der umfangreichen Bestandsaufnahmen wohnungsbezogene Gegebenheiten erfasst und Bedarfsabschätzungen vorgenommen werden können, die in der Folge die Grundlage für abgestimmte und schlüssige Planungsentscheidungen darstellen.

Durch die **Einschränkung der Nutzungsmöglichkeiten** im Vergleich zu den allgemeinen Kategorien des Wohnbaulandes wird mit der Festlegung von Widmungsarten oder Vorbehaltsflächen für den förderbaren Wohnbau tendenziell eine **Wertreduktion** der betroffenen Liegenschaften zu erwarten sein bzw. eine wenig höhere Wertsteigerung, als dies bei einer generellen Wohnbaulandwidmung zu erwarten wäre. Dies auch deshalb, da diese Flächen für Bauträger oder Bauwillige, die an frei finanzierten Wohnbauten Interesse haben, weniger interessant erscheinen. Die bei Nutzungseinschränkungen stets auftretende **Frage einer allfälligen Entschädigung** für Nutzungsreduktionen erscheint bei Sonderwidmungen oder Vorbehaltsflächen für den förderbaren Wohnbau von geringer Relevanz, zumal dadurch eine Bebauungsmöglichkeit infolge einer Baulandwidmung – wenn auch etwas eingeschränkt – eröffnet wird. Bei einer Umwidmung von Bauland-Wohngebiet in eine Sonderwidmung für den förderbaren Wohnbau wären von der Gemeinde wohl weniger Entschädigungen zu leisten, sondern vielmehr die beabsichtigte Nutzungseinschränkung hinreichend zu begründen. In Anlehnung an die Judikatur des VfGH zu Rückwidmungen[25] erfordert eine durch Umwidmung bewirkte Beschränkung der Nutzungsmöglichkeiten einer hinreichenden sachlichen Begründung, in der auch auf die Interessenlage der Grundstückseigentümer Bedacht zu nehmen ist.

Bei der Festlegung von Sonderwidmungen oder Vorbehaltsflächen für den förderbaren Wohnbau wird den spezifischen raumordnungsrechtlichen **Widmungskriterien** Bedeutung zukommen, aus denen sich die sachlichen Begründungen für diese Planungsfestlegungen ableiten lassen. Grundsätzlich wird bei der Widmungsentscheidung von einem Ermessensspielraum des Planungsträgers auszugehen sein, jedoch werden insb. bei der parzellenscharfen Abgrenzung zwischen den unterschiedlichen Widmungskategorien des Wohnbaulandes **sachlich begründete Kriterien** unerlässlich sein, die spezifische Einschränkungen hinsichtlich Legalitätsprinzips, Sachlichkeitsgebots und Gleichheitssatzes rechtfertigen. Um den verfassungsrechtlichen Ansprüchen zu genügen, bieten sich als rechtliche Rahmenbedingungen insb. Grundsatz- und Zielkataloge in den Raumordnungsgesetzen sowie Widmungskriterien in überörtlichen Raumplänen an.

Während das hoheitliche Raumordnungsinstrumentarium vergleichsweise unproblematisch eine Sonderwidmung oder Vorbehaltsfläche für den förderbaren Wohnbau aufnehmen kann, erweisen sich die Grenzen und Möglichkeiten für **zielrechtliche Vereinbarungen** sowie Fragen der **Enteignung für Zwecke des förderbaren Wohnbaus** als deutlich heikler.

2.4 Raumordnungsrechtliche Ziele und Grundsätze

Die Raumordnungsgesetze der Bundesländer enthalten umfangreiche Grundsätze und Zielkataloge, durch die das **öffentliche Interesse der Raumplanung** bestimmt wird, und welche den inhaltlichen Rahmen vorgeben, an denen sich raumplanerische Maßnahmen zu orientieren haben.[26] An den Zielbestimmungen haben sich grundsätzlich alle Vollzugsakte des Landes und der Gemeinden, welche die Raumordnungsgesetze als Grundlage haben, auszurichten.[27] Die Grundsätze und Ziele der ROG verdeutlichen „die schillernde Vielfalt jener – bisweilen miteinander in einem Spannungsverhältnis, ja sogar in Konflikt befindlichen – öffentlichen Interessen, die mit raumplanerischen Maßnahmen verfolgt werden sollen".[28] Der **Unterschied zwischen Zielen und Grundsätzen** besteht verallgemeinert darin, dass durch die Ziele wesentliche Anliegen der Raumordnung angesprochen werden, die bei konkreten Planungsmaßnahmen gegeneinander abzuwägen sind, was zur Folge haben kann, dass einzelne Ziele stärker bzw. schwächer gewichtet werden. Planungsgrundsätze sind bei allen Planungsmaßnahmen zu beachten und anzuwenden; sie unterliegen keinem Abwägungsprozess. In den Grundsätzen wird festgelegt, welche Entscheidungskriterien jedenfalls bei der Abwägung und Gewichtung der Ziele zu beachten sind.

Durch die Zielbestimmungen wird der planungsrechtliche Rahmen insb. bei Widmungsfragen definiert, wobei die Ziele einen **Auslegungsspielraum** eröffnen. Die Bedeutung der Ziele drückt sich auch in der von Rechtsprechung und Lehre vertretenen Theorie der „finalen Determinierung" des Planungshandelns aus, wonach sich die verfassungsmäßige Gesetzesbindung im Wesentlichen auf die korrekte

---

25 Vgl. VfSlg 13.282/1992 (zum NÖ ROG).
26 *Pernthaler, Fend*, Kommunales Raumordnungsrecht, 1989, S. 81; vgl. zur Bindungskraft der Raumordnungsziele auch *Berka*, Flächenwidmungspläne auf dem Prüfstand, 1996, S. 74.
27 *Leitl*, Überörtliche und örtliche Raumplanung, 2006, S. 110.
28 *Wessely*, Örtliche Raumplanung, 2006, S. 356.

Zielkonkretisierung in den gesetzlich vorgesehenen Planungsinstrumenten und den entsprechenden Verfahren beschränkt. Obwohl die einzelnen Ziele nur „anzustreben" sind und durch die Systematik der finalen Programmierung eine planerische Gestaltungsfreiheit geschaffen wird, die nur einer beschränkten rechtlichen Kontrolle unterliegen kann, wird durch die Zielformulierungen ein Auslegungsspielraum und Prüfungsmaßstab abgesteckt. Die Zielkataloge enthalten **unterschiedliche** und teilweise gegenläufige **Zielbestimmungen**, was in der Vollziehung und Umsetzung beachtliche Ermessensentscheidungen der Planungsbehörden bewirken kann. Erst bei konkreten Planungsmaßnahmen wird zwischen den einzelnen Zielen abgewogen und durch planerische Festlegungen werden bestimmte Ziele betont, während andere Ziele hintangestellt werden.

Die Raumordnungsgesetze thematisieren in ihren Grundsätzen und Zielen **wohnungsbezogene Anliegen in unterschiedlicher Weise** – sowohl von der Regelungsintensität als auch -vielfalt. Viele Raumordnungsziele und -grundsätze gelten allgemein für Daseinsgrundfunktionen oder räumliche Nutzungen und beziehen sich nur fallweise ausdrücklich auf „Wohnen", „Wohnungswesen", „Wohnungen", „Wohnraum" oder „Wohnsiedlungen" (z. B. Zersiedelungsabwehr, sparsamer Bodenverbrauch, Schutz vor Naturgefahren, …).

Diejenigen Ziele (kaum die Grundsätze), die sich **unmittelbar auf „Wohnen"** beziehen, streben im Wesentlichen und verallgemeinernd folgende öffentlichen Interessen an:[29]
→ Vorsorge zur **Deckung des Wohnbedarfs** in ausreichendem Umfang und angemessener Qualität (Ausweisung ausreichender Flächen zur Befriedigung des Wohnbedarfes der Bevölkerung);
→ Berücksichtigung von **Wohnaspekten bei der Siedlungsentwicklung** und der konkreten Standortplanung;
→ **Reservierung von Gebieten** mit der besonderen Eignung für Wohnsiedlungen;
→ Sicherung und Verbesserung der Grundlagen für die langfristige **Entwicklung des Wohnungswesens**.

Einzelne Raumordnungsgesetze enthalten in ihren Zielbestimmungen im Zusammenhang mit Wohnen **besondere Aspekte** wie beispielsweise:
→ Beachtung der Ansprüche der Bevölkerung an ein **zeitgemäßes Wohnen** (Wien);
→ Anstreben angemessener **Grundstückspreise bzw. Wohnungspreise** (Tirol);
→ Sicherung und Entwicklung der Stadt- und Ortskerne insb. durch einen ausgewogenen **Anteil an Wohnnutzungen** (NÖ).

Insgesamt überrascht im Bundesländervergleich die eher **geringe Verankerung** von leistbarem Wohnen oder förderbaren Wohnbauten als gesetzliches Anliegen der Raumordnung. Aus den Zielkatalogen der Raumordnungsgesetze kann nicht zwingend eine Sonderstellung von leistbarem Wohnen abgeleitet werden. In einzelnen Raumordnungsgesetzen wird zwar eine ausreichende Vorsorge für Wohnraum angestrebt, das Ziel von angemessenen Preisen für Grundstücke bzw. Wohnraum wird lediglich im TROG ausdrücklich verankert.

Im Zusammenhang mit Zielbestimmungen zu förderbarem Wohnen ist anzumerken, dass eine Ergänzung der Zielbestimmungen mit der Ausrichtung auf „leistbares Wohnen" ein wichtiges **zusätzliches Anliegen** neben den herkömmlichen Raumordnungszielen und -grundsätzen sein kann, dass freilich eine isolierte Betrachtung allein der Leistbarkeit in der Regel nicht der komplexen raumordnerischen Problemstellung bezüglich „förderbarem Wohnen" entsprechen wird. Wenn etwa günstiger Wohnraum mit sehr hohen Dichten und ungünstigen Baustrukturen an ungeeigneten Standorten realisiert würde, könnte dadurch zwar dem Ziel der finanziellen Leistbarkeit entsprochen werden, andere siedlungs-, raum- und sozialpolitischen Zielsetzungen würden aber unterlaufen. Demzufolge sind – wie meistens bei Planungsentscheidungen – einzelne Ziele nicht isoliert zu maximieren, sondern in Abstimmung mit den sonstigen Raumordnungszielen und insb. Grundsätzen standortbezogen zu optimieren.

Empfehlungen Ziele und Grundsätze

Vielfach wird Wohnen als eine von mehreren Daseinsfunktionen behandelt, für die in der Folge spezifische Zielbestimmungen gelten, ohne freilich finanzielle Aspekte zu thematisieren. Eine entsprechende **Überarbeitung der Ziele und Grundsätze** in den Raumordnungsgesetzen hinsichtlich einer stärkeren gesetzlichen Verankerung von leistbarem Wohnen als Raumordnungsanliegen würde entsprechende Maßnahmen und allfällige Interessenabwägungen bei konkreten Planungs- und Widmungsentscheidungen erleichtern. Um Fehlentwicklungen in der kommunalen Siedlungstätigkeit zu vermeiden, ist freilich nicht ein einzelnes Ziel, das leistbares Wohnen priorisiert, isoliert zu maximieren, sondern mit den sonstigen Raumordnungszielen und insb. -grundsätzen abzustimmen.

---

29 Vgl. **Anhang 2: Wohnungsbezogene Ziele und Grundsätze in den Raumordnungsgesetzen.**

Sollte die Bereitstellung ausreichender Flächen für den förderbaren Wohnbau im Wege von Widmungsfestlegungen tatsächlich für die Gemeinden verpflichtend werden, wären neben entsprechenden Zielbestimmungen **raumordnungsgesetzliche Widmungskriterien** erforderlich, deren Anwendung allerdings jeweils den verfassungsrechtlichen Anforderungen (eigener Wirkungsbereich der Gemeinden in Fragen der örtlichen Raumordnung, Sachlichkeitsgebot, Gleichheitssatz) gerecht werden müsste.

2.5 Überörtliche Raumplanung

Der raumordnungsrechtlichen Systematik zufolge geben die Grundsätze und Ziele den fachlichen Rahmen für die überörtliche und örtliche Raumplanung vor, wobei vereinzelt zwischen Zielen für die überörtliche und die örtliche Raumplanung differenziert wird (z. B. NÖ, Tirol). Als **Instrumente der überörtlichen Raumordnung** bestimmen die Raumordnungsgesetze unterschiedliche Pläne, Programme und Konzepte auf Landes- bzw. regionaler Ebene, wobei zwischen hoheitlichen und konzeptiven Planungen zu unterscheiden ist. Beispielsweise sieht das NÖ ROG überörtliche Raumordnungsprogramme (Verordnung) sowie überörtliche Raumordnungs- und Entwicklungskonzepte (Erstellung durch die Landesregierung) vor. Salzburg bestimmt neben Entwicklungsprogrammen in Verordnungsform[30] regionale Entwicklungskonzepte, die vom Regionalverband ausgearbeitet werden können und grundsätzlich nicht verbindlich sind. In Tirol können neben Raumordnungsprogrammen (Verordnung) zusätzlich Raumordnungspläne von der Landesregierung ausgearbeitet werden.

Während die hoheitlichen Raumpläne durch Verordnung der Landesregierung verbindlich erklärt werden, werden **konzeptive Pläne** in der Regel durch die Landesregierung beschlossen, weisen aber keinen Verordnungscharakter auf. In einigen Bundesländern finden in der überörtlichen Raumplanung die wesentlichen Planungsdiskussionen – auch im Zusammenhang mit leistbarem Wohnen – nicht in erster Linie in hoheitlichen Planungsmaßnahmen ihren Niederschlag, sondern verstärkt bei unverbindlichen Planungsinstrumenten sowie in informellen Planungsprozessen. So wurde etwa in der Vision Rheintal kein Raumordnungskonzept erstellt, sondern jüngst eine Vereinbarung „Gemeinnütziger Wohnbau" zwischen Land und Gemeinden getroffen.

Im Zusammenhang mit überörtlichen Planungen ist zu beachten, dass **nicht für alle Regionen** in Österreich überörtliche Raumpläne erstellt wurden und somit für viele Bereiche keine überörtlichen Raumplanungsaussagen – auch nicht für förderbares Wohnen – vorliegen. Freilich wäre allein aus dem Umstand, dass flächendeckend überörtliche Raumpläne vorliegen würden, nicht garantiert, dass umfassende überörtliche Raumplanungsaussagen zu förderbarem Wohnen verordnet wären, zumal spezifische inhaltliche Verpflichtungen in den Raumordnungsgesetzen fehlen und in den vorhandenen überörtlichen Raumplänen die **Inhaltstiefe und -breite** diesbezüglich **erheblich variiert**.

Ausgewählte Instrumente und Maßnahmen der überörtlichen Raumplanung

Bei den **Instrumenten und Maßnahmen** der überörtlichen Raumordnung ist bezüglich förderbarem Wohnen zu unterscheiden, ob

→ **Wohnen allgemein** in überörtlichen Zielbestimmungen und Maßnahmen thematisiert wird;
→ **förderbares Wohnen ausdrücklich** – in der Regel als Zielbestimmung – enthalten ist;
→ **konkrete Maßnahmen** für förderbares Wohnen enthalten sind.

Das neue **Bgld Landesentwicklungsprogramm 2011**[31] (LEP 2011), das aus dem Leitbild „Mit der Natur zu neuen Erfolgen", der Strategie Raumstruktur und dem Ordnungsplan besteht, wurde am 29. November 2011 als Verordnung der Burgenländischen Landesregierung beschlossen. Das Leitbild zeigt die landesweiten Ziele und Grundlagen für eine nachhaltige, ökonomische, sozial gerechte und ökologische Entwicklung des Burgenlandes bis 2020 auf. Die Strategie Raumstruktur differenziert die übergeordneten Ziele und Umsetzungserfordernisse des Leitbildes räumlich genauer aus, wobei Schwerpunkte auf mehrere Themen (Arbeit und Soziales, Energie, Wirtschaft und Infrastruktur, Natur und Umwelt, Tourismus und Kultur) gelegt werden. Auffallend ist im untersuchten Zusammenhang, dass Wohnen keinen besonderen Schwerpunkt bildet.

In Punkt 2 (Ziele zur Entwicklung und Ordnung der Raumstruktur) Punkt 2.6. (Siedlungsstruktur) wird ausdrücklich festgehalten, dass die Siedlungsentwicklung den Wohnraumbedarf der Bevölkerung in ausreichendem Maß und zu vertretbaren Kosten zu decken hat.[32] Dieses Ziel ist vor allem durch die Sanie-

---

30 In Slbg wird weiters für (überörtliche) Entwicklungsprogramme eine ausdrücklich Differenzierung zwischen verbindlichen und unverbindlichen Aussagen vorgenommen. So sind gemäß § 8 Abs. 2 Slbg ROG Aussagen, denen keine verbindliche Wirkung zukommen soll, als solche erkennbar zu machen.
31 http://www.burgenland.at/media/file/2291_Broschuere_LEP2011.pdf, 11. 9. 2013.
32 Bei der Abschätzung des Wohnraumbedarfs sind die Verschiebungen der Altersstruktur der Bevölkerung und die damit im Zusammenhang stehenden geänderten Nutzungsansprüche zu berücksichtigen. LEP 2011. Punkt 2.6.1.

rung bzw. Adaptierung des Bestandes und durch flächensparende Formen des verdichteten Wohnbaus zu erreichen. Bei der Ausweisung von Eignungszonen sowie Rangstufen für die standörtlichen Funktionen im Tourismus, in Gewerbe und Industrie und den zentralen Orten spielen wohnspezifische Kriterien keine – unmittelbare – Rolle. Im neuen LEP 2011 kommt somit **leistbarem Wohnen durchaus eine Bedeutung zu** und wird im Zusammenhang mit der Siedlungsstruktur thematisiert, ein **besonderer Schwerpunkt** wird diesbezüglich im LEP 2011 allerdings **nicht gesetzt**.

Vergleichsweise umfangreich thematisiert die überörtliche Raumordnung in Salzburg das Thema „förderbarer Wohnbau". Das **Slbg Landesentwicklungsprogramm 2003** behandelt ua. im Zusammenhang mit dem Leitbild der flächensparenden und nachhaltigen Raumnutzung einige wohnungsbezogene Aspekte, wobei vor allem auf flächensparende Wohnbauten und Baustrukturen abgestellt wird. Zu Punkt B.1 (Siedlungsentwicklung und Standortkriterien) wird als 3. Ziel die „Sicherstellung der Verfügbarkeit geeigneter Baulandflächen in ausreichendem Umfang" vorgegeben und als entsprechende Maßnahme ua. der förderbare Wohnbau thematisiert: „Geeignete Flächen für den förderbaren Wohnbau sollen bedarfsgerecht bereitgestellt werden." Als Planungsträger werden die Gemeinden und als Instrumente werden privatrechtliche Vereinbarungen und Vorbehaltsflächen benannt.[33]

Die Slbg Landesregierung hat 2009 das Thema „Wohnen" in einem eigenen Sachprogramm **„Standortentwicklung für Wohnen und Arbeiten im Salzburger Zentralraum"** durch Verordnung, LGBl. 13/2009, verbindlich geregelt.[34] Als Ziel wird gemäß Punkt 3.1.2 ua. bestimmt, dass die Wohnbautätigkeit zur Aufnahme von zuwandernder Bevölkerung schwerpunktbezogen auf die Stadt Salzburg und die Regionalzentren konzentriert werden soll. Als Maßnahme wird ein Strukturmodell mit Richt- und Grenzwerten für den Wohnungszuwachs für die unterschiedlichen Zentren und Gemeinden bestimmt. Spezifische Ziele und Maßnahmen ausdrücklich zu leistbarem Wohnen sind allerdings nicht im Sachprogramm enthalten.

Der 2011 fortgeschriebene **ZukunftsRaum Tirol 2011**, der ein Raumordnungsplan gemäß § 12 TROG ist, enthält Ziele, Strategien und vorrangige Maßnahmen für die räumliche Entwicklung des Landes Tirol, wobei besonderes Gewicht auf die Koordination der raumwirksamen Maßnahmen des Landes gelegt wird. Bei den landesweiten Zielen und Strategien und zu Schwerpunktthemen (Punkt 2.2.1) werden als Hauptziele der Siedlungsentwicklung festgelegt:
→ eine bodensparende Deckung des Flächenbedarfs für Wohnen und Wirtschaft
→ zu erschwinglichen Preisen und
→ mit möglichst geringen Erschließungslasten für die öffentliche Hand.

Das **Thema „leistbares Wohnen"** wird demzufolge im ZunkunftsRaum Tirol 2011 als ein wesentliches Ziel der Siedlungsentwicklung angesehen und ausgeführt: „Das Preisniveau für Bauland ist auf einem für Bevölkerung und Wirtschaft leistbaren Niveau zu halten. Das Unterbinden von spekulativem Horten von Bauland ist dafür ein wesentlicher Ansatz. Eine aktive Boden- und Raumordnungspolitik sowie eine entsprechende Ausrichtung der Förder- und Abgabeninstrumente leisten hier weitere wichtige Beiträge. Beispiele dafür sind die Aktivitäten des Tiroler Bodenfonds, Vorbehaltsflächen für den geförderten Wohnbau oder die Vertragsraumordnung der Gemeinden."[35] Als entsprechende Maßnahmen zur Siedlungsentwicklung werden in Punkt 3.1 „Raumordnungspläne zur Siedlungsentwicklung in Verdichtungsräumen vorgeschlagen, in denen Wohn- und Wirtschaftsstandorte über die Gemeindegrenzen hinaus optimiert werden sollen, indem die Entwicklungsmöglichkeiten der einzelnen Gemeinden unter Berücksichtigung der räumlichen und infrastrukturellen Gegebenheiten regional abgestimmt werden. Das Ergebnis soll eine qualifizierte fachliche Grundlage für die längerfristige Weiterentwicklung der Instrumente der örtlichen Raumordnung in den betreffenden Regionen sowie für die einschlägige Investitions- und Förderungstätigkeit des Landes sein."[36] Durch aktive Bodenpolitik und Baulandmobilisierung soll zur Bereitstellung von leistbarem Bauland für die Deckung des Wohnbedarfes beigetragen werden, wobei dies über ein abgestimmtes raumord-

---

33 In den Erläuterungen zum Landesentwicklungskonzept, S. 102, http://www.salzburg.gv.at/lep2003-2.pdf, 11.3.2013, wird dazu ausgeführt: Die Gemeinden sollen die Errichtung geförderter Wohnungen im Rahmen ihrer Möglichkeiten insbesondere dahin gehend unterstützen, dass hiefür unter der Nutzung der Möglichkeiten des ROG 1998 geeignete Baugrundstücke preisgünstig bereitgestellt werden. Die Errichtung von geförderten Mietwohnungen ist von den Gemeinden im Rahmen ihrer Möglichkeiten dadurch zu unterstützen, dass sie Baugrundstücke preisgünstig für Förderungswerber bereitstellen (z. B. Einräumung des Baurechts an Baugrundstücken gegen Entrichtung eines niedrigen Bauzinses) oder zu den Aufschließungskosten oder Anliegerleistungen beitragen.
34 Mit dem neuen Sachprogramm wurde das bisherige Sachprogramm „Siedlungsentwicklung und Betriebsstandorte im Zentralraum" grundlegend überarbeitet.
35 http://www.tirol.gv.at/fileadmin/www.tirol.gv.at/raumordnung/zukunftsraum/downloads/ROPlan_ZukunftsRaum_110927_web.pdf, 11.9.2013, S. 56.
36 Tiroler Landesregierung, ZukunftsRaum Tirol 2011, S. 93.

nerisches und bodenpolitisches Maßnahmenpaket des Landes (einschließlich des Bodenfonds) und der Gemeinden unter Mitwirkung der gemeinnützigen Wohnbauträger erfolgen soll.[37]

Im Rahmen der **Vision Rheintal** wurde in einem Beschluss der Rheintalkonferenz (Land Vorarlberg und 29 Rheintalgemeinden) im Juni 2013 eine **Vereinbarung „Gemeinnütziger Wohnbau"** zur verbesserten regionalen Abstimmung und Umsetzung des gemeinnützigen Wohnbaus im Rheintal getroffen. Folgende Punkte wurden vereinbart:[38]

→ *Abschätzung des mittel- bis langfristigen Bedarfs an gemeinnützigen Wohnungen:* Hintergrund ist, dass im Rheintal derzeit weder quantitative noch qualitative Prognosen hinsichtlich des mittel- bis langfristigen Bedarfs an gemeinnützigen Wohnungen bestehen.

→ *Standardisierte und idente Erfassung des aktuellen Bedarfs sowie transparente Kriterien für die Vergabe von Wohnungen:* Derzeit erfolgt die Erfassung des (dringenden) Wohnbedarfs aufgrund konkreter Bedarfsmeldungen durch die Gemeinden, wobei von Gemeinden abgestufte Dringlichkeiten bestimmt werden können. Dies wird zwar durch eine Richtlinie des Landes geregelt, jedoch erfolgt die Erfassung in den Gemeinden nach unterschiedlichen Kriterien. Auch bei der Vergabe der Wohnungen werden Kriterien unterschiedlich angewendet.

→ *Vertiefung der Kenntnisse über die Situation im Quartier:* Fundierte Daten, die Rückschlüsse auf die Situationen in den Siedlungsbereichen zulassen, fehlen weitgehend. Insb. zu Fragen im Hinblick auf sozialräumliche Aspekte, wie soziale Situation, Anteil an Personen mit migrantischem Hintergrund, uÄ., bestehen geringe Grundlagen, was zur Folge hat, dass wohnungspolitische Entscheidungen teilweise ohne nachvollziehbare Entscheidungsgrundlagen getroffen werden.

→ *Gezielte Information über die Qualität und Möglichkeiten im gemeinnützigen Wohnbau:* Nach wie vor besteht große Zurückhaltung (insb. bei kleinen Gemeinden) gegenüber gemeinnützigem Wohnbau, da der gemeinnützige Wohnbau teilweise ein negatives Image hat. Mit entsprechenden Informationsstrategien sollen die Qualitäten und Möglichkeiten im gemeinnützigen Wohnbau aufgezeigt werden.

→ *Erstellung eines Konzeptes zur großräumigen Verteilung gemeinnütziger Wohnungen im Rheintal:* Ausgehend von einer Prognose des Bedarfs ist die Frage nach der räumlichen Verteilung in der gesamten Region bzw. in Kleinregionen zu diskutieren. Ziel sollte es sein, dass eine „gute"[39] räumliche Balance bzw. ein „guter" Ausgleich im Raum entsteht, der allenfalls bestehenden Segregationstendenzen („Ghettoisierung") entgegenwirkt. Objektive Kriterien als Grundlage für politische Aushandlungsprozesse.

→ *Festlegung von Kriterien zur lokalen und kleinräumigen Beurteilung der Eignung von Standorten bzw. der adäquaten Nutzung:* Ähnlich der großräumigen Betrachtung gilt es auch kleinräumig zu prüfen, welche Standorte für den gemeinnützigen Wohnbau geeignet und welche ungeeignet sind; auch wurden in der Vergangenheit teilweise zu hohe Nutzungsdichten im gemeinnützigen Wohnbau realisiert. Neben infrastrukturellen Überlegungen (z. B. Nähe zum ÖV, Versorgungseinrichtungen, Mischnutzung) sind auch sozialräumliche Aspekte (z. B. Durchmischung – ethnische und soziale Situation) zu berücksichtigen.

→ *Soziale Arbeit in den Siedlungen aktiv betreiben:* Neben planerischen Maßnahmen werden soziale als wichtige begleitende Maßnahmen artikuliert. Dies vor allem um auftretenden Konflikten bestmöglich zu begegnen bzw. gute Nachbarschaften zu stärken.

Auch wenn einzelne Bundesländer beachtliche Maßnahmen gesetzt haben, spielte österreichweit förderbares Wohnen in den offiziellen Dokumenten der überörtlichen Raumplanung der Länder bislang eine **unterschiedliche, grundsätzlich aber eher eine untergeordnete Rolle**. Sowohl das Wohnen als auch finanzielle Aspekte von Widmungsmaßnahmen finden traditionell vergleichsweise wenig Niederschlag in überörtlichen Plandokumenten:

→ Insgesamt ist das Thema „Wohnen" in der überörtlichen Raumplanung vielfach **durch andere Themenbereiche mitumfasst** (etwa Siedlungsentwicklung, Zersiedlungsabwehr, Vermeidung von Nutzungskonflikten), **wohnspezifische Zielbestimmungen und Maßnahmen finden sich nur vereinzelt.**

→ Die überörtliche Raumordnung war bislang – mit wenigen Ausnahmen – **„finanzblind"**, das heißt, die finanziellen Auswirkungen von Planungsmaßnahmen, wie Wertsteigerungen oder -verluste, spielten ebenso eine untergeordnete Rolle, wie die Auswirkungen auf die Preisgestaltung von Liegenschaften und Wohnungen oder die Finanzierungsmöglichkeiten der Planbetroffenen.

---

37 Tiroler Landesregierung, ZukunftsRaum Tirol 2011, S. 94.
38 Vision Rheintal, Präsentation „Vereinbarung Gemeinnütziger Wohnbau" vom 26. 6. 2013.
39 Was „gut" bedeutet, ist in einem gemeinsamen Diskurs zwischen relevanten Fachpersonen und Politik zu klären. Ziel ist jedenfalls, besonders betroffene Gebiete bzw. Gemeinden durch geeignete Maßnahmen zu unterstützen und dadurch einen Ausgleich zu erreichen (z. B. Soziales Netzwerk Wohnen). Dabei gilt es auf historische Entwicklungen, örtliche Gegebenheiten (z. B. Zahl der Arbeitsplätze), uÄ. Rücksicht zu nehmen.

In jüngeren Plandokumenten der überörtlichen Raumplanung kommt dem förderbaren Wohnen in einzelnen Bundesländern **nunmehr stärkere Bedeutung zu**, wobei nicht nur Zielbestimmungen (z. B. leistbare Liegenschaften und Wohnungen für die ortsansässige Bevölkerung), sondern auch **Maßnahmen** festgelegt werden. Da beim Themenbereich „Förderbares Wohnen" eine Vielzahl von Maßnahmen mit unterschiedlichem rechtlichen Hintergrund betroffen sind, wäre bei umfassenden Regelungsansätzen zu prüfen, welche Maßnahmen verbindlich in überörtlichen Raumplänen zu verankern sind und welchen Maßnahmen empfehlender Charakter zukommt bzw. welche Maßnahmen nicht verordnungsfähig wären.

Verordnete überörtliche Raumpläne haben unmittelbare **Rechts- und Bindungswirkung** für die Gemeinden. Die Bindungswirkung ergibt, dass örtliche Raumpläne, insb. Flächenwidmungspläne, die überörtlichen Raumordnungsprogrammen widersprechen, gesetzwidrig sind.[40] Weisen Maßnahmen keinen Verordnungscharakter auf, ist die Bindungswirkung deutlich reduziert. Maßnahmen in überörtlichen Raumplänen ohne rechtliche Verbindlichkeit können als Empfehlungen, Orientierungshilfen und unverbindliche Vorgaben für die kommunale Planungstätigkeit gelten, die in der jeweiligen Interessenabwägung zu berücksichtigen sein werden.

Die Vorgabe raumbezogener Widmungskriterien für förderbares Wohnen in überörtlichen Raumplänen erscheint bezüglich des verfassungsrechtlich garantierten **eigenen Wirkungsbereiches der Gemeinden** solange unbedenklich, als diese in überwiegend überörtlichen Interessen liegen. Je konkreter überörtliche Vorgaben für die kommunale Planungstätigkeit werden, wenn etwa parzellenscharfe Bereiche für förderbares Wohnen in überörtlichen Raumplänen ausgewiesen würden, desto höher wäre der Begründungsbedarf des überwiegenden überörtlichen Interesses. Konkrete Aussagen zur räumlichen Verteilung von Flächen für förderbares Wohnen fehlen weitgehend in den überörtlichen Raumplänen.

Empfehlungen überörtliche Raumplanung

Die überörtliche Raumplanung ist verstärkt gefordert, Ziele, Maßnahmen und Widmungskriterien für den förderbaren Wohnbau landes- und regionsspezifisch zu verankern. Da in vielen Bereichen die Bereitstellung von Flächen für den förderbaren Wohnbau nicht nur einzelne Gemeinden isoliert betreffen, sondern vielfach von mehreren benachbarten Gemeinden aufgrund der funktionalen Verflechtungen gemeinsam zu lösen sind, wird die **regional und landesplanerische Aufgabe** offensichtlich.

Offene Fragen der **Bedarfsabschätzung** an Flächen für den förderbaren Wohnbau sowie der Kriterien für die **Bedarfszuweisung** und **Flächenverteilung** sind auf überörtlicher Ebene ebenso zu klären, wie mit der Zurückhaltung einzelner Gemeinden diesbezüglich umzugehen ist. Welche **konkreten Maßnahmen**, insb. auch zur Baulandmobilisierung und aktiven Bodenpolitik, in den Regionen zur Zielerreichung eingesetzt werden, ist in regionalen Raumordnungsplänen oder informellen Konzepten so zu konkretisieren, dass eine tatsächliche Anwendung auf den verschiedenen Planungsebenen erfolgt.

2.6 Sonderwidmungen und Vorbehaltsflächen

Im Rahmen der kommunalen Flächenwidmungsplanung können entsprechend gewidmete **Liegenschaften für Zwecke des förderbaren Wohnens gesichert werden** bzw. kann mit einer entsprechenden Widmung verhindert werden, dass die Liegenschaft einer anderen Nutzung zugeführt wird. Einzelne Raumordnungsgesetze sehen als Spezifikation von Baulandwidmungen Nutzungseinschränkungen für förderbares Wohnen vor, wodurch die betroffenen Flächen für den förderbaren Wohnbau **räumlich abgegrenzt** und **für diesen Nutzungszweck reserviert** werden.

Zu unterscheiden sind bei bodenbezogenen Nutzungsbeschränkungen im Wesentlichen **zwei Arten von Festlegungen**:
→ **Widmungen bzw. Sonderwidmungen** für den förderbaren Wohnbau
→ **Vorbehaltsflächen** für den förderbaren Wohnbau

Im Unterschied zu **(Sonder-)Widmungen**, durch die (lediglich) verhindert wird, dass die Grundflächen nicht widmungskonform verwendet werden (die Liegenschaft wird also für eine bestimmte Nutzung reserviert), enthalten **Vorbehaltsflächen** auch Regelungsansätze hinsichtlich Umsetzung. Während (Sonder-)Widmungen – wie grundsätzlich alle Baulandwidmungen – lediglich ein Nutzungsangebot für Grundeigentümer darstellen, die Realisierung dem Grundeigentümer überlassen bleibt („Negativplanung"), sind im Zusammenhang mit Vorbehaltsflächen – länderspezifisch unterschiedliche – Rechtswirkungen vorgesehen, die auf eine Nutzungsrealisierung („Aktivplanung") abzielen.

---

40 *Leitl*, Überörtliche und örtliche Raumplanung, 2006, S. 111.

Sonderwidmungen für förderbaren Wohnbau

Eine Sonderwidmung im Bauland für „förderbaren Wohnbau" reserviert die betreffenden Flächen nicht mehr für eine undifferenzierte Wohnbautätigkeit, sondern **für spezifische Wohnformen**, die in der Regel den Bestimmungen der **Wohnbauförderungsgesetze** der Bundesländer entsprechen müssen. Die Rechtswirkung einer solchen Sonderwidmung wird in der Regel bauwillige Grundeigentümer treffen, die nur noch spezifische Wohnbauten realisieren können. Werden keine Ausnahmebestimmungen gesetzlich geregelt, gilt die Verpflichtung zum förderbaren Wohnbau für die gesamte gewidmete Fläche und für alle Bauführungen, wobei im Bauverfahren anhand konkreter Bauprojekte die Einhaltung der widmungsrechtlichen Bestimmungen durch die Baubehörde zu überprüfen ist.

Gemäß § 22 Abs. 1 Oö ROG können Flächen für Wohngebiete für förderbare mehrgeschoßige (mindestens drei Geschoße über dem Erdboden) Wohnbauten oder Gebäude in verdichteter Flachbauweise (§ 2 Z 41 Oö Bautechnikgesetz) vorgesehen werden; in diesen Wohngebieten dürfen nur förderbare mehrgeschoßige Wohnbauten oder Gebäude in verdichteter Flachbauweise sowie Bauten und sonstige Anlagen errichtet werden, die dazu dienen, den täglichen Bedarf der Bewohner zu decken.

Im **Entwurf für die WBO-Novelle** wird künftig auch in Wien eine Widmung für förderbaren Wohnbau vorgesehen. So soll die WBO um Wohngebiete erweitert werden (§ 4 Abs. 2 C lit. a WBO-Entwurf 2013), in denen örtlich begrenzte Teile zusätzlich als Gebiete für förderbaren Wohnbau ausgewiesen werden können.[41] Rechtswirkung sollen die Gebiete für förderbaren Wohnbau dahin gehend enthalten, als gemäß § 6a WBO-Entwurf in diesen Gebieten – neben der im jeweiligen Widmungsgebiet zulässigen Bauwerke oder Anlagen – nur Wohngebäude errichtet werden dürfen, wenn sie aufgrund der Größe der darin befindlichen Wohnungen und des energietechnischen Standards nach den wohnbauförderungsrechtlichen Vorschriften förderbar sind.

Da die Festlegung von Flächen für den förderbaren Wohnbau nur eine **Angebotsplanung** (der Grundeigentümer ist nicht zur Planrealisierung verpflichtet) darstellt, sind für eine widmungskonforme Umsetzung begleitende Maßnahmen, insb. der Vertragsraumordnung vorzusehen. So bestimmt etwa § 16 Abs. 1 z 3 Oö ROG, dass als privatwirtschaftliche Maßnahmen insb. „Vereinbarungen zur Sicherung des förderbaren Wohnbaus, soweit für diesen Zweck in der Gemeinde ein Bedarf besteht und dafür Flächen vorbehalten werden sollen" in Betracht kommen. Die Vereinbarungen haben sicherzustellen, dass je Grundstückseigentümer höchstens die Hälfte der für die Umwidmung vorgesehenen Grundstücksfläche zum Zweck der Widmung für den förderbaren mehrgeschoßigen Wohnbau oder für Gebäude in verdichteter Flachbauweise der Gemeinde angeboten werden muss. Dem Grundstückseigentümer muss für diese Flächen jedenfalls ein angemessener Preis angeboten werden, wobei als angemessen ein Preis anzusehen ist, der zumindest die Hälfte des ortsüblichen Verkehrswerts beträgt; dieses Mindestentgelt darf durch Neben- und Zusatzvereinbarungen nicht unterschritten werden.

Vorbehaltsflächen in den Raumordnungsgesetzen

Die Reservierung von Flächen für förderbaren Wohnungsbau erfolgt in einigen Raumordnungsgesetzen durch **Vorbehaltsflächen**, die allgemein für besondere Verwendungszwecke im öffentlichen Interesse festgelegt werden können.[42] Vorbehaltsflächen können somit nicht nur für Bauvorhaben für den herkömmlichen **Gemeinbedarf** in einer Gemeinde, sondern ausdrücklich auch für förderbare Wohnbauten entsprechend der jeweiligen Wohnbauförderungsgesetze festgelegt werden. Auch wenn im Vergleich zu den klassischen Gemeinbedarfseinrichtungen, für die in der Regel Vorbehaltsflächen vorgesehen sind, für den förderbaren Wohnbau die öffentlichen Interessen vergleichsweise weniger deutlich ausgeprägt sind, wird ein grundsätzlicher Gemeinbedarf, der die Festlegung von Vorbehaltsflächen rechtfertigt, auch beim förderbaren Wohnbau anzunehmen sein.

§ 7 Abs. 1 **Ktn GplG** bestimmt allgemein, dass im Flächenwidmungsplan als Bauland (§ 3) oder als Grünland (§ 5) festgelegte Grundflächen für **besondere Verwendungszwecke** vorbehalten werden dürfen, wenn wirtschaftliche, soziale, ökologische oder kulturelle Bedürfnisse in der Gemeinde es erfordern. Die Festlegung von Vorbehaltsflächen darf gemäß § 7 Abs. 2 lit b Ktn GplG zur Sicherstellung der Verfügbarkeit

---

41 Erl. Bem. zu § 4 Z 5 und 6: Durch die Schaffung einer zusätzlichen Ausweisung von Gebieten für förderbaren Wohnbau soll innerhalb des Wohngebietes dadurch erforderlicher Wohnraum mobilisiert werden, dass in den dafür im Flächenwidmungsplan vorgesehenen Gebieten die Nutzung der Grundflächen insofern beschränkt ist, als nur solche Wohngebäude errichtet werden dürfen, die nach der Größe der darin befindlichen Wohnungen und dem energietechnischen Standard die Voraussetzungen für eine öffentliche Förderung nach den wohnbauförderungsrechtlichen Vorschriften erfüllen (vgl. § 6 Abs. 6a, Z 11 des Entwurfs). Die nachträgliche Schaffung größerer Wohneinheiten durch Zusammenlegung von bewilligten Wohnungen in einem Gebiet für förderbaren Wohnbau wäre ein Verstoß gegen die betreffende Bestimmung des Flächenwidmungsplanes und daher unzulässig.

42 Vgl. **Anhang 3: Sonderwidmungen bzw. Vorbehaltsflächen für förderbares Wohnen.**

geeigneter Grundflächen erfolgen, insb. **für die Errichtung von** nach dem III. Abschnitt des Wohnbauförderungsgesetzes **förderbaren Wohngebäuden**, sofern
→ in der Gemeinde eine erhebliche **Nachfrage der ortsansässigen Bevölkerung** nach Grundflächen für Wohnzwecke zur Deckung eines ganzjährig gegebenen Wohnbedarfes besteht und
→ diese Nachfrage trotz ausreichend vorhandener Baulandreserven zu **angemessenen und ortsüblichen Preisen** nicht gedeckt werden kann.

Werden Vorbehalte festgelegt, ist hinsichtlich der davon betroffenen Grundflächen durch **Rechtsgeschäft mit dem Grundeigentümer** der Eigentumserwerb zum ortsüblichen Verkehrswert oder die Erlangung der Nutzungsberechtigung sicherzustellen (§ 7 Abs. 3). Nach Ablauf von vier Jahren kann der Eigentümer von Grundflächen, die als Vorbehaltsflächen festgelegt worden sind, von der Gemeinde die **Einlösung der Grundstücke** verlangen. Begehrt der Grundeigentümer die Einlösung, so hat die Gemeinde innerhalb eines Jahres die Grundstücke zum ortsüblichen Verkehrswert zu erwerben oder – wenn sie hiezu nicht bereit ist – den Vorbehalt aufzuheben (§ 7 Abs. 4).

Umfangreiche Bestimmungen für Vorbehaltsflächen für förderbaren Wohnbau enthält das **Slbg ROG**. Zur Sicherung von Flächen für den förderbaren Wohnbau können nach § 42 Abs. 1 unter **folgenden Voraussetzungen** Vorbehaltsflächen gekennzeichnet werden, wobei mit der Kennzeichnung gleichzeitig die Mindestzahl an zu errichtenden förderbaren Miet-, Mietkaufwohnungen oder Eigentumswohnungen festzulegen ist:
→ Es besteht ein entsprechender **Bedarf für den Planungszeitraum von zehn Jahren**, wobei das mittelfristige Wohnbau-Förderungsprogramm des Landes zu berücksichtigen ist.
→ Die Gemeinde, die Baulandsicherungsgesellschaft mbH (§ 77) und die gemeinnützigen Bauvereinigungen **verfügen** insgesamt **nicht in ausreichendem Maß über geeignete Flächen**, um den Bedarf zu decken.

→ Die Widmung der Fläche lässt eine **Wohnbebauung zu**.
→ Die Fläche muss die in der Anlage 2 festgelegte **Größe aufweisen** und für sie muss eine **Geschoßflächenzahl** gleich oder größer der ebendort gegebenenfalls festgelegten Mindestgeschoßflächenzahl gelten.
→ Für die Fläche liegt **keine Vereinbarung** gemäß § 18 vor, die die Sicherung der Fläche für den förderbaren Wohnbau beinhaltet.
→ Den von der Vorbehaltskennzeichnung betroffenen Grundeigentümern müssen zumindest als Bauland ausweisbare Flächen in dem **Ausmaß als vorbehaltsfrei verbleiben**, um ihren betrieblichen Bedarf und den Wohnbedarf für sich und ihre lebenden Nachkommen in gerader Linie zu decken.[43]

Die Erteilung einer **Baubewilligung** für eine Bauführung setzt zusätzlich voraus, dass diese den angeführten Festlegungen nicht widerspricht. Insgesamt ist freilich die – über Sonderwidmungen hinausgehende – **Rechtswirkung** für Vorbehaltsflächen für förderbaren Wohnbau gering. Während für Vorbehaltsflächen für öffentliche Zwecke eine Einlösungsverpflichtung durch die Gemeinde in § 41 Abs. 4 Slbg ROG vorgesehen ist, ist eine solche Rechtswirkung bei Vorbehaltsflächen für den förderbaren Wohnbau nicht raumordnungsgesetzlich festgelegt.

Als **Maßnahmen zur aktiven Bodenpolitik** können gemäß § 37 Abs. 2 Stmk ROG von der Gemeinde zur Sicherstellung geeigneter **Flächen für den förderbaren Wohnbau** im Sinn des Stmk Wohnbauförderungsgesetzes 1993 Vorbehaltsflächen ausgewiesen werden, wenn dies im örtlichen Entwicklungskonzept festgelegt ist. Diese Vorbehaltsflächen müssen eine besondere Standorteignung aufweisen und dürfen nur für den förderbaren Wohnbau als reines oder allgemeines Wohngebiet (§ 30 Abs. 1 Z. 1 und 2 Stmk ROG) ausgewiesen werden, wenn dies dem voraussichtlichen Bedarf einer Planungsperiode an einer derartigen Nutzung entspricht. Der Eigentümer von Grundstücken, die als Vorbehaltsflächen ausgewiesen werden, kann gemäß § 37 Abs. 3 Stmk ROG nach

---

43 Die Stadt Salzburg, Amt für Stadtplanung und Verkehr, Stellungnahme zum Positionspapier, 05/03/29646/2006/138, 2013, S. 2 hat bezüglich der Vorbehaltsregelungen im Slbg ROG folgende Schwächen festgestellt:
- „Die Kennzeichnung ist nur im Bereich einer bestehenden Wohngebietswidmung oder im Rahmen einer entsprechenden Neuausweisung zulässig, jedoch nicht im Grünland (vgl. Ktn GplG: hier auch im Grünland zulässig): Dadurch wird eine starke Verhandlungsposition der Gemeinden – die Baulandwidmung – bereits frühzeitig aus der Hand gegeben.
- Die Fläche muss eine definierte Mindestgröße (und Mindestdichte) aufweisen: Durch eine kleinteilige Parzellierung können die Grundeigentümer eine Vorbehaltsflächenkennzeichnung umgehen.
- Verpflichtung zur Berücksichtigung des Eigenbedarfs für sich und die lebenden Nachkommen. Ein quantitativer Aufteilungsschlüssel fehlt: Gegf. ist durch die verpflichtende Berücksichtigung des Wohnbedarfs aller Nachkommen (z. B. auch 6-jähriger Enkel) die verbleibende Fläche für einen geförderten Mietwohnbau gemäß den Vorgaben des Slbg ROG 2009 zu klein. Dadurch entfallen viele potenziell für den geförderten Mietwohnbau geeignete Flächen.
- Verpflichtung zur Berücksichtigung des entsprechenden Gemeindebedarfs und des mittelfristigen Wohnbau-Förderungsprogramms des Landes: Auch wenn der Bedarf in einer Gemeinde hoch wäre, könnte aufgrund mangelnder Bedeckung durch das mittelfristige Wohnbau-Förderungsprogramm eine Kennzeichnung unzulässig sein. Im Gegenzug besteht jedoch keine zeitliche Befristung für die Gültigkeit der Kennzeichnung von Flächen für den förderbaren Wohnbau."

Inkrafttreten des Flächenwidmungsplanes von der Gemeinde mittels schriftlichen Antrages verlangen, dass das **Grundstück eingelöst wird**. Auch in der Stmk kann für Vorbehaltsflächen für den förderbaren Wohnbau **nicht enteignet werden**, jedoch erfolgt in § 37 Abs. 6 Stmk ROG der Hinweis, dass durch diese Bestimmungen das durch ein anderes Gesetz allenfalls gewährtes Recht, Grundflächen durch Enteignung in Anspruch zu nehmen, nicht berührt wird.[44]

Als **Vorbehaltsflächen für den geförderten Wohnbau** dürfen gemäß § 52a Abs. 1 TROG nur Grundflächen gewidmet werden, die nach ihrer Größe, Lage und Beschaffenheit für Zwecke des geförderten Wohnbaus geeignet sind, wobei diese nur nach Maßgabe des Bedarfes gewidmet werden dürfen. Hinsichtlich des Verwendungszweckes entfällt mit der TROG-Novelle 2011 die Einschränkung auf **objektgeförderte Wohnbauten**, sodass auf entsprechend gewidmeten Vorbehaltsflächen künftig auch Wohnbauten, für die im Rahmen der **Subjektförderung** Wohnbauförderungsmittel zur Verfügung gestellt werden, errichtet werden dürfen.[45] Interessant ist die Rechtswirkung von Vorbehaltsflächen im TROG, die einen gewissen **Umsetzungsdruck** oder -anreiz erzeugt. So tritt eine Vorbehaltsfläche für den geförderten Wohnbau außer Kraft, wenn diese Grundflächen nicht innerhalb von zehn Jahren der Gemeinde, dem Tiroler Bodenfonds oder einem gemeinnützigen Bauträger für Zwecke des geförderten Wohnbaus zum Kauf angeboten werden. Da mit Außerkrafttreten der Widmung diese Grundflächen dann bis zur Festlegung einer neuen Widmung als Freiland gelten, entsteht aufgrund des **drohenden Wertlustes** ein gewisser Druck für die Grundeigentümer. Wird die Grundfläche aber ungeachtet eines fristgerecht gelegten Kaufangebotes binnen Jahresfrist weder von der Gemeinde noch vom Tiroler Bodenfonds oder einem entsprechenden Bauträger erworben, so erlischt in diesem Fall die Widmung als Sonderfläche ex lege. Stattdessen wird gemäß § 52a TROG die vormals bestandene Widmung wiederum wirksam.

Förderbarer Wohnbau und Vorbehaltsflächen

Festlegungen im Flächenwidmungsplan, die an förderbares Wohnen anknüpfen, sind **grundsätzlich zulässig**. So hat der VfGH in VfSlg 13.501/1992 (zum TROG) festgehalten, dass die Schaffung einer eigenen Widmungskategorie, die sich nach der Größe und Ausgestaltung von Wohnungen richtet, geeignet ist, dem öffentlichen Interesse zu dienen.[46] Die Festlegung von Vorbehaltsflächen ist an **strenge Voraussetzungen** geknüpft, die sich aus dem verfassungsrechtlichen Sachlichkeitsgebot, Gleichheitssatz und Legalitätsprinzip ergeben sowie aus Widmungskriterien der einzelnen Raumordnungsgesetze. Jedenfalls wird bei der Festlegung von Vorbehaltsflächen auf die Vermeidung unbilliger Härten der betroffenen Grundeigentümer zu achten sein.[47]

Die Festlegung von Vorbehaltsflächen für den förderbaren Wohnbau hat in den Bundesländern **unterschiedliche inhaltliche** Ausrichtungen. So kann unterschieden werden, ob unter dem Begriff „förderbar" der **objektbezogene Wohnbau** gemeint ist, was etwa durch die Begriffsverwendung „förderbare Wohngebäude" nach § 7 Abs. 2 Ktn GplG naheliegt, oder ob auch der **subjektgeförderte Wohnbau** mitumfasst ist, wie dies nunmehr in Tirol beabsichtigt ist. In den Gesetzen erfolgt im Zusammenhang mit dem objektgeförderten Wohnbau teilweise eine weitere Differenzierung hinsichtlich der **Mindestzahl an zu errichtenden förderbaren Miet-, Mietkauf- oder Eigentumswohnungen** bzw. der Geschoßzahl.

Bei der Festlegung von Vorbehaltsflächen für den förderbaren Wohnbau könnte es Sinn machen, zu definieren, ob die **gesamte Fläche** oder das gesamte Gebäude dem förderbaren Wohnbau gewidmet ist oder lediglich **Teile davon**. Quantitative Aufteilungsschlüssel fehlen bislang in den raumordnungsgesetzlichen Bestimmungen, ein qualitatives Kriterium für eine Teilung in förderbaren und frei finanzierten Wohnbau enthält das Slbg ROG.[48]

Mit der Festlegung einer Sonderwidmung oder Vorbehaltsfläche für den förderbaren Wohnbau kann insb. erreicht werden, dass die **gewidmeten Flächen nicht für andere Zwecke verwendet werden**. Der VfGH hält in diesem Zusammenhang fest, dass – von einzelnen, im besonderen öffentlichen Interesse gelegenen Verwendungszwecken (wie etwa bei Vorbehalts- oder Sonderflächen) abgesehen – die Wid-

---

44 Der Hinweis betrifft vor allem das Bodenbeschaffungsgesetz und das Stadterneuerungsgesetz des Bundes.
45 Erl. Bemerkungen zur TROG-Novelle 2011, Anm. zu § 52a, S. 44.
46 Es kann nach Ansicht des VfGH keine Rede davon sein, „dass der Tiroler Landesgesetzgeber mit der Schaffung dieser Widmungskategorie ein völlig ungeeignetes Mittel gewählt hat, oder dass er mit dieser Vorgangsweise den ihm zustehenden Gestaltungsspielraum überschritten hat." VfSlg 13.501/1992.
47 *Bernegger Sabine*, Fragen der Widmung aus der Sicht des Planungs- und Baurechts, insbesondere Grünlandwidmungen und Vorbehaltsflächen, 1996, S. 39.
48 § 41 Abs. 1 Slbg ROG: Den von der Vorbehaltskennzeichnung betroffenen Grundeigentümern müssen zumindest als Bauland ausweisbare Flächen in dem Ausmaß als vorbehaltsfrei verbleiben, um ihren betrieblichen Bedarf und den Wohnbedarf für sich und ihre lebenden Nachkommen in gerader Linie zu decken.
49 VfSlg 13.501/1992 und VfSlg 12.569/1990 zum TROG.

mungsvorschriften des Raumordnungsrechtes an sich nicht zwangsweise, also nicht durch Enteignung zu verwirklichen sind, sondern von ihren Rechtswirkungen her lediglich dazu berufen sind, abweichende bauliche Nutzungen zu verhindern.[49] Während eine Sonderwidmung in der Regel unbefristet gilt, ist bei der Festlegung einer Vorbehaltsfläche der Vorbehalt grundsätzlich zeitlich befristet und ist nach Auslaufen der jeweiligen Frist zu löschen.

Die Festlegung von Vorbehaltsflächen für den förderbaren Wohnbau setzt einen entsprechenden **Bedarf** voraus, wobei vereinzelt die Bedürfnisse lediglich der ortsansässigen Bevölkerung relevant sind (Ktn). Die Bedarfsermittlung ist in der Regel auf einen **bestimmten Zeitraum** auszulegen, der beispielsweise zehn Jahre oder eine Planungsperiode (Stmk) umfasst.

Inhaltliche Voraussetzungen für die Festlegung von Vorbehaltsflächen für den förderbaren Wohnbau sind vereinzelt entsprechende Festlegungen in den **örtlichen Entwicklungskonzepten** (Stmk). Die sachliche Rechtfertigung, die Bedarfsabschätzung und räumliche Abgrenzung hat sich aus den strategischen Vorgaben der örtlichen Entwicklungskonzepte abzuleiten. So sind etwa gemäß § 31 Abs. 3 TROG im örtlichen Raumordnungskonzept jedenfalls festzulegen:
→ das Höchstausmaß jener Grundflächen, die zum Zweck der Befriedigung des Wohnbedarfes als Bauland oder als Vorbehaltsflächen nach § 52a gewidmet werden dürfen,
→ die Grundflächen, die zu diesem Zweck entsprechend gewidmet werden dürfen,
→ die zeitliche Abfolge der Widmung dieser Grundflächen.

Vorbehaltsflächen – auch für den förderbaren Wohnbau – müssen unter der Voraussetzung **befristet sein**, dass durch die jeweilige Rechtswirkung der Vorbehaltsflächen ein Eigentumseingriff für den Grundeigentümer erfolgt. Durch eine Befristung wird jedenfalls verhindert, dass für den Grundeigentümer ein Bauverbot auf unbestimmte Zeit auch dann besteht, wenn der mit der Vorbehalts-Flächenwidmung verbundene Zweck nicht verwirklicht wird. Durch eine solche **Fristsetzung** wird auch dem verfassungsrechtlichen **Eigentumsschutz** Rechnung getragen.[50] Der VfGH[51] stellt weiters fest: „Wenn die Raumordnungsgesetze der Behörde keine geeigneten (Zwangs-)Mittel zur Durchsetzung ihrer Vorhaben zur Verfügung stellen, darf dies schon aus verfassungsrechtlichen Gründen nicht zu einer faktisch unbefristeten Flächenreservierung für Zwecke des Gemeinbedarfs führen: Da so gesehen keine Gewissheit besteht, dass die beabsichtigte Nutzung im allgemeinen Interesse jemals realisiert werden kann, muss sich die verfassungsrechtlich dem Eigentumsrecht innewohnende Privatnützigkeit durchsetzen. Kann die öffentliche Hand – aus welchen Gründen immer – eine im öffentlichen Interesse gelegene Verwendung der deshalb als Vorbehaltsfläche gewidmeten Grundfläche nicht innerhalb angemessener Zeit realisieren, so entfällt das öffentliche Interesse an der das Eigentum besonders intensiv beschränkenden Widmung als Vorbehaltsfläche." Bezüglich der **Rechtswirkung ist bei Vorbehaltsflächen** zu unterscheiden, ob diese Enteignungsmöglichkeiten vorsehen oder lediglich Einlösungsverpflichtungen für Gemeinden, welche eine Abtretungsbereitschaft der Grundeigentümer voraussetzt. Sehen die Raumordnungsgesetze **keine Enteignungsmöglichkeit** vor, fehlen überwiegend (Ausnahme Tirol) auch Regelungen für den Fall, dass der Grundeigentümer das mit Vorbehalt belegte Grundstück weder verkaufen noch Bau- oder Nutzungsrechte einräumen will. In der Regel sehen die Raumordnungsgesetze vor, dass der Grundstückseigentümer von der Gemeinde die **Einlösung des betroffenen Grundstückes** verlangen kann, was im Vergleich zu einer Enteignung deutlich reduzierte Umsetzungsmöglichkeiten für die Gemeinde bietet. Da bei einer Einlösungsverpflichtung die Gemeinde gezwungen sein kann, die betreffenden Liegenschaften zu kaufen, sind im Rahmen der Vorbehaltsfestlegungen weitreichende Überlegungen über Ankauf, Weitergabe und Umsetzung anzustellen. Falls die Gemeinde oder ein Dritter das betreffende Grundstück nicht erwerben will oder kann, ist in der Regel die Ausweisung als Vorbehaltsfläche durch Änderung des Flächenwidmungsplanes aufzuheben, was eine gewisse Inkonsequenz zu den umfangreichen Begründungserfordernissen und Notwendigkeitsnachweisen im Festlegungsverfahren darstellt.[52]

In den Raumordnungsgesetzen, die Vorbehaltsflächen mit **Enteignungstitel** verbinden (Bgld, NÖ), sind die Möglichkeiten für Vorbehaltsflächen auf besondere öffentliche Interessen und Einrichtungen beschränkt.[53] Auch wenn die Aufzählungen in diesen Raumordnungsgesetzen nicht taxativ sind, zählt der

---

50 VfSlg. 11.849/1988 und die dort verwiesene Judikatur des Europäischen Gerichtshofs für Menschenrechte.
51 VfSlg 14.043/1994 (zum Vlbg RplG).
52 Vgl. *Trippl, Schwarzbeck, Freiberger*, Steiermärkisches Baurecht, Linde Verlag, 2013, zu § 37 Stmk ROG, S. 1292.
53 Gemäß § 20 Abs. 1 NÖ ROG können beispielsweise im Flächenwidmungsplan für Schulen und Kindergärten, für Gebäude zur Unterbringung von Behörden und Dienststellen, für Einrichtungen zur Gesunderhaltung der Bevölkerung, der Sozialhilfe, des Rettungs- und Feuerwehrwesens, der Energieversorgung, der Müllbeseitigung und des Bestattungswesens sowie für Seelsorgeeinrichtungen bestimmte Flächen als Vorbehaltsflächen ausgewiesen werden.

förderbare Wohnbau nicht zu den öffentlichen Interessen, die in letzter Konsequenz enteignet werden könnten. Umgekehrt gilt, dass in den Bundesländern, in denen für förderbaren Wohnbau Vorbehaltsflächen festgelegt werden können (Ktn, Slbg, Stmk), die Vorbehaltsflächen nicht enteignet werden können. Fehlt die Möglichkeit für eine Enteignung bei Vorbehaltsflächen, erweist sich „die Regelung zur Realisierung der genannten öffentlichen Zwecke als eher nicht zielführend".[54] Dass die Raumordnungsgesetze zur Umsetzung von Vorbehaltsflächen für den förderbaren Wohnbau vielfach **keine geeigneten Mittel**, insb. Enteignungsmöglichkeiten, vorsehen, wird fallweise mit dem fehlenden konkreten Bedarf bzw. mit unzulässiger Enteignung auf Vorrat begründet.[55] Mit dem in den Raumordnungsgesetzen verankerten umfangreichen Bedarfsnachweis, der jedenfalls für die Festlegung von Vorbehaltsflächen für förderbaren Wohnbau zu erbringen ist, könnte dieses Kriterium wohl entkräftet werden. Viel eher sehen die Raumordnungsgesetze keine Enteignungsmöglichkeiten der kommunalen Planungsträger für den förderbaren Wohnbau aus **kompetenzrechtlichen Gründen** vor, da die Beschaffung von Bauland zur Errichtung von Klein- und Mittelwohnungen grundsätzlich dem Kompetenztatbestand „Volkswohnungswesen" zuzuordnen ist.[56] Bei der beträchtlichen raumordnungsgesetzlichen Vielfalt von Inhalten und Rechtswirkungen von Vorbehaltsflächen kann insgesamt abgeleitet werden, dass über das Instrument der Vorbehaltsfläche **keine Flächen für den förderbaren Wohnbau enteignet** werden können.

Empfehlungen Vorbehaltsflächen für förderbaren Wohnbau

Die Reservierung von bestimmten Flächen für den förderbaren Wohnbau durch Sonderausweisungen im Flächenwidmungsplan ist eine **sinnvolle Erweiterung des Planungsinstrumentariums**, wodurch eine räumliche Abgrenzung der entsprechenden Nutzungen ermöglicht wird.

Durch eine **Sonderwidmung** für den förderbaren Wohnbau kann eine Fläche (lediglich) reserviert und verhindert werden, dass diese für eine andere Nutzung verwendet wird. Umsetzungsverpflichtungen könnten vor der Umwidmung durch zivilrechtliche Vereinbarungen mit den Grundeigentümern (**Vertragsraumordnung**) vereinbart werden, wobei die Vertragsbereitschaft im Vergleich zum höherwertigen Bauland-Wohngebiet eventuell reduziert sein könnte.

Vorbehaltsflächen für den förderbaren Wohnbau bieten neben der Sicherung der betreffenden Fläche die Möglichkeit, auf die Umsetzung der Widmungsfestlegung stärker Einfluss zu nehmen. Während raumordnungsrechtliche Enteignungen für den förderbaren Wohnbau kompetenzrechtlich problematisch erscheinen, könnte eine Rechtswirkung wie in Tirol – Möglichkeit der **entschädigungslosen Rückwidmung**, wenn die bestimmten Grundflächen nicht innerhalb von zehn Jahren der öffentlichen Hand für Zwecke des geförderten Wohnbaus zum Kauf angeboten werden – die Abtretungsbereitschaft erhöhen.

Die **Anwendungserfahrungen** der vielfältigen inhaltlichen Ausgestaltung der Vorbehaltsflächen für förderbaren Wohnbau in den einzelnen Raumordnungsgesetzen sollten miteinander **verglichen werden**, um daraus **Best-Practice-Lösungen hinsichtlich des Regelungsumfangs** (objektgeförderter – subjektgeförderter Wohnbau, Geschoßwohnbau – alle Wohnbauten), allfälliger Teilungsschlüssel zwischen förderbarem und sonstigem Wohnbau oder hinsichtlich der Bedarfsermittlung und allfälligen Festlegungspflichten ableiten zu können.

Klärungsbedürftig wäre darüber hinaus, inwieweit im **Zusammenhang mit Vorbehaltsflächen auch Enteignungen für den förderbaren Wohnbau auf der rechtlichen Grundlage der Raumordnungsgesetze** verfassungskonform wären.

2.7 Förderbarer Wohnbau und Dichtebestimmungen

Die Voraussetzungen für ein **erhöhtes Angebot an Wohnraum** können nicht nur durch zusätzliche Baulandwidmungen erfolgen, sondern auch durch eine **Erhöhung der Bebauungsdichten** auf raumplanungspolitisch gewünschten und geeigneten Standorten. Über die Festlegung von Bebauungsdichten kann unmittelbar auf (förderbare) Wohnbauten Einfluss genommen werden. Einerseits können zu niedere Dichtebestimmungen die Leistbarkeit beeinträchtigen, andererseits können zu hohe Dichtewerte siedlungs-, planungs- und sozialpolitisch unerwünschte Wirkungen haben. Ein sorgsamer Umgang mit den Dichten im Wohnbau ist somit ein zentrales raumplanerisches Gebot. Je nach Gemeinde und Region gelten vielfach **unterschiedliche Rahmenbedingungen**, die zur Folge haben, dass in städtischen Bereichen auf Verdichtungen im mehrgeschoßigen Wohnbau abgezielt wird, während in kleineren

---

54 *Trippl, Schwarzbeck, Freiberger*, Steiermärkisches Baurecht, Linde Verlag, 2013, zu § 37 Stmk ROG, S. 1292.
55 *Bernegger*, Fragen der Widmung aus der Sicht des Planungs- und Baurechts, insbesondere Grünlandwidmungen und Vorbehaltsflächen, 1996, S. 40.
56 VfSlg 2217/1951.

(stagnierenden) auch mit geringeren Dichtewerten das Auslangen für den förderbaren Wohnbau gefunden wird.

Verdichtungen haben entsprechend den örtlichen Gegebenheiten **maßgeschneidert** zu erfolgen, um den vielfältigen Ansprüchen an Wohnbauvorhaben zu entsprechen. Eine generelle Anordnung von hohen Dichtewerten ist in der Regel ebenso wenig ausreichend, wie das unreflektierte Beibehalten von herkömmlichen Dichtewerten an Standorten, die einer Entwicklung zugeführt werden sollen. Um siedlungspolitisch gewünschte und weitgehend akzeptierte Verdichtungen zu erzielen, sind grundsätzlich **Kooperationsformen** zwischen Planungsbehörde und Bauträger erforderlich. Die Planungsbehörden sind somit zu innovativen Schritten gezwungen, wobei die Verdichtung bestehender Siedlungsbereiche im Vergleich zu Neuausweisungen von Bauland in der Regel komplexer und konfliktreicher ist, da in bestehende Rechte und Siedlungsstrukturen eingegriffen wird.

Dichtewerte zählen als Maß der baulichen Nutzung oder als Kennwert für den Bevölkerungsanteil in einem Gebiet zu den **traditionellen Bestimmungen** des Raumordnungsrechts. Einzelne raumordnungsgesetzliche **Zielbestimmungen** sind hinsichtlich Dichte vor allem auf eine verstärkte Innenentwicklung ausgerichtet. In vielen Fällen weisen potenzielle Verdichtungsbereiche lediglich eine lockere Verbauung und/oder extensiv genutzte Bausubstanz und demzufolge beachtliches Verdichtungspotenzial auf, die es auch für den förderbaren Wohnraum zu nutzen gilt. Zusätzliche Gebäude als Verdichtungsmaßnahmen müssen sich allerdings in ihr Umfeld einfügen. Zusätzliche Bauführungen können den Charakter eines Bereiches und die Nachbarschaftsverhältnisse verändern, was bei der Planung entsprechend zu berücksichtigen sein wird.

Dichtebestimmungen können bzw. müssen in **unterschiedlichen Planungsinstrumenten** der örtlichen Raumplanung festgelegt werden. So können/müssen schon im örtlichen Entwicklungskonzept oder im Flächenwidmungsplan grundsätzliche Dichtefestlegungen bestimmt werden. Das zentrale Instrument für die Festlegung von Bebauungsdichten ist – nach wie vor – **der Bebauungsplan**, wobei einige Bundesländer eine zweistufige Bebauungsplanung bestimmen und dementsprechend weitere Dichteabstufungen möglich sind. Freilich bieten Dichtewerte keine Sicherheit, dass in den jeweiligen Bereichen tatsächlich hohe Siedlungsdichten entstehen bzw. erhalten bleiben. Auch wenn durch die Festlegung von Bebauungsdichten lediglich das Maß der baulichen Nutzung eines Bauplatzes bestimmt wird – **ohne Realisierungspflicht**, wird bei einer entsprechenden Nachfrage nach Wohnungen die tatsächliche Ausschöpfung des möglichen Nutzungspotenzials, insb. der Dichtevorgaben, keine große Herausforderung darstellen. Allerdings müssen die entsprechenden Flächen verfügbar sein oder im Eigentum bauwilliger Grundeigentümer liegen.

Die Bestimmungen bezüglich der Dichtewerte in den Raumordnungsgesetzen ergeben ein breites Spektrum von **unterschiedlichen Regelungen** für die einzelnen Planungsstufen der kommunalen Raumplanung. Aus den vielfältigen Differenzierungsmöglichkeiten sei auf einige Kriterien hingewiesen, die auf die konkrete Rechtswirkung und den damit verbundenen Steuerungseffekt in der Planungspraxis beachtliche Auswirkung haben können:[57]

→ **Bebauungs-, Wohn- oder Siedlungsdichten**
Bei Dichtewerten ist zu unterscheiden, ob es sich um Aussagen zu Bebauungs-, zu Siedlungs- (z. B. Slbg) oder Wohndichten (z. B. in NÖ) handelt, da einerseits auf das Maß der Bebauung und andererseits auf die Einwohner bzw. Wohnbevölkerung abgestellt wird. Siedlungs- oder Wohndichten stimmen demnach mit Bebauungsdichten nicht zwingend überein, sondern beeinflussen diese nur mittelbar.

→ **Quantitative und qualitative Kriterien für Bebauungsdichten**
Die Landesgesetze und teilweise ausführende Verordnungen sehen unterschiedliche Kriterien für die Festlegung von Bebauungsdichten durch die Gemeinden vor. Die meisten Länder verwenden primär qualitative Kriterien, die einerseits für die Raumpläne allgemein gelten. Nur in wenigen Fällen werden andererseits den Gemeinden quantitative Ober- oder Untergrenzen vorgegeben, die dann den Rahmen für die konkreten Festlegungen der Gemeinden bilden. Ein Beispiel für quantitative Kriterien ist § 2 Stmk Bebauungsdichteverordnung, in der für jede Widmungskategorie Mindest- und Höchstwerte der Bebauungsdichten festgelegt werden.

Bebauungsdichten werden nur in wenigen Fällen ausdrücklich als Inhalt des **örtlichen Entwicklungskonzeptes** in den einzelnen Raumordnungsgesetzen genannt. In Salzburg sind etwa für die bauliche Entwicklung gemäß § 25 Abs. 4 Z 3 Slbg ROG im räumlichen Entwicklungskonzept „grundlegende Vorgaben

---

57 *Kanonier*, Handlungsbereich Nutzung von Bauland, Zersiedelung, ÖROK-Schriftenreihe Nr. 179, 2009, S. 135.

für die Bebauungsplanung (bauliche Ausnutzbarkeit, Höhenentwicklung, Bauweise, Freiflächengestaltung udgl.) zu treffen". Durch eine entsprechende fachliche Argumentation und eine räumliche Abgrenzung können Vorgaben für die Bebauungsplanung, z. B. Vorgaben zu Mindestdichten und Mindesthöhen, festgelegt werden.

Die vielfach offene Formulierung der relevanten Gesetze bezüglich der Ziele und Inhalte der örtlichen Entwicklungskonzepte bewirkt, dass Bestimmungen zu Siedlungs- oder Bebauungsdichten in örtlichen Entwicklungskonzepten nicht ausgeschlossen sind. Ergibt sich aufgrund der Grundlagenforschung und der angestrebten Siedlungsentwicklung für Gemeinden ein entsprechender Handlungsbedarf, so sind Dichtevorgaben möglich.

Dass im **Flächenwidmungsplan** in einigen Ländern unter anderem auch konkrete Aussagen zum Maß der baulichen Ausnutzung vorgesehen sind, überrascht zunächst, wenn die grundsätzliche Regelungsabsicht des Flächenwidmungsplanes (und zusätzlich die Aufgabe des Bebauungsplanes) berücksichtigt wird. Grobe Richtwerte bezüglich der beabsichtigten Dichte sind allerdings oftmals wichtige Orientierungshilfen – auch im Flächenwidmungsplan, insb. für die Ermittlung des künftigen Baulandbedarfes, wofür bestimmte Dichtewerte als Grundlage dienen. So bestimmen insb. NÖ und die Stmk dichtebezogene Inhalte auch für den Flächenwidmungsplan, wobei die Gemeinden in NÖ[58] und in der Stmk[59] verpflichtet werden, entsprechende Festlegungen zu treffen. Eine Ausnahme stellt Wien dar, wo der Flächenwidmungsplan und Bebauungsplan in einem gemeinsamen Planungsdokument zusammengefasst wird, was zur Folge hat, dass in den entsprechenden Plandokumenten Widmungsfestlegungen und Regelungen zur Bebauungsdichte gemeinsam aufscheinen.

Der **Bebauungsplan** konkretisiert in der Regel für die als Bauland gewidmeten Flächen das Maß der baulichen Nutzungsmöglichkeiten, um die im Flächenwidmungsplan getroffenen Nutzungsbestimmungen zu konkretisieren. Bei den dafür vorgesehenen Planinhalten kommt den Bebauungsdichten eine wesentliche Steuerungsfunktion in allen Bundesländern zu, wobei nicht in allen Ländern die Festlegung von Bebauungsdichten im Bebauungsplan zwingend vorgeschrieben ist. Teilweise wird den Gemeinden lediglich die Möglichkeit eingeräumt, bei einer entsprechenden Regelungsabsicht – neben einer Vielzahl anderer Festlegungen, die teilweise zwingend vorgeschrieben sind – verbindliche Bebauungsdichten zu bestimmen.

Einige Bundesländer haben auch deshalb Dichtewerte im Flächenwidmungsplan vorgesehen, da viele Gemeinden nicht immer Bebauungspläne erlassen und so zumindest ein Mindestmaß an Vorgaben für die konkrete bauliche Ausnutzung gemacht wird.

Empfehlungen Dichtebestimmungen

Durch **Dichtefestlegungen** in den örtlichen Raumplänen können die Rahmenbedingungen für Siedlungs- oder Bebauungsdichten geschaffen werden, was den **förderbaren Wohnbau** – nicht nur hinsichtlich Leistbarkeit – unterstützen kann.

Grundlegende Aussagen zu Siedlungs- und Bebauungsdichten sollten schon in den strategischen Überlegungen zur Gemeindeentwicklung und damit **im örtlichen Entwicklungskonzept** oder **im Flächenwidmungsplan** vorgegeben werden.

Im Zusammenhang mit dem förderbaren Wohnbau ist darauf zu achten, dass durch planerische Vorgaben **nicht nur maximale Bebauungsdichten** ermöglicht werden, sondern dass mit anderen Raumordnungszielen abgestimmte qualitativ hochwertige Siedlungs- und Wohnstrukturen entstehen. Bei Verdichtungen sind generell besonders Aspekte der **Standorteignung und -ausstattung sowie der Gestaltqualität** zu berücksichtigen.

---

58 Gemäß § 14 Abs. 2 Z 4 NÖ ROG ist im Wohnbauland die Siedlungsstruktur durch Wohndichteklassen näher zu bestimmen. Dabei ist festzulegen:
Wohndichteklasse   Einwohner/ha
a)   bis 60
b)   60 bis 120
c)   120 bis 200

59 Für alle Baugebiete ist gemäß § 30 Abs. 4 Stmk ROG die mindest- und höchstzulässige Bebauungsdichte festzusetzen. Die Gemeinde hat dabei auf die jeweils vorgesehene Nutzung sowie die sich aus der Festlegung der Bebauungsdichte ergebenden Folgen (wie Verkehrserschließung einschließlich der Vorsorge für den ruhenden Verkehr, Versorgung durch öffentliche Einrichtungen und Anlagen) Bedacht zu nehmen. Dazu kann als Ergänzung zur Festsetzung der höchstzulässigen Bebauungsdichte auch die höchste Stelle der Bauwerke festgelegt werden.

3 VERTRAGSRAUMORDNUNG

Privatrechtliche Vereinbarungen zwischen Gemeinden und Grundeigentümern werden in (fast) allen Ländern Österreichs als **wichtige Ergänzung** zu den hoheitlichen Planungsmaßnahmen im Zusammenhang mit Baulandwidmungen eingesetzt, wobei das Anwendungspotenzial beträchtlich ist. Vielfach wird nicht mehr allein durch Festlegungen von Bauland im Flächenwidmungsplan den Grundeigentümern eine Nutzungsmöglichkeit angeboten und damit in der Regel eine erhebliche Wertsteigerung der betroffenen Liegenschaften bewirkt, sondern es werden im Vorfeld der Umwidmung **Vereinbarungen mit verschiedenen Verpflichtungen** für die Grundeigentümer abgeschlossen.

Ursprünglich wurden aus raumplanerischer Sicht privatrechtliche Vereinbarungen zwischen Gemeinden und Grundeigentümern vor allem deshalb abgeschlossen, um eine **baldige und widmungskonforme Verwendung** von gewidmetem Bauland vertraglich abzusichern und damit die Baulandmobilisierung zu unterstützen. Durch die Widmung von Bauland im Flächenwidmungsplan werden nämlich (nur) planungsrechtliche Möglichkeiten für die Errichtung von nutzungsspezifischen Baulichkeiten geschaffen – eine Bauverpflichtung besteht für den Liegenschaftseigentümer grundsätzlich nicht. Oftmals wird gewidmetes Bauland nicht bebaut oder an Bauwillige verkauft, obwohl es erschlossen ist und in den Gemeinden eine konkrete Nachfrage besteht.

Die privatrechtliche Vereinbarung bietet im Vergleich mit hoheitlichen Planungsakten **umfassende und flexible Gestaltungsmöglichkeiten**. Die Baulandwidmung wird durch den Vertrag nicht beeinflusst, stellt jedoch eine aufschiebende Bedingung für die Wirksamkeit des Vertrages dar – der Vertragsinhalt wird erst relevant mit der Baulandwidmung.

In der Regel können durch Raumordnungsverträge Liegenschaftseigentümer zu unterschiedlichen Handlungen verpflichtet werden, insb. zur widmungskonformen Bebauung innerhalb einer bestimmten Frist (**Verwendungsverträge**). Die Erfahrungen in den Gemeinden haben gezeigt, dass dieser baulandmobilisierende Aspekt die Vertragsraumordnung dominiert, in vielen Fällen aber durch andere Ziele ergänzt, und insgesamt die Vertragsraumordnung inhaltlich ausgeweitet wird. Zusätzlich können **Überlassungsverträge** (Überlassung der Grundstücke an Gemeinden oder von ihr genannte Dritte; Überlassung von Teilflächen für öffentliche Zwecke, z. B. für Krankenhäuser, Schulen, aber auch für geförderte Wohnbauten und Betriebe) oder **Aufschließungsverträge** (Beteiligung der Grundeigentümer an den Aufschließungskosten) vorgesehen werden; teilweise werden auch **Umlegungsverträge** (Verträge zur Verbesserung der Grundstücksstruktur) oder **Förderverträge** (Förderung bodenpolitischer Maßnahmen) eingesetzt.

Dass die Vertragsraumordnung, die die unmittelbare Nahtstelle zwischen Privatrecht und öffentlichem Recht darstellt,[60] in letzter Zeit wieder an Bedeutung in Fachdiskussionen gewonnen hat, obwohl sie vielfach schon seit Jahren angewendet wird und sich als ergänzendes Instrumentarium zu Widmungsentscheidungen etabliert hat, liegt an der **aktuellen Anwendungsintensität** auch für neue Planungsziele sowie der – nach wie vor – rechtlichen **Anwendungsunsicherheit** bei den unterschiedlichen Vertragsinhalten.

3.1 Vertragsraumordnung in den Raumordnungsgesetzen

Die **gesetzlichen Grundlagen** für die Vertragsraumordnung werden in den jeweiligen Raumordnungsgesetzen unterschiedlich geregelt.[61] Bis auf Wien, wobei inzwischen Entwürfe für eine WBO-Novelle mit gesetzlichen Rahmenbedingungen für städtebauliche Verträge vorliegen,[62] sehen alle Länder raumordnungsgesetzliche Ermächtigungsbestimmungen für Gemeinden vor, mithilfe zivilrechtlicher Vereinbarungen ihre Raumordnungsziele umzusetzen.

---

60 *Fister*, Der Raumordnung-/Baulandsicherungsvertrag, 2004, S. 83.
61 Vgl. **Anhang 4: Förderbarer Wohnbau und Vertragsraumordnung im Raumordnungsrecht.**
62 Vgl. https://www.wien.gv.at/bauen-wohnen/bauen/bauordnungs-novelle.html, 16. 9. 2013.

Das **Slbg ROG** ermächtigt (wieder), nachdem die ursprüngliche Regelung vom VfGH 1999[63] aufgehoben wurde, die Gemeinden zur Vertragsraumordnung. Die bisherige Ermächtigung zu privatrechtlichen Maßnahmen wird dadurch aufgewertet, dass nunmehr demonstrativ potenzielle Vertragsinhalte angeführt werden, was die praktische Anwendung erleichtern soll. Gemeinden können demzufolge gemäß § 18 Slbg ROG (neu) zur Sicherung der Raumordnungsziele Vereinbarungen mit den Grundeigentümern beispielsweise hinsichtlich der Verwendung von Grundstücken, deren Überlassung an Dritte sowie der Übernahme von Infrastrukturkosten schließen. In den Verträgen können bei Bedarf Sicherungsmittel wie Konventionalstrafen oder Vorkaufsrechte vorgesehen werden.

NÖ hat die Bestimmungen für die Vertragsraumordnung konkretisiert bzw. inhaltlich erweitert. Die Gemeinde darf nunmehr bei einer Baulandwidmung gemäß § 16a Abs. 2 NÖ ROG mit Grundeigentümern Verträge abschließen, die sich zu bestimmten Handlungen verpflichten. Verträge dürfen insb. folgende Inhalte aufweisen:
→ die Verpflichtung, Grundstücke innerhalb einer bestimmten Frist zu bebauen bzw. der Gemeinde zum ortsüblichen Preis anzubieten;
→ bestimmte Nutzungen durchzuführen oder zu unterlassen;
→ Maßnahmen zur Erreichung oder Verbesserung der Baulandqualität (z. B. Lärmschutzmaßnahmen, Infrastrukturmaßnahmen).

Vorarlberg hat nunmehr die Möglichkeit zu privatrechtlichen Vereinbarungen in das Raumplanungsgesetz aufgenommen und damit die rechtliche Grundlage für Vereinbarungen von Gemeinden mit Grundeigentümern im Zusammenhang mit Umwidmungen geschaffen. So können die Gemeinden gemäß § 38a Vlbg RplG, wenn dies nach den für die Raumplanung maßgeblichen Verhältnissen zur Erreichung der Raumplanungsziele erforderlich ist, auch geeignete privatwirtschaftliche Maßnahmen setzen, wobei als privatwirtschaftliche Maßnahmen insbesondere in Betracht kommen:
→ Vereinbarungen mit den Grundeigentümern über eine widmungsgemäße Verwendung von Bauflächen;
→ Vereinbarungen mit den Grundeigentümern über den Erwerb von Grundstücken durch die Gemeinde oder einen Dritten, um für die Deckung des örtlichen Bedarfs an Bauflächen und Flächen, die Zwecken des Gemeindebedarfs dienen, vorzusorgen.

3.2 Raumordnungsverträge in der Praxis

Insgesamt stellt der privatrechtliche Vertrag – öffentlich-rechtliche Verträge werden in Österreich soweit ersichtlich nicht angewendet – eine wesentliche Form des **kooperativen Verwaltungshandelns** dar. Privatrechtliche Verträge werden **verstärkt in der Praxis** von den Gemeinden **eingesetzt**
→ **vor der Baulandwidmung**, wenn der Grundeigentümer nicht die Gemeinde ist (Vertragsraumordnung beschränkt sich auf Neuwidmungen)
→ **vor dem Verkauf der Liegenschaft**, wenn Grundeigentümer die Gemeinde ist.

Der **Einsatzbereich** vertragsrechtlicher Instrumente ist auf Grundeigentümer **beschränkt**, die bereit sind, für die Ausweisung von Bauland Gegenleistungen zu erbringen. Eigentümer von Grundstücken, deren Liegenschaften als Bauland gewidmet bzw. für eine Baulandwidmung in hohem Maße geeignet sind, werden tendenziell keine Bindungen durch Baulandsicherungsverträge eingehen, da für diese durch einen Vertragsabschluss kein Mehrwert entsteht. Somit sind entsprechende Verträge vor allem bei der **Neuausweisung von Bauland** wirkungsvoll, nicht jedoch bei der Bekämpfung der umfangreichen Baulandüberhänge der Gemeinden. Großflächige Rückwidmungen von Bauland in Grünland, um in der Folge an die erneute Baulandausweisung vertragliche Bedingungen zu knüpfen, sind keine wirkungsvollen Vorgangsweisen, da diese ausreichend begründet sein müssen und entschädigungspflichtig sein können.

Infolge der angespannten Budgetsituation in den Gemeinden wird von Gemeindeseite verstärkt der Blick auf Umwidmungen gelenkt. Vermehrt werden Vereinbarungen mit Grundeigentümern angestrebt, die Gemeinden einerseits an Widmungsgewinnen beteiligen und andererseits Grundeigentümer dazu verpflichten, **förderbaren Wohnbau zu realisieren**. Vielfach werden dabei die rechtlichen Vorgaben überschritten, was ein Spannungsverhältnis zum Legalitätsprinzip, Sachlichkeitsgebot und zum Grundrecht auf Eigentum bewirkt. Da die Möglichkeiten für die Grundeigentümer stark beschränkt sind, die Höchstgerichte in diesen Angelegenheiten anzurufen, fehlt bislang eine der Anwendungs- und Eingriffsintensität entsprechend umfangreiche höchstgerichtliche Judikatur, die einen klaren Rahmen für die inhaltlichen Ausgestaltungmöglichkeiten der Vertragsraumordnung vorgeben.

---

63 VfSlg 15.625/1999 (zum Slbg ROG).

3.3 Vertragsraumordnung – rechtliche Rahmenbedingungen

Aus der bisherigen Judikatur der Höchstgerichte und der umfangreichen Literatur wird einerseits deutlich, dass privatrechtliche Vereinbarungen als ergänzende Maßnahmen im Raumordnungsrecht **grundsätzlich zulässig** sind. So hat etwa der VfGH[64] bei einer Umwidmung in OÖ keine Bedenken gegen eine Vereinbarung zwischen der Gemeinde Pöndorf und einem Grundeigentümer, die offenkundig dem öffentlichen Interesse an einer aktiven Bodenpolitik der Gemeinde entspricht.

Jedoch besteht ein **enger rechtlicher Rahmen** für die Vertragsraumordnung insb. in der konkreten Vertragsausgestaltung. Verallgemeinernd lassen sich ua. folgende rechtliche Eckpunkte von zivilrechtlichen Vereinbarungen im Zusammenhang mit kommunalen Widmungsakten festmachen:

Gesetzliche Grundlagen für Vertragsraumordnung: Hoheitliche Planungen müssen auf gesetzlichen Grundlagen beruhen. Aus der Judikatur kann abgeleitet werden, dass von den Gemeinden abgeschlossene zivilrechtliche Vereinbarungen zur Umsetzung der Ziele der örtlichen Raumplanung einer gesetzlichen Grundlage bedürfen.[65] (Erste) Voraussetzung für privatrechtliche Vereinbarungen zur Umsetzung raumordnungsrechtlicher Ziele ist demzufolge, dass die vertragswillige Gemeinde über eine landesgesetzliche Ermächtigung zum Abschluss von Raumordnungsverträgen verfügt. Ist dies der Fall, können die Gemeinden die Vertragsraumordnung einsetzen, wobei noch zu prüfen bleibt, ob die jeweiligen Vertragsinhalte durch die gesetzlichen Ermächtigungen gedeckt sind. Fehlt eine solche gesetzliche Deckung, widerspricht der Vertrag dem Grundsatz der „**Rechtsformenwahrheit**" und „verstößt gegen das Gebot hoheitlichen Handels und ist daher entweder unmöglich nach § 878[66] ABGB oder gesetzwidrig iSd § 879[67] ABGB."[68] Fehlt eine gesetzliche Grundlage für die Vertragsraumordnung oder gehen einzelne Vertragsinhalte über die gesetzliche Ermächtigung hinaus, sind die privatwirtschaftlichen Maßnahmen einer Gemeinde rechtlich unzulässig im Sinne des ABGB[69]. Rechtliche Voraussetzung für Raumordnungsverträge sind somit **entsprechende Ermächtigungen in den jeweiligen Rechtsmaterien**, die nunmehr in (fast) allen Bundesländern vorliegen. Freilich sind entsprechende gesetzliche Ermächtigungen nur eine Grundvoraussetzung für deren rechtliche Zulässigkeit, die von weiteren Kriterien abhängig ist.

Fakultative Vertragsraumordnung: Der VfGH hat sich im Erk. VfSlg. 15.625/1999 zur Salzburger Vertragsraumordnung insb. gegen die zwingende Verknüpfung von privatrechtlichen Verträgen mit hoheitlichen Widmungsfestlegungen ausgesprochen (sog. **obligatorische Vertragsraumordnung**). Im Hinblick auf die bindende Anordnung im § 14 Abs. 1 Slbg ROG 1992 („Jede Gemeinde ist verpflichtet, privatwirtschaftliche Maßnahmen (...) zu treffen") steht es nach Ansicht des VfGH unzulässiger Weise nicht im Planungsermessen der Gemeinde, mit den Grundeigentümern Vereinbarungen über die zukünftig zu widmenden Grundstücke zu erlassen oder auf solche Vereinbarungen zu verzichten. Dieser Rechtsprechung des VfGH folgend verpflichten die Gesetze die Gemeinden durchwegs nicht zur Vertragsraumordnung, sondern bieten ihnen nur die Möglichkeit dazu. Auch Grundeigentümer sind nicht verpflichtet, einen Vertrag mit der Gemeinde abzuschließen; sie werden aber bei keiner Vertragsunterfertigung eventuell damit rechnen müssen, dass die Gemeinde andere Varianten in Betracht zieht.

Koppelungsverbote zwischen Hoheits- und Privatrechtsverwaltung: Der VfGH sieht in der Koppelung zwischen Hoheits- und Privatrechtsverwaltung vor allem einen Verstoß gegen das Legalitätsprinzip, da eine derartige Kombination im System der Bundesverfassung nicht vorgesehen sei. Die obligatorische Vertragsraumordnung nach Slbg Modell mache die Erlassung und Änderung von Verordnungen vom Inhalt privatrechtlicher Verträge zwischen der Gemeinde und den einzelnen Grundeigentümern abhängig, sodass die Raumordnungspläne nicht mehr ausschließlich auf das Gesetz rückführbar seien bzw. der notwendigen gesetzlichen Grundlage entbehren.

---

64 VfSlg 16.199/2001. Aus der „Vereinbarung" vom 23. Oktober lässt sich entnehmen, „dass die Gemeinde mit der Umwidmung die in § 16 Oö ROG 1994 genannten Zwecke und Zielsetzungen, „insbesondere (die) Erhaltung von Baugrundstücken für die Gemeindebürger sowie (die) Deckung des ortsüblichen Bedarfes von Baugrundstücken" (so Punkt I. der Vereinbarung) verwirklichen wollte. Dadurch wird die durch § 15 Abs. 2 Oö ROG 1994 umschriebene Aufgabe der örtlichen Raumordnung wahrgenommen, „durch privatwirtschaftliche Maßnahmen" entsprechend dem voraussehbaren Bedarf „eine aktive Bodenpolitik zu betreiben" und „dabei insbesondere auf die Vorsorge für Wohnungen ... Bedacht zu nehmen".
65 Vgl. VwGH Erk. vom 28. 4. 1992, GZ 91/05/0204, OGH Entscheidung vom 23. 2. 1995, 2 Ob 511/95, *Fister*, Der Raumordnung-/Baulandsicherungsvertrag, 2004, S. 32.
66 § 878 ABGB normiert, was geradezu unmöglich ist, kann nicht Gegenstand eines gültigen Vertrages werden.
67 § 879 Abs. 1 ABGB bestimmt, dass Verträge, die gegen ein gesetzliches Verbot oder die guten Sitten verstoßen, nichtig sind.
68 *Fister*, Der Raumordnung-/Baulandsicherungsvertrag, 2004, S. 63.
69 *Fister*, Der Raumordnung-/Baulandsicherungsvertrag, 2004, S. 65.

Besonderes Augenmerk gilt bei der Vertragsraumordnung offensichtlich dem **Legalitätsprinzip des Art 18 B-VG**. Der kommunale Planungsträger darf demzufolge seine Widmungsentscheidungen nicht von zivilrechtlichen Vereinbarungen abhängig machen. Es wäre verfassungswidrig, wenn eine Umwidmung lediglich aus Gründen erfolgt, die Inhalte eines Vertrages darstellen. Die Gemeinde darf als Verordnungsgeber nicht (allein) vom Willen Privater abhängig sein. Vertragsinhalte, welche die öffentlichen Interessen(-abwägung) zugunsten Privater verändern, sind unzulässig. Das Vorliegen oder Fehlen eines Vertrages darf nicht der einzige Grund für die Änderung oder Beibehaltung einer Planfestlegung sein. Freilich kann eine privatrechtliche Vereinbarung durchaus eine Grundlage für eine Planänderung sein. In VfSlg 16.199/2001 hält der VfGH fest: Wenn eine Vereinbarung offenkundig dem vom Gesetzgeber selbst genannten öffentlichen Interesse an einer aktiven Bodenpolitik der Gemeinde dient, erweist sich die Vereinbarung als eine „Planungsunterlage", mit der das öffentliche Interesse an der Änderung des Flächenwidmungsplanes dargetan wird.

Die hoheitliche **Umwidmung** selbst kann **nicht Teil zivilrechtlicher Vereinbarungen** sein, entgegenstehende Vereinbarungen wären gemäß § 879 Abs. 1 ABGB wegen Rechtsformenmissbrauch nichtig. Der kommunale Planungsträger hat Widmungsfestlegungen im Rahmen der gesetzlichen Grundsätze, Ziele und Widmungskriterien zu treffen und die entsprechenden öffentlichen Interessen abzuwägen. Die jeweiligen Widmungsentscheidungen dürfen nicht durch privatrechtliche Vereinbarungen mit den Grundeigentümern präjudiziert werden. Durch die Vertragsraumordnung wird (lediglich) eine bedingte Leistung der Gemeinde, nämlich eine Umwidmung einer Liegenschaft, ausgelöst, die in der Folge eine Handlungspflicht des Grundeigentümers bewirkt.[70]

In einer **neueren Entscheidung** hat der **OGH**[71] ua. festgehalten, dass es unzulässig ist, wenn eine Gemeinde die Ausübung ihrer hoheitlichen Vollzugsaufgaben – bei der Umsetzung des TROG 2006 – in einer gegen das Legalitätsprinzip des Art 18 B-VG verstoßenden Weise vom Zustandekommen einer privatrechtlichen Vereinbarung mit dem Umwidmungswerber abhängig macht. Der **Verzicht** eines Umwidmungswerbers **auf allfällige Schadenersatzansprüche** wegen unterbliebener Bodenuntersuchungen ist gesetzwidrig und deshalb nichtig, wenn die Gemeinde die Umwidmung von der Abgabe des Verzichts abhängig macht.[72] Die Gemeinde hatte als Voraussetzung für die Umwidmung vom Grundeigentümer den Abschluss eines Verzichtsvertrages hinsichtlich allfälliger Schadenersatzansprüche gegen die Gemeinde gefordert, der kein gesetzliches Kriterium für die Vornahme der Umwidmung bildet.[73] Diese Entscheidung des OGH ändert nichts Grundsätzliches an der generellen Anwendbarkeit der Vertragsraumordnung, zumal der OGH – mit Hinweis auf seine Vorjudikatur – ua. (lediglich) bestätigt, dass eine Gemeinde Vollzugsaufgaben keinesfalls zum Gegenstand privatrechtlicher Vereinbarungen machen darf. Es entspricht schließlich der ständigen Judikatur, dass keine generelle Wahlfreiheit zwischen öffentlich-rechtlichen und privatrechtlichen Handlungsformen besteht, jedenfalls dort nicht, wo der Gesetzgeber zu erkennen gibt, dass die hoheitliche Gestaltung zwingend ist. Es ist davon auszugehen, dass **Vertragsinhalte, welche hoheitliche Bestimmungen und Vorschriften verändern, unzulässig** sind. So ist etwa die Prüfung der Eignung einer Liegenschaft für eine Baulandwidmung grundsätzlich Teil des hoheitlichen Widmungsaktes und durch die Gemeinde im Rahmen der Grundlagenerhebung zu besorgen. Allfällige Eignungsdefizite einer Liegenschaft können nicht durch eine Vereinbarung, die auf eine „Baulandwidmung auf eigenes Risiko" hinausläuft, ersetzt werden.[74]

Gleichbehandlung: Beim Abschluss und bei der inhaltlichen Gestaltung von Vereinbarungen ist die Gleichbehandlung der in Betracht kommenden Vertragspartner zu wahren. Der Gleichheitssatz hat in der Vertragsraumordnung dahin gehend Bedeutung, dass eine „diskriminierende Behandlung der privaten Vertragspartner, ein überschießender Mitteleinsatz sowie ein Missbrauch der Kombination öffentlich-rechtlicher und privatrechtlicher Handlungsformen" verhindert werden soll.[75] Demzufolge bestimmt ua. auch § 38a Vlbg RplG, dass die Gemeinde beim Ab-

---

70 *Binder*, Zivilrechtliche Aspekte der Vertragsraumordnung unter besonderer Berücksichtigung der Salzburger Situation, 1995, S. 612; *Kleewein*, Konsequenzen aus dem Erkenntnis des VfGH zur Salzburger Vertragsraumordnung, S. 563.
71 OGH-Entscheidung vom 23. 1. 2013, 3Ob181/12g.
72 Eine Tiroler Gemeinde hatte als Voraussetzung für eine Umwidmung einer Liegenschaft, die durch Hangrutschungen und eine Mülldeponie bedroht war, vom Grundeigentümer vor der Umwidmung eine Erklärung verlangt, wonach er im Fall des Auftretens von Problemen bezüglich der Beschaffenheit dieses Grundstücks keine Ansprüche an die Gemeinde stellen werde.
73 Mangels gesetzlicher Grundlage ua. im TROG 2006 besteht kein Spielraum für privatrechtliches Handeln der Gemeinde, die dennoch die Ausübung ihrer hoheitlichen Vollzugsaufgaben (Prüfung der gesetzlichen Voraussetzungen für eine Umwidmung) vom Zustandekommen einer privatrechtlichen Vereinbarung abhängig machte und damit im Ergebnis die von ihr zu tragenden Kosten weiterer (teurer), jedoch unterlassener Bodenuntersuchungen auf den Umwidmungswerber in der Form überwälzte, dass dieser das finanzielle Risiko allfälliger aus dieser Unterlassung resultierender Ersatzansprüche zu tragen hat.
Vgl. http://www.ogh.gv.at/de/entscheidungen/weitere/nichtigkeit-einer-vereinbarung-zwischen, 10. 9. 2013.
74 Vgl. *Kleewein*, Naturgefahren im Bau- und Raumordnungsrecht, 2013, S. 139.
75 *Kleewein*, Vertragsraumordnung, 2003, S. 209.

schluss und der Gestaltung von Vereinbarungen ausdrücklich auf eine Gleichbehandlung der in Betracht kommenden Grundeigentümer zu achten hat. § 22 Ktn GplG erlaubt eine unterschiedliche Behandlung von Vertragspartnern nur auf Grundlage unterschiedlicher tatsächlicher Verhältnisse, wie insb. der Größe oder der Lage der betroffenen Grundflächen, deren bisheriger oder künftiger Verwendung u. dgl.

Ein gewisses **Spannungsverhältnis** bleibt zwischen den sehr **allgemeinen inhaltlichen Bestimmungen** und Ermächtigungen zu privatrechtlichen Vereinbarungen in den Raumordnungsgesetzen und den vielfältigen, detaillierten und teilweise **individuellen Vertragsinhalten in der Praxis**. Inwieweit einzelne Vertragsinhalte rechtskonform sind, ist jeweils aufgrund der landesgesetzlichen Vorschriften – vor dem verfassungsrechtlichen Hintergrund – zu prüfen.

Für nahezu alle Vertragsinhalte gibt es rechtswissenschaftliche Auseinandersetzungen, die jeweils die spezifischen Rahmenbedingungen und Zulässigkeiten prüfen. Vergleichsweise wenig Abhandlungen (soweit ersichtlich) beschränken sich ausdrücklich mit den Rahmenbedingungen, Grenzen und Möglichkeiten der Vertragsraumordnung unmittelbar im **Zusammenhang mit gefördertem Wohnbau**.

3.4 Vertragsraumordnung und geförderter Wohnbau

Die Vertragsraumordnung wird vielfach als raumplanerisches Instrument angesehen, um die **Bereitstellung förderbaren Wohnbaus zu unterstützen**. Einzelne Raumordnungsgesetze enthalten in ihren Ermächtigungen zu privatrechtlichen Vereinbarungen ausdrücklich Hinweise auf den geförderten Wohnbau, wobei die Regelungsansätze unterschiedlich sind.[76] So enthalten Raumordnungsgesetze eine allgemeine Ermächtigung **zur Sicherung des förderbaren Wohnbaus** (z. B. Oö ROG[77]), wobei die inhaltlichen Vorgaben den Bestimmungen der Vorbehaltsflächen für förderbaren Wohnbau ähnlich sind. Andere Gesetze stellen auf die **Zurverfügungstellung von geeigneten Grundstücken** für den förderbaren Wohnbau (Stmk ROG[78]) oder auf die **Überlassung geeigneter Grundflächen** für den geförderten Wohnbau ab (z. B. TROG[79]), was der Struktur von „Überlassungsverträgen" entspricht.

Bundesländer, die sich in ihren raumordnungsgesetzlichen Bestimmungen zur Vertragsraumordnung nicht unmittelbar auf den förderbaren Wohnbau beziehen, sehen durchaus Bestimmungen über den Erwerb von Grundstücken zur **Deckung des örtlichen Baubedarfes** (Bgld, Ktn, Vlbg) vor, was in der Folge die Realisierung geförderter Wohnbauten unterstützen kann.

Aufgrund der Eingriffsintensität solcher Verträge – vereinzelt wird argumentiert, dass „solche Verträge faktisch wie eine Enteignung" wirken[80] – werden die verfassungsrechtlichen Anforderungen hoch sein. Der Nachweis des öffentlichen Interesses an der Überlassung von Grundflächen an die Gemeinde kann insb. bei benötigten Flächen für den förderbaren Wohnbau gelingen. Da aber stets das schonendste noch zum Ziel führende Mittel einzusetzen ist, „kommt eine Eigentumsübertragung nur dann in Betracht, wenn eine plankonforme Nutzung nicht durch Verwendungs- oder Bebauungspflichten sichergestellt werden kann."[81]

„**Verwendungsverträge**" in der Form, dass sich Grundeigentümer im Fall einer Baulandwidmung zu einer fristgerechten Bebauung verpflichten, **erscheinen grundsätzlich unproblematisch**. Im Zusammenhang mit förderbarem Wohnbau ist zu beachten, dass

---

76 Vgl. **Anhang 4: Förderbarer Wohnbau und Vertragsraumordnung im Raumordnungsrecht**.
77 § 16 Abs. 1 Z 3 OÖ ROG ermächtigt zu Vereinbarungen zur Sicherung des förderbaren Wohnbaus, soweit für diesen Zweck in der Gemeinde ein Bedarf besteht und dafür Flächen vorbehalten werden sollen. Die Vereinbarungen haben sicherzustellen, dass je Grundstückseigentümer höchstens die Hälfte der für die Umwidmung vorgesehenen Grundstücksfläche zum Zweck der Widmung für den förderbaren mehrgeschoßigen Wohnbau oder für Gebäude in verdichteter Flachbauweise (§ 22 Abs. 1 Oö ROG) der Gemeinde angeboten werden muss. Dem Grundstückseigentümer muss für diese Flächen jedenfalls ein angemessener Preis angeboten werden, wobei als angemessen ein Preis anzusehen ist, der zumindest die Hälfte des ortsüblichen Verkehrswerts beträgt; dieses Mindestentgelt darf durch Neben- und Zusatzvereinbarungen nicht unterschritten werden.
78 Gemäß § 35 Abs. 1 Stmk ROG kann die Gemeinde Vereinbarungen mit den Grundeigentümern über die Verwendung der Grundstücke innerhalb angemessener Frist entsprechend der beabsichtigten Flächenwidmung und den beabsichtigten Festlegungen der Baulandzonierung abschließen. Der Abschluss solcher Vereinbarungen hat im Besonderen die Zurverfügungstellung von geeigneten Grundstücken für den förderbaren Wohnbau im Sinn des Steiermärkischen Wohnbauförderungsgesetzes 1993 in der jeweils geltenden Fassung im erforderlichen Ausmaß sicherzustellen. Dabei ist der nachweisliche Eigenbedarf des Eigentümers oder des Baurechtsberechtigten, für Wohnzwecke auch der unmittelbare Nachkomme des Eigentümers innerhalb eines Zeitraumes von zehn Jahren zu beachten.
79 Die Gemeinden können gemäß § 33 Abs. 2 TROG zum Zweck der Verwirklichung der Ziele der örtlichen Raumordnung und der Festlegungen des örtlichen Raumordnungskonzeptes Verträge mit Grundeigentümern abschließen. Solche Verträge können die Verpflichtung der Grundeigentümer vorsehen, die jeweiligen Grundflächen innerhalb einer angemessenen Frist einer bestimmten Verwendung zuzuführen. Weiters kann die Verpflichtung vorgesehen werden, Grundflächen der Gemeinde oder dem Tiroler Bodenfonds (§ 97) für bestimmte Zwecke, insb. für den geförderten Wohnbau zu überlassen.
80 *Kleewein*, Vertragsraumordnung, 2003, S. 195.
81 *Kleewein*, Vertragsraumordnung, 2003, S. 195.

eine entsprechende Sonderwidmung für förderbaren Wohnbau festgelegt wird. Aufgrund des mit der Sonderwidmung verbundenen Begründungsbedarfs können allfällige Vorwürfe der Ungleichbehandlung entkräftet werden.

Würden bei allgemeinen **Bauland-Wohngebietswidmungen** vertragliche Vereinbarungen abgeschlossen, bei denen sich die Grundeigentümer im Fall der Widmung zur Realisierung von förderbarem Wohnbau verpflichten, ist dies vor dem Hintergrund des Gleichbehandlungsgebotes sowie einer Einschränkung hoheitsrechtlicher Nutzungsmöglichkeiten problematisch. Vertragsinhalte, die gesetzlich vorgegebene Nutzungsmöglichkeiten hoheitlicher Planungsakte abändern (etwa durch die Widmung „Bauland-Wohngebiet" eingeräumt), erscheinen bedenklich.

Empfehlungen Vertragsraumordnung und geförderter Wohnbau

Die Raumordnungsgesetze sollten den **Anwendungsbereich der Vertragsraumordnung** auf die Bereitstellung bzw. Überlassung von Bauland allgemein und Flächen für den förderbaren Wohnbau speziell **ausdehnen.**

Vertragsziele und mögliche **Vertragsinhalte** sind raumordnungsgesetzlich ebenso zu definieren wie der **räumliche und sachliche Anwendungsbereich.** Den Gemeinden soll damit ein klarer Rahmen für ihre privatrechtlichen Vereinbarungen im Raumordnungsumfeld vorgegeben werden, um damit auch eine erforderliche Gleichbehandlung der Grundeigentümer zu wahren.

Da die Vertragsraumordnung zum Zweck der Unterstützung des förderbaren Wohnbaus ein vergleichsweise neues Anwendungsfeld ist, dem immer wieder rechtliche Bedenken entgegengebracht werden, erscheint eine **fundierte verfassungs-, zivil- und raumordnungsrechtliche Abklärung** der Möglichkeiten und Grenzen der förderspezifischen Vertragsraumordnung sinnvoll. Auch wenn Raumordnungsangelegenheiten grundsätzlich in die Landeszuständigkeit fallen, wäre eine österreichweite Bewertung und Einschätzung zweckmäßig.[82]

---

82 Vgl. **Anhang 6: Vertiefungsbedarf für den Bereich der Vertragsraumordnung.**

4 MASSNAHMEN DER BAULANDMOBILISIERUNG

Eine Intensivierung des förderbaren Wohnbaus setzt voraus, dass **geeignete Flächen** in Gemeinden, die einen Wohnungsbedarf aufweisen, **zur Verfügung** stehen. Dies ist freilich vielfach nicht der Fall, da die entsprechenden **Liegenschaften nicht verfügbar** bzw. aufgrund der Grundstückszuschnitte nicht für eine Bebauung geeignet sind. Das **Horten von Bauland** hat zu einer Baulandverknappung geführt und in der Folge eine Steigerung der Bodenpreise bewirkt, was die Realisierung von förderbarem Wohnbau zunehmend erschwert.

In den letzten Jahren wurden **unterschiedliche Maßnahmen diskutiert** und teilweise in den **Raumordnungsgesetzen verankert**, um die Verfügbarkeit von Bauland zu verbessern. Unter den Schlagwörtern „aktive Bodenpolitik" und „Baulandmobilisierung" wurden für Bauland ergänzende Maßnahmen festgelegt, die zu einer raschen widmungskonformen Umsetzung planungsrechtlicher Vorgaben führen sollen.[83] Die Maßnahmen zur **Erhöhung der Bodenmobilität** sind vielfältig und reichen von öffentlich-rechtlichen Maßnahmen und vertragsrechtlichen Vereinbarungen bis hin zu informellen Maßnahmen der Bewusstseinsbildung. Ein Vergleich der einzelnen Planungssysteme macht deutlich, dass vor dem Hintergrund der unterschiedlichen Planungskulturen jeweils spezifische **Maßnahmenbündel** geschnürt werden, die in der Regel in der Kombination mehrerer Instrumente und Maßnahmen wirken. Während auf die Möglichkeiten und Grenzen der Vertragsraumordnung bereits eingegangen wurde, werden nachfolgend beispielhaft **befristete Baulandwidmungen** sowie die **Baulandumlegung** behandelt und deren Einsatzmöglichkeiten im Zusammenhang mit der Bereitstellung von Flächen für den förderbaren Wohnbau dargestellt.

4.1 Befristete Baulandwidmungen

Einzelne Raumordnungsgesetze enthalten die Möglichkeit, bei der Neuausweisung von Bauland **eine Bebauungsfrist für unbebautes Bauland** vorzusehen. Erfolgt innerhalb der Frist keine plankonforme Bebauung, sind Sanktionen, etwa die entschädigungslose Rückwidmung von Bauland, vorgesehen. Die befristete Baulandwidmung bietet eine Möglichkeit für den kommunalen Planungsträger, Druck auf den Grundeigentümer zur raschen plankonformen Umsetzung von Baulandwidmungen auszuüben, da bei einer nicht zeitgerechten Bebauung Sanktionen in Form von Nutzungsbeschränkungen und damit verbundene Wertverluste drohen. Grundsätzlich wird davon auszugehen sein, dass durch eine **drohende entschädigungslose Rückwidmung** die Bereitschaft des Grundeigentümers zur fristgerechten und widmungskonformen Verwendung bzw. zum Verkauf der Liegenschaft steigt. Freilich dürfen die befristeten Baulandwidmungen „weder das Grundrecht auf Eigentumsfreiheit noch den Gleichheitsgrundsatz verletzen".[84]

Bezüglich einer **Befristung einer Widmung** ist mit Hinweis auf die Judikatur des VfGH[85] anzumerken, dass der VfGH die Befristung einer Umwidmung aufgehoben hat, da das Vlbg RplG nicht ausdrücklich die Möglichkeit der Befristung der Flächenwidmung durch die Gemeindevertretung vorsieht.[86] Demzufolge erfordert eine befristete Widmung jedenfalls eine **entsprechende gesetzliche Grundlage**. Der VfGH hat in diesem Erk. weiter ausgeführt, dass die Möglichkeit einer Befristung von Widmungen in aller Regel nicht den aus dem Gesetz abgeleiteten raumplanerischen Grundsätzen der „Plangewährleistung", der erschwerten Abänderbarkeit von Flächenwidmungsplänen und des Vertrauensschutzes entspricht. Im zit Erk. sieht sich freilich der VfGH zur Feststellung veranlasst, dass er die Befristung einer Widmung **nicht in jedem Fall als unzulässig** erachtet. Beispielsweise kann die Befristung einer Widmung wegen des in der Art der Nutzung gelegenen zeitlich begrenzten Verwendungszwecks bestimmt gewidmeter Grundflächen sachlich sein.

Befristete Baulandwidmungen können somit noch innerhalb des verfassungsrechtlich zulässigen Ge-

---

83 *Kanonier*, Handlungsbereich Nutzung von Bauland, Zersiedelung, ÖROK-Schriftenreihe 179, 2009, S. 137 ff.
84 *Pernthaler, Prantl*, Die Reformvorschläge zum Oberösterreichischen Raumordnungsrecht aus verfassungsrechtlicher Sicht, 1993, S. 51.
85 Vgl. VfSlg. 15.734/2000 (zum Flächenwidmungsplan Rankweil, Vlbg).
86 Wenn die Landesregierung die finale Determinierung des Planungsprozesses als Argument für die befristete Widmung vorbringt, ist ihr zu entgegnen: Die Befristung einer Flächenwidmung ist im RplG 1996 auch nicht durch Vorgabe von Planungszielen determiniert. Wenn der Gesetzgeber keine Befristungsmöglichkeit regelt, hätte er zumindest die Bedingungen und raumordnungsrechtlichen Voraussetzungen für eine befristete Widmung im Gesetz bestimmen können. VfSlg. 15.734/2000.

staltungsspielraumes liegen, jedoch können die **konkreten Ausgestaltungen** (insb. Verpflichtung oder Ermächtigung für die Gemeinden sowie die jeweiligen Sanktionen) heikel sein.

Befristete Widmungen im Raumordnungsrecht[87]

Erstmals wurde in Österreich eine Bebauungsfrist durch das **Stmk ROG** als eine von mehreren Maßnahmen gegen die Baulandhortung bestimmt. Regelungen für befristetes Bauland enthält nunmehr § 36 Stmk ROG, der Befristungen nicht nur bei der Neuwidmung von Bauland vorsieht, sondern anlässlich jeder Revision des Flächenwidmungsplanes. So hat gemäß § 36 Abs. 1 Stmk ROG eine Gemeinde zur Sicherung einer Bebauung von unbebauten Grundflächen anlässlich einer Revision des Flächenwidmungsplanes eine **Bebauungsfrist** für eine Planungsperiode festzulegen, wenn es sich um Grundflächen handelt, die

→ Bauland gemäß § 29 Abs. 2 und 3 Stmk ROG darstellen,
→ für die keine privatwirtschaftliche Vereinbarung abgeschlossen oder keine Vorbehaltsfläche festgelegt wurde und
→ zusammenhängend mindestens 3.000 m² umfassen.

Bei **fruchtlosem Fristablauf** ist gemäß § 36 Abs. 2 Stmk ROG von der Gemeinde festzulegen, ob solche Grundstücke entschädigungslos als Freiland oder für eine andere Nachfolgenutzung zu widmen sind oder die Grundeigentümer zur Leistung einer Investitionsabgabe[88] herangezogen werden. Demzufolge bietet sich hinsichtlich einer allfälligen Nachfolgenutzung eine Wahlmöglichkeit für die Gemeinde, nicht aber für den Grundeigentümer. Die **Beitragspflicht endet** mit der nachweislichen Fertigstellung des Rohbaus eines bewilligten Gebäudes. Grundstücke, die entschädigungslos ins Freiland rückgewidmet wurden, können gemäß § 36 Abs. 5 Stmk ROG auf Anregung des Grundeigentümers in Übereinstimmung mit dem örtlichen Entwicklungskonzept wieder als Bauland ausgewiesen werden. Für diese Grundstücke gilt, dass die Investitionsabgabe rückwirkend für den Zeitraum zwischen Rückwidmung und Neuausweisung vorzuschreiben ist.

Bei der Widmung von Bauland kann die Gemeinde nach § 11a Abs. 2 **Bgld RplG** eine Befristung von fünf bis zehn Jahren festlegen. Die Gemeinde kann für unbebaute Grundstücke nach Ablauf der Frist innerhalb eines Jahres die Widmung ändern, wobei ein allfälliger Entschädigungsanspruch gemäß § 27 Bgld RplG nicht entsteht.

Nach § 16a Abs. 1 **NÖ ROG** darf die Gemeinde bei der Neuwidmung von Bauland eine Befristung von fünf Jahren festlegen. Die Gemeinde kann für unbebaute Grundstücke nach Ablauf der Frist innerhalb eines Jahres die Widmung ändern, wobei kein Entschädigungsanspruch entsteht.

Als Bauland dürfen gemäß § 29 Abs. 1 **Slbg ROG** unverbaute Flächen nur ausgewiesen werden, für die aufgrund einer Nutzungserklärung der Grundeigentümer davon ausgegangen werden kann, dass sie innerhalb eines Zeitraums von zehn Jahren ab Inkrafttreten des Flächenwidmungsplans einer Bebauung zugeführt werden. Gemäß § 29 Abs. 3 Slbg ROG sollen Flächen, die nicht innerhalb der Frist der Nutzungserklärung bebaut worden sind, in Grünland rückgewidmet werden, wobei nach § 49 Abs. 1 Slbg ROG ein Anspruch auf Entschädigung nur dann beseht, wenn ein Grundstück innerhalb von zehn Jahren nach der erstmaligen Baulandwidmung rückgewidmet wird.

Das **Oö ROG** sieht keine Befristung von Bauland vor, bestimmt jedoch in § 28 Abs. 2, dass die Gemeinde dem Eigentümer eines Grundstücks, das als Bauland gewidmet, jedoch nicht bebaut ist, je nach Aufschließung des Grundstücks durch eine Abwasserentsorgungsanlage oder eine Wasserversorgungsanlage jährlich einen Erhaltungsbeitrag vorzuschreiben hat. Die Verpflichtung zur Entrichtung des Erhaltungsbeitrages besteht gemäß § 28 Abs. 3 Oö ROG ab dem fünften Jahr nach der Vorschreibung des entsprechenden Aufschließungsbeitrages.

Eine befristete Baulandwidmung lässt sich grundsätzlich in **folgende Aspekte** differenzieren:
→ Anwendungsbereich
→ Frist
→ Sanktionen

Anwendungsbereich

Bei entsprechenden gesetzlichen Ermächtigungen **können** grundsätzlich Gemeinden befristete Baulandwidmungen nach lokalem Bedarf festlegen; sie sind nur vereinzelt dazu verpflichtet (vgl. Stmk). Inwieweit eine allgemeine **Verpflichtung** für Gemeinden, befristetes Bauland festzulegen, verfassungskonform ist, wäre zu klären. Auf der verfassungsrechtlichen Grundlage des eigenen

---

87 Vgl. **Anhang 5: Befristung von Bauland in den Raumordnungsgesetzen der Bundesländer.**
88 Die Investitionsabgabe stellt eine ausschließliche Gemeindeabgabe dar, ist von der Gemeinde für Zwecke der Baulandbeschaffung zu verwenden und beträgt jährlich 1,-/m² der Grundfläche.

Wirkungsbereiches der Gemeinden in der örtlichen Raumplanung wird es wohl grundsätzlich den Gemeinden überlassen bleiben, als Maßnahmen der örtlichen Raumplanung befristete Baulandwidmungen – wenn dazu die gesetzliche Ermächtigung vorliegt – einzusetzen. Eine allgemeine Verpflichtung für Gemeinden, Widmungen generell mit einer Frist zu verbinden, würde besondere **Anforderungen an die fachliche Begründung** stellen.

Die Raumordnungsgesetze sehen die Möglichkeit von befristetem Bauland überwiegend bei der **Neuausweisung** vor. Vereinzelt sind befristete Widmungen auch für bereits gewidmete unbebaute Baulandflächen möglich. Damit werden die Möglichkeiten, unbebautes Bauland zu mobilisieren, für die Gemeinden vergrößert. Durch einen (nachträglichen) Zusatz zu einer bestehenden Baulandwidmung – etwa im Zuge einer Flächenwidmungsplanrevision oder -überarbeitung – können Gemeinden **bestehende Baulandwidmungen** mit einer Befristung versehen. Inwieweit durch einen solchen Widmungszusatz und die damit erzeugte – als Sanktion eintretende – Nutzungsbeschränkung ein Konflikt mit dem Grundrecht auf Eigentum entstehen könnte, ist klärungsbedürftig, auch wenn eine **Verfassungswidrigkeit** bei einer entsprechenden Ausgestaltung der Bestimmungen, insb. bei mehrjährigen Fristen, **wenig wahrscheinlich** scheint.

Fristen

Die Fristen für eine **widmungskonforme Baulandlandnutzung** sind in den Raumordnungsgesetzen unterschiedlich geregelt, wobei grundsätzlich **mehrjährige Fristen** für eine Planrealisierung eingeräumt werden. § 16a NÖ ROG sieht eine Befristung von fünf Jahren vor, hingegen räumt § 11a Abs. 2 Bgld RplG eine Fristmöglichkeit von fünf bis zehn Jahren ein. § 36 Abs. 1 Stmk bestimmt, dass die Gemeinde anlässlich einer Revision des Flächenwidmungsplanes eine Bebauungsfrist für eine Planungsperiode festzulegen hat, wobei gemäß § 42 Abs. 2 Stmk ROG alle zehn Jahre eine Revision des Flächenwidmungsplanes (und des örtlichen Entwicklungskonzeptes) vorzunehmen ist.

Die Fristen sollten **nicht zu kurz bemessen werden**, um den Grundeigentümern realistische und realisierbare Umsetzungsfristen vorzugeben und die Gemeinden nicht vorschnell zu eigentlich ungeplanten Änderungsverfahren zu zwingen.

Grundsätzlich macht eine Befristung dann **wenig Sinn**, wenn aus planungsfachlicher Sicht ein öffentliches Interesse an einer Bebauung besteht und eine restriktive Widmungsbeschränkung planerisch eigentlich nicht gewünscht ist.

Sanktionen

Wesentliches Element für befristete Widmungen sind die jeweiligen Sanktionen, zumal durch die „**Androhung**" dieser Sanktionen ein widmungskonformes Verhalten der Grundeigentümer erzielt werden soll. Es kann davon ausgegangen werden, dass je höher ein allfälliger Wertverlust für einen Grundeigentümer bei Fristüberschreitung ist, desto eher wird eine Bebauung vor Fristende angestrebt werden. Als **mögliche Sanktionen** nach Fristablauf kommen insb. in Betracht:
→ **Rückwidmung** in Grünland,
→ **Rückfall** in die frühere Widmungskategorie,
→ mögliche Festlegung von **Sondernutzungen**,
→ **allgemeine Änderungsmöglichkeit** für die Gemeinde, wobei durch allfällige Nutzungsbeschränkungen keine Entschädigungsansprüche entstehen,
→ Grundeigentümer werden zur Leistung einer **Investitionsabgabe** herangezogen.

Die Raumordnungsgesetze sehen **keinen Enteignungstitel** als mögliche Sanktion für eine auslaufende Baulandwidmung vor, was auch verfassungsrechtlich bedenklich wäre. Der direkte Zwang zur Bebauung wird als verfassungsrechtlich unzulässig erachtet, „weil die privatautonome Verfügungsmöglichkeit des Grundeigentümers aufgehoben wäre und daher der Wesensgehalt des Eigentumsinstitutes verletzt würde."[89]

Heikel erscheint insb. auch die **entschädigungslose Rückwidmung** in Grünland als Konsequenz einer Baulandhortung und nicht fristgerechten Baulandnutzung. Eine solche Planänderung kann einerseits **planungsfachlich verfehlt** sein. Im Zusammenhang mit Wohnraumbeschaffung ist vor allem die Schaffung und Nutzung von geeignetem Wohnbauland ein planerisches Ziel. Ungünstig wäre, wenn Sanktionen in Form von Rückwidmungen tatsächlich realisiert und für Wohnbauland geeignete Flächen rückgewidmet würden. Die tatsächliche Rückwidmung ist bei Wohnungsbedarf wenig zielführend, da die – eigentlich angestrebte – planmäßige Bebauung geeigneter Liegenschaften durch Rückwidmungen verhindert

---

[89] *Pernthaler, Prantl*, Beurteilung des „Südtiroler Modells" der Bodenbeschaffung im Hinblick auf die Übertragbarkeit in die österreichische Rechtsordnung, 1995, S. 333 und 336.

wird. Grünlandwidmungen als „Strafe" für die Baulandhortung in Gunstlagen sind aus siedlungs- und wohnungspolitischen Aspekten nicht anzustreben, zumal als Sanktion die gewünschte Nutzung **ins Gegenteil verkehrt** wird. Eigentümer von gut erschlossenen und geeigneten Liegenschaften können außerdem mit vergleichsweise hoher Wahrscheinlichkeit davon ausgehen, dass bei einer **Bebauungsabsicht** ihrerseits einer neuerlichen Baulandwidmung seitens der kommunalen Planungsträger wenig in den Weg gelegt wird, insb. wenn eine solche siedlungsstrukturell angestrebt wird.

Für zwingend vorgesehene Rückwidmungen bestehen auch enge **verfassungsrechtliche Grenzen**. Würde quasi „automatisch" eine entschädigungslose Rückwidmung als Sanktion einer nicht fristgerechten Bebauung eintreten, wäre das vor dem Hintergrund des Eigentumsrechts, des Sachlichkeitsgebotes sowie des Grundsatzes der Planbeständigkeit problematisch. Eine verpflichtende Rückwidmung, bei der nicht zwingend die Änderungsvoraussetzungen und die sonstigen gesetzlichen Kriterien für eine Umwidmung vorliegen, entspricht wohl nicht dem Sachlichkeitsgebot und wird auch dem Grundsatz der Plangewährleistung widersprechen.

Eine automatische Umwidmung als Sanktion, auch wenn die Liegenschaft nach wie vor für eine Bebauung geeignet ist, erscheint somit heikel. Zwar kann in begründeten Einzelfällen eine Rückwidmung in Grünland sachlich gerechtfertigt sein, eine **generelle Rückwidmungsverpflichtung** – ohne spezifische fachliche Kriterien und Abwägungsverpflichtungen – erscheint verfassungsrechtlich bedenklich.[90]

Empfehlung befristete Baulandwidmungen

Durch eine Ergänzung der raumordnungsgesetzlichen Bestimmungen, die den Gemeinden die **Möglichkeit für befristete Baulandwidmungen** bieten, kann das planungsrechtliche Spektrum an baulandmobilisierenden Maßnahmen erweitert werden. Entschädigungslose Rückwidmungen als Sanktionen im Zusammenhang mit Wohnraumbeschaffung könnten kontraproduktiv wirken, wenn dadurch geeignete Flächen gleichsam als „Strafe" mit einem Bauverbot belegt werden. Allerdings kann die durch eine Umwidmung verbundene „**Drohwirkung**" in bestimmten Fällen (wenn der Grundeigentümer nicht mit einer neuerlichen Baulandwidmung bei späterer Bauabsicht rechnen kann) zu einer widmungskonformen Nutzung der Liegenschaften führen.

Bei planungsgesetzlichen Bestimmungen, die eine Befristung des Baulandes ermöglichen, sollte der Anwendungsbereich nicht nur bei einer Neuwidmung von Bauland gelten, sondern auch im Rahmen der **Überarbeitung von Flächenwidmungsplänen**. Somit kann auch gültiges Bauland nachträglich mit einer Realisierungsfrist belegt werden, was mobilisierend wirken kann.

Rechtswirkungen einer auslaufenden befristeten Baulandwidmung können erleichterte und entschädigungslose Umwidmungen oder die finanziellen Leistungen der Liegenschaftseigentümer sein. Verpflichtungen zur **automatischen Planänderung** wären ebenso bedenklich wie verpflichtende Rückwidmungen.

Insgesamt könnten die Möglichkeiten und Grenzen der Zwangsmaßnahmen im Bereich der Baulandmobilisierung einer **fundierten Beurteilung** unterzogen werden, welche in der Folge die Rechtssicherheit in der Anwendung verbessert.

4.2 Baulandumlegung

Die Bereitstellung von Flächen für den förderbaren Wohnbau setzt als wesentliches Umsetzungskriterium voraus, dass die entsprechenden Liegenschaften auch **tatsächlich bebaut werden können**.[91] Vielfach behindern freilich die aktuellen **Grundstückszuschnitte** eine rasche Bebauung, da sie von der Größe, Lage und dem Zuschnitt ungünstige Konfigurationen aufweisen. Mit dem bodenpolitischen Instrument der Baulandumlegung können Gebiete, deren zweckmäßige Bebauung infolge ungeeigneter Parzellenstrukturen verhindert oder wesentlich erschwert wird, neu geordnet werden.[92] Häufige **Ursachen und Ausgangslage für Umlegungen** sind:
→ **nachteilige Grundstücksstruktur** (insb. Realteilung, Riemenparzellen, ungünstige Eigentumsverhältnisse, Grundstückskonfiguration);
→ traditionelle **Eigentumsstrukturen erschweren bauliche Nutzungen**;
→ **fehlende infrastrukturelle Erschließung**.

Die **Neuordnung der Grundflächen** erfolgt in der Weise, dass im Umlegungsgebiet nach Lage, Form und Größe zweckmäßig gestaltete und erschließbare Grundstücke für die bauliche Nutzung entstehen. Durch eine Baulandumlegung werden die bodenrechtlichen Voraussetzungen für eine sinnvolle Nutzung größerer Liegenschaften verbessert, was oftmals Voraussetzung für die Realisierung von (förderbaren)

---

90 Vgl. *Kalss*, Vereinbarungen über die Verwendung von Grundflächen, 1993, S. 560, *Trippl, Schwarzbeck, Freiberger*, Steiermärkisches Baurecht, 2013, S. 1288.
91 *Kanonier*, Handlungsbereich Nutzung von Bauland, Zersiedelung, ÖROK-Schriftenreihe 179, 2009, S. 145.
92 *Pernthaler, Fend*, Kommunales Raumordnungsrecht in Österreich, 1989, S. 51.

Wohnbauprojekten ist. Besonders bei größeren Flächen, die sich aus vielen Einzelliegenschaften mehrerer Grundeigentümern zusammensetzen, sind Änderungen in den Liegenschaftszuschnitten und -eigentumsverhältnissen vielfach Voraussetzung für eine erfolgreiche Wohnbautätigkeit.

Die **Einleitung von Baulandumlegung** kann durch die
→ Grundeigentümer (freiwillig) oder die
→ Gemeinden (zwangsweise Einbeziehung von Flächen ist möglich) – Behördenverfahren
erfolgen.

Eine Baulandumlegung kann österreichweit auf **freiwilliger Basis** erfolgen, wenn alle Grundeigentümer einem Umlegungsverfahren und in der Folge dem Umlegungsergebnis zustimmen. Grundsätzlich nimmt die Komplexität mit der Zahl der Grundstücke sowie Grundeigentümer zu. In der Regel handelt es sich dabei um rechtlich, organisatorisch und finanziell sehr anspruchsvolle Verfahren. Eine freiwillige Baulandumlegung kann **aus mehreren Gründen scheitern**, wobei es sich als ungünstig erweist, dass Grundeigentümer, die mit ihrer Zustimmung möglichst lange zuwarten, vielfach in ihrer Verhandlungsposition gestärkt werden. Nicht selten ist es demzufolge problematisch, eine frühzeitige und vollständige Zustimmung zu einer Baulandumlegung zu erzielen, was langwierige Verhandlungen zur Folge hat und die Realisierung von Bauprojekten auf dem betreffenden Standort zumindest verzögert.

In Österreich kommt der Baulandumlegung **von Amts wegen** vergleichsweise untergeordnete Bedeutung zu. Rechtlich verankert ist das Institut der Baulandumlegung lediglich in einzelnen Bundesländern, insb. in **der Stmk, in Tirol und Vlbg** in den Raumordnungs- bzw. Raumplanungsgesetzen und in **Wien** in der Bauordnung. In diesen Bundesländern kann eine Baulandumlegung auch von Amts wegen eingeleitet und gegen den Willen einzelner Grundeigentümer durchgeführt werden, was hinsichtlich der Umsetzung von Planungsvorhaben vorteilhaft ist.

Empfehlung Baulandumlegung

Um das Flächenangebot (auch) für den förderbaren Wohnbau zu verbessern, sind die **rechtlichen Rahmenbedingungen für Baulandumlegungen** in allen Bundesländern zu schaffen, die von Amts wegen eingeleitet werden können und bei denen nicht zwingend alle Grundeigentümer zustimmen müssen.

Die **vermehrte Durchführung von amtlichen Umlegungsverfahren** kann den Wissensstand und die Verfahrenskenntnisse verbessern und damit die „Scheu" vor diesen vergleichsweise komplexen Verfahren reduzieren.

4.3 Ausgewählte Maßnahmen zur Baulandmobilisierung

Vor dem Hintergrund der Baulandhortung wurden in den letzten Jahren in den einzelnen Bundesländern vielfältige Maßnahmen diskutiert und teilweise rechtlich verankert. Nachfolgend werden einzelne Maßnahmen kurz beschrieben, wobei lediglich die Zielrichtungen und ausgewählte Regelungsansätze dargestellt werden.[93] Eine vertiefte Analyse und Beurteilung dieser Instrumente und Maßnahmen würde sich lohnen, zumal sie sich in einzelnen Ländern durchaus bewährt haben.

Einhebung von Infrastrukturabgaben für unbebautes Bauland

Finanzielle Belastungen für den Grundeigentümer als Konsequenz der Baulandhortung und der Nichtbebauung gewidmeter und erschlossener Bauflächen kann einerseits **beachtliche baulandmobilisierende Wirkung** haben, wobei die Anreizwirkung von der Höhe der Belastungen abhängt. Andererseits können Abgabemodelle bei Baulandwidmungen infolge der finanziellen Rückflüsse für Gemeinden attraktiv sein. Wie bei fast allen fiskalischen Instrumenten sind allerdings auch bei Zwangsabgaben für Baulandhortung soziale Härten und Konflikte zu erwarten, was zur Folge hat, dass diese Instrumente – bislang – nur in einzelnen Bundesländern zum Einsatz kommen. Die Einhebung einer Abgabe bei Baulandwidmung verschafft der Gemeinde in der Regel einen **frühzeitigen Kostenersatz** für die Infrastrukturmaßnahmen, zumal allfällige Aufschließungsbeiträge vielfach erst nach Erteilung der Baubewilligung fällig werden.

Da die finanziellen Abgabemodelle in der Regel so ausgestaltet sind, dass die Grundeigentümer eine **Wahlmöglichkeit** zwischen einer plankonformen Bebauung und einer finanziellen Belastung haben, ist zwar die raumplanerisch gewünschte Bebauung nicht garantiert. Abhängig von der Höhe der Abgabe entsteht freilich durch solche Modelle ein **baulandmobilisierender Druck** auf den Grundeigentümer bzw. ergeben sich für die Gemeinden – was aufgrund der aktuellen Budgetsituation vieler Gemeinden durchaus relevant ist – **zusätzliche Einnahmen**. Vor diesem Hintergrund werden Abgaben bei einer Bau-

---

93 Vgl. ua. *Kanonier*, Handlungsbereich Nutzung von Bauland, Zersiedelung, ÖROK-Schriftenreihe 179, 2009, S. 137 ff.

landhortung verstärkt als zusätzliches Instrument von Gemeinden gewünscht.

Als eines der wenigen Bundesländer sieht **OÖ** die Einhebung von **Aufschließungs- und Erhaltungsbeiträgen** gemäß §§ 25-29 Oö ROG für unbebaute Grundstücke als Maßnahme zur Baulandmobilisierung und frühzeitigen Rückerstattung von kommunalen Aufschließungsleistungen vor. Die Gemeinden haben den Eigentümern unbebauter Liegenschaften mit Bescheid einen Aufschließungsbeitrag für die infrastrukturelle Erschließung der Bauplätze – je nach Aufschließung des Grundstückes durch eine gemeindeeigene Abwasserentsorgungsanlage, Wasserversorgungsanlage oder eine öffentliche Verkehrsfläche – vorzuschreiben, der in jährlichen Raten von 20 Prozent fünf Jahre zu entrichten ist. Ab dem fünften Jahr hat die Gemeinde für weiterhin unbebaute Liegenschaften einen Erhaltungsbeitrag vorzuschreiben, wobei die Pflicht zur Entrichtung des Erhaltungsbeitrages mit der Bezahlung des äquivalenten Anschlussgeldes endet.

Die mit der 6. Novelle zum NÖ ROG 1995 eingeführte Infrastrukturabgabe wurde als überschießende Maßnahme mit der 8. Novelle 1999 wieder beseitigt – ersetzt durch befristetes Bauland und Vertragsraumordnung.

Aufschließungs-Vorauszahlung

Einzelne Bundesländer sehen Regelungen vor, die es den Gemeinden ermöglichen, für die Herstellung von **Infrastruktureinrichtungen Vorauszahlungen** vorzuschreiben. In Salzburg werden etwa gemäß § 13a Anliegerleistungsgesetz die Gemeinden ermächtigt, durch Beschluss der Gemeindevertretung im Bebauungsplan der Grundstufe zu bestimmen, dass auf die Kosten der Aufstellung des Bebauungsplans sowie der Herstellung folgender Infrastruktureinrichtungen eine Vorauszahlung zu leisten ist (Aufschließungs-Vorauszahlung):
→ Aufschließungsstraßen,
→ Straßenbeleuchtung,
→ Gehsteige,
→ Abwasseranlagen.

Die Aufschließungs-Vorauszahlung in Slbg trägt freilich nur bedingt zur Baulandmobilisierung bei, zumal diese Vorauszahlung **keinen verlorenen Aufwand** darstellt. Die geleisteten Beträge sind gemäß § 13a Abs. 5 Anliegerleistungsgesetz nach dem Verbraucherpreisindex aufzuwerten und anzurechnen, was tendenziell zur Preissteigerung von Grundstücken (sowie zur Erhöhung des Verwaltungsaufwandes) beiträgt.

Grundsätzlich würde die Möglichkeit zur Vorschreibung von (verlorenen) Infrastrukturabgaben auf nicht genutzte Baulandflächen beträchtliches Mobilisierungspotenzial enthalten.

Baulandbeschaffung – Ankauf von Liegenschaften

Aktive Bodenpolitik wird in den einzelnen Bundesländern teilweise **durch die Gemeinden selber** – teilweise unterstützt durch Landesförderungen – betrieben, etwa durch den Erwerb von Liegenschaften oder durch ausgegliederte Rechtsträger, denen unter anderem die Aufgabe der Bodenbeschaffung zukommt. Die aktive Bodenpolitik der Gemeinden wird in einzelnen Bundesländern insb. auch für den förderbaren Wohnbau raumordnungsrechtlich unterstützt durch **Bodenbeschaffungsfonds** (nach dem Ktn Bodenbeschaffungsfondsgesetz oder dem TROG) oder **Baulandsicherungsgesellschaften** (nach Slbg ROG).[94] Im Vergleich zu hoheitlichen Planungsmaßnahmen können durch aktive Bodenpolitik bzw. kommunale Bodenbevorratung planungsrelevante Interessen flexibler, spezifischer und umsetzungsorientierter behandelt werden – je nach institutioneller Verankerung kann die Gemeinde direkten Einfluss auf die Realisierung, den Preis und die Nutzer haben.[95]

Zur Unterstützung der Gemeinden bei der Verwirklichung der Ziele der örtlichen Raumordnung wurde nach § 97 TROG der **Tiroler Bodenfonds** errichtet, der Rechtspersönlichkeit besitzt. Dem Tiroler Bodenfonds obliegen unter anderem der Erwerb von Grundstücken und deren entgeltliche Weitergabe, die Gewährung von Zuschüssen an Gemeinden für den Erwerb von Grundstücken und für infrastrukturelle Vorhaben. Zu den Aufgaben des Bodenfonds gehören gemäß § 97 Abs. 5 lit a TROG insb. die Veräußerung von Grundstücken für Zwecke des geförderten Wohnbaus, insb. für Bauvorhaben in bodensparender verdichteter Bauweise. Somit wird die enge Koppelung zwischen aktiver Bodenpolitik und förderbarem Wohnbau raumordnungsrechtlich durch den Tiroler Bodenfonds verstärkt.

---

94 Auch der Rechnungshof empfahl NÖ 2003 die Installierung eines landesweiten Bodenbeschaffungsfonds als weiteres Instrument zur Baulandmobilisierung.
95 *Kanonier*, Handlungsbereich Nutzung von Bauland, Zersiedelung, ÖROK-Schriftenreihe 179, 2009, S. 143.

Nach § 77 **Slbg ROG** besteht zur Unterstützung der Gemeinden bei Maßnahmen im Sinn des § 18 Slbg ROG – unter allfälliger Beteiligung von Gemeinden und deren Interessenvertretungen – die **Baulandsicherungsgesellschaft** mbH. Die finanziellen Mittel des Landes werden der Gesellschaft nach Maßgabe des jeweiligen Landeshaushaltsgesetzes zur Verfügung gestellt. Die Baulandsicherungsgesellschaft darf ausschließlich durch den Rechtserwerb an geeigneten Grundstücken für die Gemeinden treuhänderisch und haushaltsunwirksam tätig sein.

Der **Wiener Bodenfonds**[96] ist als privater Fonds vom Wiener Gemeinderat eingerichtet. Obwohl die Wiener Bauordnung keinen direkten Bezug zu diesem Fonds hat, verfolgt er durchaus raumplanerische Zielsetzungen, insb. durch den Erwerb und die Bereitstellung von Liegenschaften.

Infolge der **knappen Gemeindebudgets** sind die Möglichkeiten für umfassende Interventionen am Bodenmarkt vielfach beschränkt, was durch Förderungen der Länder aufgefangen werden soll. So werden in einzelnen Bundesländern die Gemeinden bei Grundstücksankäufen finanziell unterstützt, etwa durch Zinszuschüsse. Die Möglichkeiten zur Unterstützung bei der Baulandbeschaffung durch Landesfonds hängen selbstverständlich auch wesentlich von der Bedeckung der Fonds durch die jeweiligen Länder ab.

---

96 Ehemals Wiener Bodenbereitstellungs- und Stadterneuerungsfonds.

5 BODENBESCHAFFUNG

Eine wirkungsvolle, weil eingriffsintensive Maßnahme zur Bereitstellung von Flächen für den förderbaren Wohnbau kann die Enteignung sein, durch die eine **Eigentumsübertragung** der betroffenen Grundflächen stattfindet. Enteignungen, für die in Österreich **enge rechtliche Grenzen** gelten, erfordern neben der kompetenzrechtlichen Zulässigkeit weitere inhaltliche Voraussetzungen, damit diese verfassungsrechtlich zulässig sind. Gesetzliche Regelungen, die zu Eingriffen in das Eigentum ermächtigen, müssen einem bestimmten öffentlichen Interesse dienen und verhältnismäßig sein, wobei der VfGH für Enteignungen dieses Erfordernis noch **weiter konkretisiert** hat. So ist eine Enteignung verfassungsrechtlich nur zulässig,[97] wenn

→ ein **konkreter Bedarf** vorliegt, dessen Deckung im öffentlichen Interesse liegt;
→ **das Objekt zur Deckung dieses Bedarfs geeignet ist**, den Bedarf unmittelbar zu decken,
→ es unmöglich ist, diesen **Bedarf anders als durch Enteignung zu decken**.

Bei der gesetzlichen Verankerung allfälliger Enteignungstatbestände sind die Regelungen jeweils darauf zu prüfen, ob die drei genannten Voraussetzungen vorliegen, wobei vielfach erst im konkreten Anwendungsfall die **Überprüfung der Einhaltung der Enteignungskriterien** erfolgen kann.

In den bodenpolitischen Diskussionen der letzten Jahre wird kaum berücksichtigt, dass auf Bundesebene das **Bodenbeschaffungsgesetz** sowie das Stadterneuerungsgesetz umfassende Eingriffs- und Enteignungsmöglichkeiten enthalten, wobei im Zusammenhang mit förderbarem Wohnbau vor allem das Bodenbeschaffungsgesetz (BBG) relevant erscheint. Während das **Stadterneuerungsgesetz** darauf abzielt, städtebauliche Missstände durch Assanierungsmaßnahmen zu beseitigen, wird mit dem Bodenbeschaffungsgesetz[98] – wie der Langtitel des Gesetzes zum Ausdruck bringt – die Beschaffung von Grundflächen für die Errichtung von Häusern mit Klein- oder Mittelwohnungen oder von Heimen beabsichtigt. Kompetenzrechtlich gründet sich das BBG auf den Kompetenztatbestand des Art 11 Abs. 1 Z 3 B-VG "**Volkswohnungswesen**".[99]

Das Bodenbeschaffungsgesetz wird **bislang nicht angewendet**, offensichtlich weil es eigentumspolitisch nicht akzeptabel ist und als „Systemveränderung der österreichischen Eigentumsordnung" betrachtet"[100] wird. Vor dem Hintergrund des offensichtlich **zunehmenden Handlungsbedarfes** im Bereich der Wohnraumbeschaffung ist auf die Möglichkeiten und Grenzen dieses Bundesgesetzes hinzuweisen, insb. auch deshalb, weil mit dem BBG 1974 der Versuch unternommen wurde, das österreichische Bodenrecht wesentlich auszubauen.[101] Das grundlegende Anliegen des BBG, den Gemeinden ein Instrumentarium zur Verfügung zu stellen, mit dem Ziel, „die Beschaffung von Grundstücken für den Wohnungsbau zu erleichtern",[102] dominiert auch die heutige fachspezifische Diskussion – die sich freilich überwiegend auf Landesmaterien fokussiert.

Das BBG sieht im Wesentlichen zwei Verfahrensschritte vor: Zunächst ermöglicht das BBG im ersten Verfahrensschritt Gemeinden, die gemäß § 4 Abs. 1 einen „quantitativen Wohnungsbedarf oder qualitativen Wohnungsfehlbestand" aufweisen, durch Verordnung ein Bodenbeschaffungsgebiet zu definieren, das für die Verbauung mit geförderten Wohnungen herangezogen werden kann. Die Landesregierung kann gemäß § 5 Abs. 2 BBG zum Zwecke der Bodenbeschaffung über Antrag der Gemeinde durch Verordnung feststellen, dass in dieser Gemeinde ein quantitativer Wohnungsbedarf oder ein qualitativer Wohnungsfehlbestand besteht. Die Gemeinde, für deren Gebiet eine entsprechende Feststellung getroffen wurde, kann im Verordnungswege festlegen, dass

---

97 VfSlg. 3666/1959 (und Folgeerkenntnisse).
98 Bundesgesetz vom 3. Mai 1974, betreffend die Beschaffung von Grundflächen für die Errichtung von Häusern mit Klein- oder Mittelwohnungen oder von Heimen (Bodenbeschaffungsgesetz); BGBl. 288/1974 idF. BGBl. I Nr. 112/2003.
99 *Korinek*, Bodenbeschaffung und Bundesverfassung, 1976, S. 19.
100 *Pernthaler, Prantl*, Beurteilung des „Südtiroler Modells" der Bodenbeschaffung im Hinblick auf die Übertragbarkeit in die österreichische Rechtsordnung, 1995, S. 343.
101 *Korinek*, Bodenbeschaffung und Bundesverfassung, 1976, S. 5.
102 Abschlussbericht 1110 Blg.Br. 13 GP.

in ihrem ganzen Gemeindegebiet oder in bestimmten Teilen die Bestimmungen dieses Bundesgesetzes anzuwenden sind. Die Gemeinden können nicht unbeschränkt Bodenbeschaffungsgebiete festlegen, „sondern nur in jenem Ausmaß, das zur Erreichung des Zieles unbedingt erforderlich ist, ... es wird daher wohl auch nur in seltenen Ausnahmefällen zulässig sein, das gesamte Gebiet einer Gemeinde zum Bodenbeschaffungsgebiet zu erklären".[103] Mit der Erklärung zum Bodenbeschaffungsgebiet gelten die (Zwangs-)Vorschriften des BBG, wobei gemäß § 2 Abs. 1 dies ua. nicht für Grundstücke im Eigentum von Gebietskörperschaften gilt.

Im **zweiten Verfahrensschritt** können für Bodenbeschaffungsgebiete als Rechtsfolge zwei Zwangsmaßnahmen vorgesehen werden:
→ Enteignung
→ Eintrittsrecht der Gemeinde

Die Gemeinde kann gemäß § 6 Abs. 1 BBG für die festgelegten Bodenbeschaffungsgebiete **in Kaufverträge über unbebaute Grundstücke** anstelle des Käufers **eintreten**, wenn sie diese Grundstücke für Wohnbauzwecke oder für öffentliche Zwecke, die sie wahrzunehmen hat, benötigt. Darüber hinaus kann nach § 7 BBG zum Zwecke der Bodenbeschaffung das Eigentum an unbebauten Grundstücken durch **Enteignung gegen Entschädigung** in Anspruch genommen werden,[104] wenn die Berechtigten den Verkauf ablehnen oder ein offenbar nicht angemessenes Entgelt begehren. Der Eigentümer kann nach § 10 BBG innerhalb von drei Monaten nach Zustellung des Bescheides (§ 9 Abs. 3) gegen den Enteignungsantrag Widerspruch erheben, der sich nur darauf gründen darf, dass er das Grundstück entsprechend den Bauvorschriften selbst bebauen will.

Das BBG sieht somit weitreichende Eingriffsrechte für Gemeinden zur Beschaffung von Grundflächen für den förderbaren Wohnbau vor, was **kompetenzrechtlich zulässig** erscheint, zumal die Beschaffung von Bauland zur Errichtung von Klein- und Mittelwohnungen grundsätzlich dem Kompetenztatbestand „Volkswohnungswesen" zuzuordnen ist.[105] Auch die **Enteignung von Baugrundstücken für den förderbaren Wohnbau** ist grundsätzlich im Rahmen des Kompetenztatbestandes „**Volkswohnungswesen**" kompetenzrechtlich gedeckt.[106] Mit einem im Verfassungsrang stehenden Rechtssatz hat der VfGH ausgesprochen, dass „die Enteignung von Grundstücken zur Errichtung von Klein- und Mittelwohnungen sowie von städtischen Siedlungen gem. Art 11 Abs. Z 3 B-VG („Volkswohnungswesen") Bundessache in Gesetzgebung und Landessache in Vollziehung"[107] ist. Demzufolge **sind Enteignungen für den förderbaren Wohnbau durch raumordnungsrechtliche Bestimmungen** aufgrund von Landesgesetzen wohl kompetenzrechtlich bedenklich.

Auch wenn die Enteignungsmöglichkeit für den förderbaren Wohnbau grundsätzlich verfassungskonform ist, bleibt fraglich, ob **alle Voraussetzungen** für eine verfassungskonforme Enteignung in den Bestimmungen im BBG **vorliegen**. Am wenigsten Bedenken bestehen hinsichtlich der Voraussetzung, dass die jeweilige Maßnahme zur Deckung des Bedarfs geeignet ist. Unzweifelhaft ist die im BBG vorgesehene Enteignung von bebauungsfähigen Grundstücken eine geeignete Maßnahme, um den Bedarf für Klein- und Mittelwohnungen unmittelbar zu decken.[108]

Ebenfalls wenig Bedenken bestehen hinsichtlich der **Verankerung des konkreten Bedarfes** im BBG, da eine Voraussetzung für die Erklärung zu einem Bodenbeschaffungsgebiet ausdrücklich der Wohnungsfehlbestand in der Gemeinde oder Nachbargemeinde ist.[109] Grundsätzlich unzulässig wäre nach der Rechtsprechung des VfGH[110] eine „Enteignung auf Vorrat". So kann zwar der geförderte Wohnbau im Rahmen des Tatbestandes „Volkswohnungswesen" generell einen Enteignungstatbestand darstellen, allerdings „gilt dies nur für eine konkretes Wohnbauprojekt, für das ein bestimmtes Baugrundstück benötigt wird, weil es sonst nicht verwirklicht werden kann".[111] Das BBG enthält durchaus Bestimmungen, aus der eine Bedarfsprüfung ableitbar ist.

---

103 *Korinek*, Bodenbeschaffung und Bundesverfassung, 1976, S. 5.
104 In Gebieten der offenen Bauweise ist eine Enteignung nur zulässig, wenn auf den zur Enteignung vorgesehenen Grundstücken ein Haus mit mindestens zehn Klein- oder Mittelwohnungen oder eine aus mehreren Häusern bestehende Anlage mit insgesamt mindestens zehn Klein- oder Mittelwohnungen errichtet werden soll (§ 7 Abs. 2 BBG).
105 VfSlg 2217/1951.
106 VfSlg 7271/1974: „Zum Begriff „Volkswohnungswesen" gehören alle jene Maßnahmen zur Beschaffung von Baugelände auf dem Wege der Enteignung.
107 VfSlg 2217/1951, siehe auch BGBl. 263/1951.
108 *Korinek*, Bodenbeschaffung und Bundesverfassung, 1976, S. 34.
109 Neben diesem abstrakten Bedarf wird in § 8 BBG ein konkreter Bedarf bestimmt.
110 VfSlg 3666/1959.
111 *Pernthaler, Prantl*, Beurteilung des „Südtiroler Modells" der Bodenbeschaffung im Hinblick auf die Übertragbarkeit in die österreichische Rechtsordnung, 1995, S. 339.

Verfassungsrechtskonforme Enteignungen setzen voraus, dass die Deckung des öffentlichen Bedarfs **nicht anders als durch Enteignung** erreichbar ist (Verhältnismäßigkeits- und Mindesteingriffsprinzip).[112] Dass BBG enthält zwar Bestimmungen, die darauf abzielen, dass nur enteignet werden kann, wenn der Bedarf nicht anders gedeckt werden kann,[113] dennoch bestehen erhebliche Bedenken.[114] So wird die gesetzliche Beschränkung auf ein bestimmtes Bauvorhaben auf einem bestimmten Grundstück als problematisch angesehen, da nicht geprüft werden muss, ob der Bedarf nach Wohnraum auch auf eine andere Weise oder auf einer anderen Liegenschaft erreicht werden kann.

Verfassungsrechtliche Bedenken, insb. die Verletzung des Grundrechtes auf Eigentum, bestehen hinsichtlich des **Eintrittsrechtes der Gemeinde** – „das einem spezifisch ausgestalteten Vorkaufsrecht der Gemeinden verbunden mit einem Preisminderungsrecht gleichkommt",[115] da kein konkreter Bedarf für den Grunderwerb durch die Gemeinde vorliegen muss und auch kein Widerspruch durch die betroffenen Grundeigentümer möglich ist.

Empfehlungen Bodenbeschaffungsgesetz

Unter der Voraussetzung, dass der politische **Wille für Zwangsrechte** zur Schaffung von förderbarem Wohnraum in den letzten Jahren gewachsen ist, wäre zu prüfen, inwieweit **verfassungsrechtliche Bedenken** zu einzelnen Bestimmungen im BBG **beseitigt** werden können, und das BBG überarbeitet werden soll.

Die beträchtlichen Umsetzungsmöglichkeiten infolge der vorgesehenen Zwangsmaßnahmen im BBG, insb. die Enteignungsmöglichkeiten, sollten nicht reflexartig als undurchsetzbar abgetan werden, sondern hinsichtlich ihrer möglichen „**Drohwirkung**" Beachtung finden. Das weitgehende Ausblenden bodenordnerischer Eingriffe und Zwangsmaßnahmen entspricht zwar der traditionellen bodenordnerischen Stellung des Grundeigentums in Österreich, könnte aber vor dem Hintergrund des **zunehmend drängenden Wohnungsbedarfes** hinterfragt werden. Das BBG würde diesbezüglich einen geeigneten Rahmen bilden, zumal davon auszugehen ist, dass die Überarbeitungserfordernisse überschaubar wären.

Da die meisten Überlegungen aus den 1970er-Jahren zum BBG ähnliche Fragestellungen und Anliegen thematisieren, wie in der gegenwärtigen bodenpolitischen Diskussion, würde sich eine **entsprechende Aufarbeitung** der damaligen Argumente und eine allfällige Adaptierung durchaus lohnen.

---

112 *Pernthaler, Prantl*, Beurteilung des „Südtiroler Modells" der Bodenbeschaffung im Hinblick auf die Übertragbarkeit in die österreichische Rechtsordnung, 1995, S. 340.
113 Vgl. Mindesteingriffsprinzip in § 4 BBG, Kaufverpflichtung in § 7 BBG, Widerspruchsmöglichkeit des Eigentümers in § 10 BBG.
114 *Korinek*, Bodenbeschaffung und Bundesverfassung, 1976, S. 34 ff.
115 *Korinek*, Bodenbeschaffung und Bundesverfassung, 1976, S. 36.

6 EMPFEHLUNGEN DES AUTORS

In den einzelnen Kapiteln werden folgende Empfehlungen formuliert:

Kompetenzen

Die kompetenzrechtlichen Grenzen und Möglichkeiten des „Volkswohnungswesens", der „Raumplanung" und des „Zivilrechtswesens" könnten im Zusammenhang mit dem förderbaren Wohnbau überprüft und **grundlegend aufbereitet** werden, um einerseits zulässige Verflechtungen und andererseits Zuständigkeitsgrenzen aufzuzeigen. Durch eine Abklärung der kompetenzrechtlichen Rahmenbedingungen würde die **Rechtssicherheit** in der Anwendung deutlich erhöht.

Ziele und Grundsätze

Vielfach wird Wohnen als eine von mehreren Daseinsfunktionen behandelt, für die in der Folge spezifische Zielbestimmungen gelten, ohne allerdings finanzielle Aspekte zu thematisieren. Eine entsprechende **Überarbeitung der Ziele und Grundsätze** in den Raumordnungsgesetzen hinsichtlich einer stärkeren gesetzlichen Verankerung von leistbarem Wohnen als Raumordnungsanliegen würde entsprechende Maßnahmen und allfällige Interessenabwägungen bei konkreten Planungs- und Widmungsentscheidungen erleichtern. Um Fehlentwicklungen in der kommunalen Siedlungstätigkeit zu vermeiden, ist aber nicht ein einzelnes Ziel, das leistbares Wohnen priorisiert, isoliert zu maximieren, sondern mit den sonstigen Raumordnungszielen und insb. -grundsätzen abzustimmen.

Für die Ausweisung von Widmungen oder Vorbehaltsflächen für förderbaren Wohnbau sollten – neben entsprechenden Zielbestimmungen – **raumordnungsgesetzliche Widmungskriterien** festgelegt werden, deren Anwendung jeweils den verfassungsrechtlichen Anforderungen (eigener Wirkungsbereich der Gemeinden in Fragen der örtlichen Raumordnung, Sachlichkeitsgebot, Gleichheitssatz) gerecht werden müsste.

Überörtliche Raumordnung

Die überörtliche Raumordnung ist verstärkt gefordert, **Ziele, Maßnahmen und Widmungskriterien** für den förderbaren Wohnbau landes- und regionsspezifisch zu verankern. Da in vielen Bereichen die Bereitstellung von Flächen für den förderbaren Wohnbau nicht nur einzelne Gemeinden isoliert betrifft, sondern von mehreren benachbarten Gemeinden aufgrund der funktionalen Verflechtungen gemeinsam zu lösen ist, wird der **regionale und landesplanerische Abstimmungsbedarf** offensichtlich.

Offene Fragen der **Bedarfsabschätzung** an Flächen für den förderbaren Wohnbau sowie der Kriterien für die **Bedarfszuweisung** und **Flächenverteilung** sind auf überörtlicher Ebene ebenso zu klären, wie mit der Zurückhaltung einzelner Gemeinden diesbezüglich umzugehen ist. Welche **konkreten Maßnahmen**, insb. auch zur Baulandmobilisierung und aktiven Bodenpolitik, in den Regionen zur Zielerreichung eingesetzt werden, ist in regionalen Raumordnungsplänen oder informellen Konzepten so zu konkretisieren, dass eine wirkungsvolle Anwendung auf den verschiedene Planungsebenen erfolgt.

Sonderwidmungen/Vorbehaltsflächen für förderbaren Wohnbau

Die Reservierung von bestimmten Flächen für den förderbaren Wohnbau durch Sonderausweisungen im Flächenwidmungsplan ist eine **sinnvolle Erweiterung des Planungsinstrumentariums**, wodurch eine räumliche Abgrenzung der entsprechenden Nutzungen ermöglicht wird.

Durch eine **Sonderwidmung** für den förderbaren Wohnbau kann eine Fläche (lediglich) reserviert und verhindert werden, dass diese für eine andere Nutzung verwendet wird. Umsetzungsverpflichtungen könnten vor der Umwidmung durch zivilrechtliche Vereinbarungen mit den Grundeigentümern (**Vertragsraumordnung**) vereinbart werden, wobei die Vertragsbereitschaft im Vergleich zum höherwertigen Bauland-Wohngebiet eventuell reduziert sein könnte.

Vorbehaltsflächen für den förderbaren Wohnbau bieten neben der Sicherung der betreffenden Fläche die Möglichkeit, auf die Umsetzung der Widmungsfestlegung stärker Einfluss zu nehmen. Während raumordnungsrechtliche Enteignungen für den förderbaren Wohnbau kompetenzrechtlich problematisch sind, könnte eine Rechtswirkung wie in Tirol – die Möglichkeit der **entschädigungslosen Rückwidmung**, wenn die Grundflächen nicht innerhalb von zehn Jahren der öffentlichen Hand für Zwecke des geförderten Wohnbaus zum Kauf angeboten werden – die Abtretungsbereitschaft erhöhen.

Die **Anwendungserfahrungen** der vielfältigen Ausgestaltung der Sonderwidmungen bzw. Vorbehaltsflächen für den förderbaren Wohnbau in den einzelnen Raumordnungsgesetzen sollten miteinander **verglichen werden**, um daraus **Best-Practice-Lösungen hinsichtlich des Regelungsumfangs** (objektgeförderter – subjektgeförderter Wohnbau, Geschoßwohnbau – alle Wohnbauten), Teilungsschlüssels zwischen förderbarem und sonstigem Wohnbau oder hinsichtlich der Bedarfsermittlung und allfälliger Festlegungspflichten ableiten zu können.

Klärungsbedürftig wäre darüber hinaus, inwieweit im Zusammenhang mit Vorbehaltsflächen auch **Enteignungen für den förderbaren Wohnbau auf der rechtlichen Grundlage der Raumordnungsgesetze** verfassungskonform wären.

Dichtebestimmungen

Durch **Dichtefestlegungen** in den örtlichen Raumplänen können die Rahmenbedingungen für Siedlungs- oder Bebauungsdichten geschaffen werden, was den **förderbaren Wohnbau** – nicht nur hinsichtlich der Leistbarkeit – unterstützen kann.

Grundlegende Aussagen zu Siedlungs- und Bebauungsdichten sollten schon in den strategischen Überlegungen zur Gemeindeentwicklung und damit **im örtlichen Entwicklungskonzept** oder **im Flächenwidmungsplan** vorgegeben werden.

Im Zusammenhang mit dem förderbaren Wohnbau ist darauf zu achten, dass durch planerische Vorgaben **nicht nur maximale Bebauungsdichten** ermöglicht werden, sondern dass mit anderen Raumordnungszielen abgestimmte qualitativ hochwertige Siedlungs- und Wohnstrukturen entstehen. Bei Verdichtungen sind generell besonders Aspekte der **Standorteignung und -ausstattung** sowie der **Gestaltqualität** zu berücksichtigen.

Vertragsraumordnung und geförderter Wohnbau

Die Raumordnungsgesetze sollten den **Anwendungsbereich der Vertragsraumordnung** auf die Bereitstellung bzw. Überlassung von Flächen für den förderbaren Wohnbau **ausdehnen**.

Vertragsziele und mögliche **Vertragsinhalte** sind raumordnungsgesetzlich ebenso zu definieren wie der **räumliche und sachliche Anwendungsbereich**. Den Gemeinden soll damit ein klarer Rahmen für ihre privatrechtlichen Vereinbarungen im Raumordnungsumfeld vorgegeben werden, um damit auch die erforderliche Gleichbehandlung der Grundeigentümer zu wahren.

Da die Vertragsraumordnung zum Zweck der Unterstützung des förderbaren Wohnbaus ein vergleichsweise neues Anwendungsfeld ist, dem immer wieder rechtliche Bedenken entgegengebracht werden, erscheint eine **fundierte verfassungs-, zivil- und raumordnungsrechtliche Abklärung** der Möglichkeiten und Grenzen der Vertragsraumordnung sinnvoll. Auch wenn Raumordnungsangelegenheiten grundsätzlich in die Landeszuständigkeit fallen, wäre eine österreichweite Bewertung und Einschätzung zweckmäßig.[116]

Befristete Baulandwidmungen

Durch eine Ergänzung der raumordnungsgesetzlichen Bestimmungen, die den Gemeinden die **Möglichkeit für befristete Baulandwidmungen** bieten, kann das planungsrechtliche Spektrum an baulandmobilisierenden Maßnahmen erweitert werden. Entschädigungslose Planänderungen könnten kontraproduktiv wirken, wenn dadurch geeignete Flächen gleichsam als „Strafe" mit einer Nutzungsbeschränkung belegt werden. Allerdings kann die durch eine Umwidmung verbundene „Drohwirkung" in bestimmten Fällen (wenn der Grundeigentümer nicht mit einer neuerlichen Baulandwidmung bei späterer Bauabsicht rechnen kann) zu einer widmungskonformen Nutzung der Liegenschaften führen.

Bei planungsgesetzlichen Bestimmungen, die eine Befristung des Baulandes ermöglichen, sollte der Anwendungsbereich nicht nur bei einer Neuwidmung von Bauland gelten, sondern auch im Rahmen der **Überarbeitung von Flächenwidmungsplänen**. Somit kann auch gültiges Bauland nachträglich mit einer Realisierungsfrist belegt werden, was mobilisierend wirken kann.

Rechtswirkungen einer auslaufenden befristeten Baulandwidmung können erleichterte und entschädigungslose Umwidmungen oder die finanziellen Leistungen der Liegenschaftseigentümer sein. Verpflichtungen zur **automatischen Planänderung** wären ebenso bedenklich wie verpflichtende Rückwidmungen.

---

116 Vgl. **Anhang 6: Vertiefungsbedarf für den Bereich der Vertragsraumordnung.**

Insgesamt könnten die Möglichkeiten und Grenzen der Zwangsmaßnahmen im Bereich der Baulandmobilisierung einer **fundierten Beurteilung** unterzogen werden, welche in der Folge die Rechtssicherheit in der Anwendung verbessert.

Baulandumlegung

Um das Flächenangebot (auch) für den förderbaren Wohnbau zu verbessern, sind die **rechtlichen Rahmenbedingungen für Baulandumlegungen** in allen Bundesländern zu schaffen, die von Amts wegen eingeleitet werden können und bei denen nicht zwingend alle Grundeigentümer zustimmen müssen.

Die **vermehrte Durchführung von amtlichen Umlegungsverfahren** kann den Wissensstand und die Verfahrenskenntnisse verbessern und damit die „Scheu" vor diesen vergleichsweise komplexen Verfahren reduzieren.

Bodenbeschaffungsgesetz (BBG)

Unter der Voraussetzung, dass der politische **Wille für Zwangsrechte** zur Schaffung von förderbarem Wohnraum in den letzten Jahren gewachsen ist, wäre zu prüfen, inwieweit **verfassungsrechtliche Bedenken** zu einzelnen Bestimmungen im BBG beseitigt werden können und das BBG überarbeitet werden soll.

Die beträchtlichen Umsetzungsmöglichkeiten infolge der vorgesehenen Zwangsmaßnahmen im BBG, insb. die Enteignungsmöglichkeiten, sollten nicht reflexartig als undurchsetzbar abgetan werden, sondern hinsichtlich ihrer möglichen „**Drohwirkung**" Beachtung finden. Das weitgehende Ausblenden bodenordnerischer Eingriffe und Zwangsmaßnahmen entspricht zwar der traditionellen bodenordnerischen Stellung des Grundeigentums in Österreich, könnte aber vor dem Hintergrund des **zunehmend drängenden Wohnungsbedarfes** hinterfragt werden. Das BBG würde diesbezüglich einen Rahmen bilden, zumal davon auszugehen ist, dass die Überarbeitungserfordernisse überschaubar wären.

Da die meisten Überlegungen aus den 1970er-Jahren zum BBG ähnliche Fragestellungen und Anliegen thematisieren, wie in der gegenwärtigen bodenpolitischen Diskussion, würden sich eine **entsprechende Aufarbeitung** der damaligen Argumente und eine allfällige Adaptierung durchaus lohnen.

LITERATURVERZEICHNIS

Berka Walter: Flächenwidmungspläne auf dem Prüfstand. In: Juristische Blätter, 2/1996, S. 69–84.

Bernegger Sabine: Fragen der Widmung aus der Sicht des Planungs- und Baurechts, insbesondere Grünlandwidmungen und Vorbehaltsflächen, in: Rebhan (Hrg.), Kärntner Raumordnung und Grundverkehrsrecht, Manz-Verlag, 1996.

Binder Bruno: Zivilrechtliche Aspekte der Vertragsraumordnung unter besonderer Berücksichtigung der Salzburger Situation, ZfV 1995.

Feik Rudolf, Jahnel Dietmar, Klaushofer Reinhard, Randl Heike, Reitshammer Daniela, Winkler Roland, Zenz Daniela: Handelsbetriebe im Raumordnungsrecht, Springer-Verlag, Wien 2008.

Fister Paul: Der Raumordnung-/Baulandsicherungsvertrag, Manz-Verlag, Wien 2004.

Greiving Stefan: Strategische Überlegungen für eine zeitlich und inhaltlich flexiblere Flächennutzungsplanung; in, UPR, Heft 8/1998, S. 294 ff.

Hauer Andreas: Planungsrechtliche Grundbegriffe und verfassungsrechtliche Vorgaben. In: Hauer/Nußbaumer (Hrsg.): Österreichisches Raum- und Fachplanungsrecht, Pro Libris Verlag, Linz 2006, S. 1 ff.

Kanonier Arthur: Handlungsbereich Nutzung von Bauland, Zersiedelung, ÖROK-Schriftenreihe 179 (Räumliche Entwicklungen in Österreichischen Stadtregionen),Wien 2009, S. 115 ff.

Kanonier Arthur: Anlass- und projektbezogene Festlegungen im österreichischen Flächenwidmungsplan, Kanonier, Haslinger, Zehetner (Hrsg.): Festschrift für Franz Zehetner, Neuer wissenschaftlicher Verlag, Wien 2009.

Kanonier Arthur: Investorenplanung im österreichischen Raumordnungsrecht. In: FORUM Raumplanung, Heft 1/1999, S. 20 ff.

Kalss Susanne: Vereinbarungen über die Verwendung von Grundflächen, ZfV 6/1993.

Kleewein Wolfgang: Vertragsraumordnung, Neuer wissenschaftlicher Verlag, Wien 2003.

Kleewein Wolfgang: Naturgefahren im Bau- und Raumordnungsrecht, RdU 4/2013.

Kleewein Wolfgang: Konsequenzen aus dem Erkenntnis des VfGH zur Salzburger Vertragsraumordnung, Juristische Blätter 2000, S. 561 ff.

Korinek Karl: Bodenbeschaffung und Bundesverfassung, Schriftenreihe der Bundeswirtschaftskammer, Wien 1976.

Leitl Barbara: Überörtliche und örtliche Raumplanung, in: Hauer, Nußbaumer (Hrsg.): Österreichisches Raum- und Fachplanungsrecht, Pro Libris Verlag, Linz 2006, S. 95–133.

Pernthaler Peter, Fend Raimund: Kommunales Raumordnungsrecht in Österreich; Österreichischer Wirtschaftsverlag, Schriftenreihe für Kommunalpolitik und Kommunalwissenschaft, Heft 11, Wien 1989.

Pernthaler Peter, Prantl Barbara: Die Reformvorschläge zum Oberösterreichischen Raumordnungsrecht aus verfassungsrechtlicher Sicht, in Binder u.a. (Hrsg.), Die Reform des oberösterreichischen Raumordnungsrechts, 1993, S. 51.

LITERATURVERZEICHNIS

Pernthaler Peter, Prantl Barbara: Beurteilung des „Südtiroler Modells" der Bodenbeschaffung im Hinblick auf die Übertragbarkeit in die österreichische Rechtsordnung, ÖROK-Schriftenreihe123, Wien 1995.

Trippl Paul, Schwarzbeck Heinz, Freiberger Christian: Steiermärkisches Baurecht, Kommentar, Linde-Verlag, 5. Auflage, 2013.

Wessely Wolfgang: Örtliche Raumplanung als Instrument des Umweltschutzes. In: Raschauer, Wessely: Handbuch Umweltrecht, WUV Universitätsverlag, Wien 2006, S. 353 ff.

Wirtschaftsministerium (Hrsg.): Kompetenzgefüge in österreichischen Wohnungswesen, 2008, http://www.iibw.at/deutsch/portfolio/wohnen/downloads/Kompetenzgefuege%20Wohnen%200811201%20fuer%20web.pdf, 14. 9. 2013.

ANHÄNGE ZU TEIL 2

**POSITIONSPAPIER ZUM
UMGANG MIT FÖRDERBAREM WOHNBAU
IM ÖSTERREICHISCHEN PLANUNGSRECHT**

ANHANG 1: BEGRIFFE „FÖRDERBARER WOHNBAU" IN DEN RAUMORDNUNGSGESETZEN

	Bestimmung	Regelungsgegenstand	„Förderbar"	„Wohnbau"
Burgenland	--	--	--	--
Kärnten	§ 7 Ktn Abs. 2 GplG	Vorbehaltsfläche	förderbarer	Wohngebäude
Niederösterreich	--	--	--	--
Oberösterreich	§ 16 Abs. 1 Z 3 OÖ ROG	Vertragsraumordnung	förderbarer	Wohnbau
Salzburg	§ 42 Slbg ROG	Vorbehaltsfläche	förderbarer	Wohnbau
	§ 18 Slbg ROG	Vertragsraumordnung	förderbarer	Wohnbau
Steiermark	§ 37 Abs. 2 Stmk ROG	Vorbehaltsfläche	förderbarer	Wohnbau
	§ 35 Abs. 1 Stmk ROG	Vertragsraumordnung	förderbarer	Wohnbau
Tirol	§ 52a TROG	Vorbehaltsfläche	geförderter	Wohnbau
	§ 33 Abs. 2 TROG	Vertragsraumordnung	geförderter	Wohnbau
Vorarlberg	Vision Rheintal	Vereinbarungen mit Rheintalgemeinden	gemeinnütziger	Wohnbau
Wien	Entwurf WBO-Novelle Stand 2013	Widmungskategorie	förderbarer	Wohnbau

ANHANG 2: WOHNUNGSBEZOGENE ZIELE UND GRUNDSÄTZE IN RAUMORDNUNGSGESETZEN

	Bestimmung	**Bezeichnung**	**Wohnen**
Burgenland	§ 1 Abs. 2 Bgld RplG	Grundsätze und Ziele	Die Versorgung der Bevölkerung in ihren Grundbedürfnissen ist in ausreichendem Umfang und angemessener Qualität sicherzustellen, insb. bezieht sich diese Vorsorge auf Wohnungen. Die Grundlagen für die langfristige Entwicklung … des Wohnungswesens … sind zu sichern und zu verbessern.
Kärnten	§ 2 Abs. 1 und 2 Ktn ROG	Ziele	Die Siedlungsstruktur ist … derart zu entwickeln, dass eine bestmögliche Abstimmung der Standortplanung für Wohnen … erreicht wird.
		Grundsätze	Bei der Siedlungsentwicklung ist vorrangig die Deckung des ganzjährigen Wohnbedarfes der Bevölkerung … anzustreben.
Niederösterreich	§ 1 Abs. 2 Z 3 NÖ ROG	Besondere Leitziele für die örtliche Raumordnung	Sicherung und Entwicklung der Stadt- und Ortskerne … durch Erhaltung und Ausbau einer Vielfalt an Nutzungen (einschließlich eines ausgewogenen Anteils an Wohnnutzung).
Oberösterreich	§ 2 Abs. 1 Oö ROG	Ziele	Sicherung oder Verbesserung der räumlichen Voraussetzungen für sozial gerechte Lebensverhältnisse.
Salzburg	§ 2 Abs. 1 und 2 Slbg ROG	Ziele	Die Versorgung der Bevölkerung in ihren Grundbedürfnissen ist in ausreichendem Umfang und angemessener Qualität sicherzustellen. Insb. bezieht sich diese Vorsorge auf Wohnungen. Das Siedlungssystem soll derart entwickelt werden, dass … eine bestmögliche Abstimmung der Standorte für Wohnen … erreicht wird. Die Grundlagen für die langfristige Entwicklung … des Wohnungswesens … sind zu sichern und zu verbessern.
Steiermark	§ 3 Abs. 1 und 2 Stmk ROG	Ziele	Freihaltung von Gebieten mit der Eignung für eine Nutzung mit besonderen Standortansprüchen von anderen Nutzungen, die eine standortgerechte Verwendung behindern oder unmöglich machen, insb. für Wohnsiedlungen.
Tirol	§ 1 Abs. 2 TROG	Ziele der überörtlichen Raumordnung	Erhaltung und Weiterentwicklung der Siedlungsgebiete zur Deckung des Wohnbedarfes der Bevölkerung, wobei … angemessene Grundstückspreise anzustreben sind.
	§ 27 Abs. 2 TROG	Ziele der örtlichen Raumordnung	Die Ausweisung ausreichender Flächen zur Befriedigung des Wohnbedarfes der Bevölkerung. Vorsorge für die bestimmungsgemäße Verwendung des Baulandes und der bestehenden Bausubstanz insb. zur Deckung des Grundbedarfes an Wohnraum … zu angemessenen Preisen.
Vorarlberg	§ 2 Abs. 2 Vlbg RplG	Ziele	Nachhaltige Sicherung der räumlichen Existenzgrundlagen der Menschen, besonders für Wohnen und Arbeiten.
Wien	§ 1 Abs. 2 WBO	Ziele	Vorsorge für Flächen für den erforderlichen Wohnraum unter Beachtung der Bevölkerungsentwicklung und der Ansprüche der Bevölkerung an ein zeitgemäßes Wohnen.

ANHANG 3: SONDERWIDMUNGEN BZW. VORBEHALTSFLÄCHEN FÜR FÖRDERBARES WOHNEN

Bundesland	Gesetz	Vorbehaltsflächen für förderbaren Wohnbau	Rechtswirkung
Kärnten	§ 7 Ktn Abs. 2 GplG	Die Festlegung von Vorbehaltsflächen darf zur Sicherstellung der Verfügbarkeit geeigneter Grundflächen erfolgen, insb. für die Errichtung von **förderbaren Wohngebäuden.**	Verpflichtung zu Rechtsgeschäften mit dem Grundeigentümer Einlöseanspruch für den Grundeigentümer
Oberösterreich	§ 22 Abs. 1 Oö ROG	**Flächen für förderbare mehrgeschoßige** (mindestens drei Geschoße über dem Erdboden) **Wohnbauten** oder Gebäude in verdichteter Flachbauweise.	Sonderwidmung
Salzburg	§ 42 Slbg ROG	Zur Sicherung von Flächen für den **förderbaren Wohnbau** können unter folgenden Voraussetzungen Vorbehaltsflächen gekennzeichnet werden.	--
Steiermark	§ 37 Abs. 2 Stmk ROG	Gemeinden können zur Sicherstellung geeigneter Flächen für den **förderbaren Wohnbau** Vorbehaltsflächen ausweisen.	Einlöseanspruch für den Grundeigentümer
Tirol	§ 52a TROG	Als Vorbehaltsflächen für den **geförderten Wohnbau** dürfen nur Grundflächen gewidmet werden, die nach ihrer Größe, Lage und Beschaffenheit für Zwecke des geförderten Wohnbaus geeignet sind.	Grünlandwidmung nach Außerkrafttretung (wenn die Vorbehaltsfläche nicht zum Kauf angeboten wird)
Wien	§ 4 Abs. 2 C lit. a WBO-Entwurf 2013	**Gebiete für förderbaren Wohnbau**	Sonderwidmung

ANHANG 4: FÖRDERBARER WOHNBAU UND VERTRAGSRAUMORDNUNG

Bundesland	Gesetz	Unmittelbarer Bezug zu förderbarem Wohnen	Mittelbarer Bezug zu förderbarem Wohnen
Burgenland	§ 11a Abs. 2 Bgld RplG	--	Privatwirtschaftliche Maßnahmen insb. Vereinbarungen zwischen Gemeinde und Grundeigentümern über den Erwerb von Grundstücken zur Deckung des örtlichen Baubedarfs.
Kärnten	§ 22 Abs. 2 Ktn GplG	--	Privatwirtschaftliche Maßnahmen insb. über die Sicherstellung der Verfügbarkeit von Grundflächen zur Vorsorge für die Deckung des örtlichen Bedarfes an Baugrundstücken zu angemessenen Preisen.
Niederösterreich	§ 16a NÖ ROG	--	--
Oberösterreich	§ 16 Abs. 1 Z 3 OÖ ROG	Vereinbarungen zur Sicherung des **förderbaren Wohnbaus**, soweit für diesen Zweck in der Gemeinde ein Bedarf besteht und dafür Flächen vorbehalten werden sollen.	--
Salzburg	§ 18 Slbg ROG	In allfälligen Preisvereinbarungen ist auf die Interessen der Grundeigentümer und der Gemeinde und bei Flächen für den **förderbaren Wohnbau** auch auf die Wohnbauförderungsbestimmungen Bedacht zu nehmen.	--
Steiermark	§ 35 Abs. 1 Stmk ROG	Der Abschluss solcher Vereinbarungen hat die Zurverfügungstellung von geeigneten Grundstücken für den **förderbaren Wohnbau** … im erforderlichen Ausmaß sicherzustellen.	--
Tirol	§ 33 Abs. 2 TROG	Die Verpflichtung kann vorgesehen werden, Grundflächen der Gemeinde oder dem Tiroler Bodenfonds (§ 97) für bestimmte Zwecke, insb. für den **geförderten Wohnbau**, zu überlassen.	--
Vorarlberg	§ 38 a Abs. 2 Vlbg RplG	--	Vereinbarungen mit den Grundeigentümern über den Erwerb von Grundstücken durch die Gemeinde oder einen Dritten, um für die Deckung des örtlichen Bedarfs an Bauflächen … vorzusorgen.
Wien	--	--	--

ANHANG 5: BEFRISTUNG VON BAULAND IN DEN RAUMORDNUNGSGESETZEN

Bundesland	Gesetz	Anwendungsbereich	Fristen	Sanktionen	Sonstiges
Burgenland	§ 11a Abs. 2 Bgld RplG	Widmung von Bauland	fünf bis zehn Jahre	Entschädigungslose Änderung der Widmung unbebauter Grundstücke	Gemeinden können Befristungen festlegen.
Kärnten					
Niederösterreich	§ 16a NÖ ROG	Neuwidmung von Bauland	Befristung von 5 Jahren	Änderung der Widmung, wobei ein allfälliger Entschädigungsanspruch gemäß § 24 nicht entsteht.	Gemeinden dürfen Befristungen festlegen.
Oberösterreich					
Salzburg	§ 29 Abs. 3 Slbg ROG	unverbaute Bauland-Flächen mit Nutzungserklärung	Zehn Jahren ab Inkrafttreten des Flächenwidmungsplans	Rückwidmung in Grünland	
Steiermark	§ 36 Stmk ROG	unbebaute Grundflächen anlässlich einer Revision des Flächenwidmungsplanes	für eine Planungsperiode (10 Jahre)	Entschädigungslose Rückwidmung in Freiland oder mögliche Festlegung von Sondernutzungen oder Leistung einer Investitionsabgabe durch Grundeigentümer	Gemeinden haben Bebauungsfristen festzulegen Neuerliche Baulandausweisung möglich.
Tirol					
Vorarlberg					
Wien					

ANHANG 6: VERTIEFUNGSBEDARF FÜR DEN BEREICH DER VERTRAGSRAUMORDNUNG

Ausgehend von den verfassungs- und zivilrechtlichen Rahmenbedingungen in Österreich sind im Zusammenhang mit der Vertragsraumordnung insb. folgende Aspekte zu klären:

Vertragsraumordnung durch die Länder bzw. Gemeinden

Reichen die vorhandenen Bestimmungen aus, um den Länder bzw. Gemeinden eine umfangreiche verfassungskonforme Durchführung der Vertragsraumordnung zu ermöglichen (etwa entsprechend den Bestimmungen über die städtebaulichen Verträge im Deutschen BauGB)?

Öffentlich-rechtliche Verträge

Was wäre erforderlich, damit die Länder bzw. Gemeinden öffentlich-rechtliche Verträge abschließen können? Was wären die Vor- bzw. Nachteile öffentlich-rechtlicher Verträge insb. für die Planungsträger?

Verpflichtende (obligatorische) Vertragsraumordnung

Wann kann der Abschluss von Verträgen für Gemeinden verpflichtend vorgeschrieben werden?

Beurteilung einzelner Vertragsinhalte

Die Möglichkeiten und Grenzen der einzelnen Vertragsinhalte sind zu erörtern, wobei jeweils aufzuzeigen ist:
→ Grenzen und Möglichkeiten aufgrund der geltenden Rechtslage
→ Erforderlicher gesetzlicher Handlungsbedarf, um die einzelnen Verträge bzw. Vertragsinhalte rechtskonform umsetzen zu können.

Vorbereitungs- und Durchführungsverträge: Dem Grundeigentümer werden die Kosten bzw. Durchführung von planerischen/städtebaulichen Maßnahmen übertragen (z. B. Plan- oder Gutachtenkosten, Neuordnung der Grundstücksverhältnisse (Umlegung), Beseitigung von Altlasten, Abbruch von Altgebäuden, …).

Verwendungsverträge: Der Grundeigentümer muss die Liegenschaft innerhalb einer bestimmten Zeit widmungskonform nutzen bzw. verpflichtet sich der Grundeigentümer zu einer bestimmten baulichen Nutzung, etwa zum förderbaren Wohnbau oder zur Deckung des Wohnbedarfes für die einheimische Bevölkerung (durch den Vertrag wird die durch die Widmungsbestimmung vorgegebene Nutzungsmöglichkeit spezifiziert bzw. eingeschränkt).

Kostenübernahmeverträge: Der Grundeigentümer verpflichtet sich zur Übernahme von Kosten bzw. Folgekosten von städtebaulichen Maßnahmen, etwa für die technische und soziale Infrastruktur.

Überlassungsverträge: Der Grundeigentümer verpflichtet sich, seine Grundstücke bzw. Grundstücksteile an den Planungsträger bzw. an genannte Dritte abzutreten.

Gewinnausgleichsverträge: Der Grundeigentümer verpflichtet sich, einen bestimmten Anteil der Widmungsgewinne infolge von Planänderungen an die Gemeinden abzuführen.

ÖSTERREICHISCHE RAUMORDNUNGSKONFERENZ (ÖROK)
SCHRIFTENREIHE NR. 191

TEIL 3
GUTACHTEN ZU
RECHTSFRAGEN DER
VERTRAGSRAUMORDNUNG IN ÖSTERREICH

Bearbeitung:
O. UNIV.-PROF. DR. WALTER BERKA
UNIV.-PROF. DR. ANDREAS KLETEČKA
UNIVERSITÄT SALZBURG

Wien, Oktober 2014

INHALTSVERZEICHNIS
TEIL 3: GUTACHTEN ZU RECHTSFRAGEN DER VERTRAGSRAUMORDNUNG IN ÖSTERREICH

I	Einleitung	81
II	**Zum Stand der Vertragsraumordnung in Österreich**	83
1.	Das Konzept der Vertragsraumordnung	83
2.	Überblick über den Stand der Vertragsraumordnung in Österreich	84
3.	Bewertung der gegenwärtigen Situation der Vertragsraumordnung	85
III	**Die Tragweite des Erkenntnisses des VfGH zur Salzburger Vertragsraumordnung**	89
1.	Die Begründung des Erkenntnisses VfSlg 15.625/1999	89
2.	Weitere Judikatur des VfGH zu Maßnahmen der Vertragsraumordnung	90
3.	Sonstige einschlägige Judikatur	90
4.	Zur Maßgeblichkeit, Tragfähigkeit und Reichweite der Bedenken des VfGH	91
IV	**Der öffentlich-rechtliche Vertrag als Instrument der Vertragsraumordnung**	95
V	**Die verfassungsrechtlichen Rahmenbedingungen für Modelle der Vertragsraumordnung**	97
1.	Vorbemerkung	97
2.	Zur gesetzlichen Determinierung von Raumordnungsverträgen	97
3.	Zur Kompetenz zur Regelung von Raumordnungsverträgen	98
4.	Grundrechtliche Schranken der Vertragsraumordnung	100
5.	Zur Gewährleistung von Rechtsschutz bei der Vertragsraumordnung	103
VI	**Raumordnungsverträge *de lege lata* und *de lege ferenda***	107
1.	Vorbemerkung	107
2.	Die Alternative: privatrechtliche oder öffentlich-rechtliche Raumordnungsverträge	107
3.	Verwendungs- und Überlassungsverträge	108
4.	Vorbereitungs-, Durchführungs- und Kostenübernahmeverträge	117
5.	Gewinnausgleichsverträge	119
VII	**„Veränderung" der Kompetenz für das Volkswohnungswesen?**	121
VIII	**Schlussfolgerungen**	123
ANHANG		125

I EINLEITUNG

Im Jahre 2011 wurde von der Österreichischen Raumordnungskonferenz (ÖROK) das Österreichische Raumentwicklungskonzept „ÖREK 2011" verabschiedet. Zur Umsetzung dieses Leitbildes wurden ÖREK-Partnerschaften eingerichtet, darunter die ÖREK-Partnerschaft „Leistbares Wohnen", in deren Rahmen die beteiligten Institutionen Maßnahmen prüfen und erarbeiten, mit denen die Wirksamkeit raumordnungs- und planungsrechtlicher Instrumente zur Senkung der Wohnkosten vor dem Hintergrund des aktuellen örtlichen Wohnbedarfs verbessert werden kann. In diesem Zusammenhang wurde ein Positionspapier, „Umgang mit förderbarem Wohnbau im österreichischen Planungsrecht",[1] erstellt. In dieser Analyse werden unter anderem die bestehenden Regelungen zur Vertragsraumordnung, wie sie sich in den österreichischen Raumordnungsgesetzen (ROG) finden, überblicksweise zusammengestellt, es werden einzelne Probleme im Zusammenhang mit diesem Instrument behandelt, und es wird auf eine Reihe offener verfassungsrechtlicher, planungsrechtlicher und zivilrechtlicher Rechtsprobleme hingewiesen, welche die Wirksamkeit der Vertragsraumordnung beeinträchtigen. Daher regt das zitierte Positionspapier eine verfassungs-, zivil- und raumordnungsrechtliche Abklärung der Möglichkeiten und Grenzen einer „förderspezifischen Vertragsraumordnung" an.

Vor diesem Hintergrund wurden die Verfasser beauftragt, ein Gutachten zu verfassungs- und zivilrechtlichen Aspekten der Vertragsraumordnung zu erstellen. Eine aus dem Positionspapier entnommene Auflistung relevanter Fragestellungen konkretisiert diesen Auftrag.[2]

Dabei geht es im Prinzip um die folgenden Fragestellungen:
→ Beurteilung des gegenwärtigen Rechtsbestands der Vertragsraumordnung und ihrer Probleme in öffentlich-rechtlicher und zivilrechtlicher Hinsicht;
→ Möglichkeiten und Grenzen eines Ausbaus der Vertragsraumordnung unter Berücksichtigung der möglichen Einführung öffentlich-rechtlicher Verträge;
→ Beurteilung typischer Raumordnungsverträge in öffentlich-rechtlicher und zivilrechtlicher Hinsicht (Vorbereitungs- und Durchführungsverträge, Verwendungsverträge, Kostenübernahmeverträge, Überlassungsverträge, Gewinnausgleichsverträge).
→ Außerdem wurde noch ersucht, über die Vertragsraumordnung hinausgehend auch die Frage zu erörtern, welchen Beitrag zur Problemlösung die „Verländerung" der Kompetenz des Volkswohnungswesens bringen könnte.

---

1 *Kanonier*, Umgang mit förderbarem Wohnbau im österreichischen Planungsrecht. Positionspapier im Auftrag der Österreichischen Raumordnungskonferenz, Wien, Oktober 2013.
2 Vgl Anhang zu diesem Gutachten.

II ZUM STAND DER VERTRAGSRAUMORDNUNG IN ÖSTERREICH

1. Das Konzept der Vertragsraumordnung

Das Konzept einer *Vertragsraumordnung* beruht auf dem Umstand, dass der moderne Verwaltungsstaat zur Erreichung seiner vielfältigen Zwecke auf eine Mehrzahl von Handlungsinstrumenten angewiesen ist, die das einseitig hoheitliche Handeln vorbereiten, begleiten und ergänzen. Erscheinungsformen des informellen, privatwirtschaftlichen und *kooperativen Verwaltungshandelns* gibt es in zahlreichen Rechtsgebieten.[3] Sie sind auch für das Raumordnungsrecht prägend geworden und das nicht ohne Grund. Raumordnung zielt auf eine Entwicklung der räumlichen Ordnung nach Maßgabe bestimmter Ordnungsziele, die in den gesetzlichen Raumordnungszielen und in den sie konkretisierenden überörtlichen und örtlichen Raumordnungsplänen einen Niederschlag finden. Zur Erreichung dieser Ziele sollen die Planungsträger ihr gesamtes Handlungspotenzial einsetzen, weshalb etwa auch die kommunale und staatliche Privatwirtschaftsverwaltung regelmäßig auf die festgelegten Ziele verpflichtet und gesetzlich zu ihrer Förderung mit *privatwirtschaftlichen Maßnahmen* angehalten wird.

Die Realisierung der Raumordnungsziele hängt freilich zu einem erheblichen, letztlich maßgeblichen Teil davon ab, dass auch die Bürgerinnen und Bürger sich in ihrem *privaten und wirtschaftlichen Handeln* an den Festlegungen der Raumordnung orientieren und damit zur Zielerreichung beitragen. Dies gilt in besonderer Weise für einen zentralen Bereich des Raumordnungsrechts, das ist die örtliche Raumplanung. Ihre Aufgabe ist die Realisierung einer räumlichen Ordnung, die den menschlichen Grundbedürfnissen bestmöglich Rechnung trägt, in erster Linie durch die Steuerung der baulichen Entwicklung im Gemeindegebiet im Rahmen der überörtlichen Vorgaben. Das wichtigste Instrument der örtlichen Raumplanung sind die örtlichen Raumordnungspläne und hier wiederum der Flächenwidmungs- und Bebauungsplan. Diese *hoheitlichen Planungen* in Verordnungsform legen die Bedingungen für die bauliche Entwicklung fest, indem sie Widmungen für die Grundflächen des Gemeindegebietes und die für sie maßgeblichen zulässigen bzw unzulässigen Nutzungen ausweisen. Charakteristisch und prägend für den gegenwärtigen Stand des Raumordnungsrechts ist dabei der Umstand, dass ungeachtet des umfassenden Anspruchs des Raumordnungsrechts, das im Sinne einer Entwicklungsplanung auf eine gesamthafte Steuerung der räumlichen Entwicklung zielt, die normativ verbindlichen Festlegungen der örtlichen Raumplanung den Charakter einer *„Negativplanung"* aufweisen.[4] Dem Adressaten dieser Planungen werden bestimmte Nutzungsmöglichkeiten eröffnet und andere untersagt; die Realisierung der festgelegten Widmungen bleibt weitgehend der Entscheidung des privaten Eigentümers überlassen, weil es grundsätzlich keine Verpflichtung zur widmungskonformen Nutzung gibt. Nur punktuell und für eng begrenzte Konstellationen sehen die ROG Maßnahmen einer hoheitlichen „Positivplanung" vor, etwa im Zusammenhang mit vereinzelt vorgesehenen hoheitlichen Baugeboten oder der Ausweisung von Vorbehaltsflächen.[5]

Die sachlichen Nachteile einer solchen Angebotsplanung sind bekannt und in ihren Auswirkungen vielfach beschrieben. Der Hinweis auf das Problem der unbefriedigenden *Baulandmobilität* und damit der Verknappung der unter anderem für den Wohnbau verfügbaren Flächen soll an dieser Stelle ausreichen.[6] Diese Problematik spitzt sich zu, wenn die Steigerung der Wohnkosten – und damit eine angemessene Befriedigung des Grundbedürfnisses „Wohnen" – als eine soziale Herausforderung aufgegriffen werden soll, auf die auch mit den Mitteln der Raumordnung zu reagieren wäre.

---

3 Vgl zu diesem Trend zB *Öhlinger*, Phantasie und Recht oder Vertragsraumordnung und Bundesverfassung, in Barfuß-FS (2002) 197 (197 f); zur zurückhaltenden Ausgestaltung des „kooperativen Verwaltungshandelns" in der Praxis des österreichischen Verwaltungsrechts vgl aber auch *Eberhard*, Der verwaltungsrechtliche Vertrag (2005) 9.
4 Vgl zu dieser allgemeinen Charakteristik zB *Lienbacher*, Raumordnungsrecht, in *Bachmann* ua (Hrsg), Besonderes Verwaltungsrecht⁹ (2012) 451 (465).
5 Vgl dazu die Darstellungen etwa bei *Kanonier* (Fn 1) 19 f; *Kleewein*, Vertragsraumordnung (2003) 37 ff.
6 Diese Sachzusammenhänge sind vielfach beschrieben; vgl zB *B. Davy*, Baulandsicherung: Ursache oder Lösung eines raumordnungspolitischen Paradoxons, ZfV 1996, 193 (197 ff).

Eine auf möglichste Effektivität ausgerichtete Raumordnung muss daher versuchen, die privaten Grundstückseigentümer in die *Realisierung der Raumordnungsziele einzubinden*, wenn nicht andere – hoheitliche – Mittel der Bodenbewirtschaftung eingesetzt werden sollen, deren soziale Akzeptanz durchwegs gering ist. Der Vertrag scheint dafür ein geeignetes Rechtsinstrument zu sein, weil er auf eine Abstimmung und den Ausgleich der Interessen des öffentlichen Planungsträgers und der Interessen der Grundeigentümer angelegt ist. Er zielt in diesem Sinne auf einen Abgleich zwischen den in hoheitlichen Widmungsentscheidungen zum Ausdruck kommenden öffentlichen Interessen an einer geordneten Entwicklung des Raumes und den privatnützigen Interessen der Eigentümer an einer bestmöglichen Nutzung ihres Grundeigentums, die in den Dienst der Verwirklichung der planerischen Zielsetzungen genommen werden. Damit ist aber zugleich die *prinzipielle rechtliche Problematik* in den Blick genommen, die mit allen Erscheinungsformen der Vertragsraumordnung verbunden ist, nämlich die Verknüpfung hoheitlicher Entscheidungen mit dem Instrument des Vertrages oder – anders gewendet – des Zusammenwirkens von öffentlichen und privaten Akteuren.

2. Überblick über den Stand der Vertragsraumordnung in Österreich

Über die Einführung von *Instrumenten der Vertragsraumordnung* wurde in Österreich schon längere Zeit diskutiert, wobei der Orientierung an ausländischen Beispielen (vor allem Südtirol, Bayern ua) eine gewisse Bedeutung zukam.[7] Eine Vorreiterrolle bei der Umsetzung dieser Konzepte kam dem Bundesland Salzburg zu, das im Jahr 1992 das Instrument in seinem ROG verankerte, wobei dieses vor allem wegen der Verpflichtung zum Abschluss von Raumordnungsverträgen („obligatorische Vertragsraumordnung") auf eine effektive Umsetzung angelegt war.[8] Nach Ansicht von Beobachtern hatte sich das Instrument bewährt, wobei es allerdings nicht ganz einfach zu beurteilen ist, wieweit der Rückgang der Baulandpreise etwa in der Stadt Salzburg auf die Verpflichtung zum Abschluss von Raumordnungsverträgen oder auf autonome Marktentwicklungen zurückzuführen war.[9]

Weitere Bundesländer hatten in der Folge ebenfalls *Regelungen zu einer Vertragsraumordnung* in ihre ROG aufgenommen, aber – anders als in Salzburg – von einer Verpflichtung der Gemeinden zum Abschluss derartiger Verträge im Zusammenhang mit hoheitlichen Widmungsentscheidungen Abstand genommen (Oberösterreich, Tirol, Niederösterreich, Kärnten). Als daher der VfGH mit seinem Erkenntnis VfSlg 15.625/1999 die Salzburger Regelung hauptsächlich wegen der für unzulässig angesehenen Verknüpfung eines zwingenden Vertragsabschlusses mit der hoheitlichen Widmungsentscheidung als verfassungswidrig aufhob, blieben diese Regelungen unberührt. In Salzburg wurden Ersatzregelungen geschaffen, die neben einer weiterhin vorgesehenen Ermächtigung zum Einsatz privatrechtlicher Maßnahmen zur Förderung der Raumordnungsziele eine öffentlich-rechtliche „Nutzungserklärung" von Grundstückseigentümern vorsehen.[10]

Gegenwärtig sehen alle ROG (mit Ausnahme von Wien)[11] neben allgemeinen Ermächtigungen zum privatwirtschaftlichen Handeln im Bereich der Raumordnung mehr oder weniger spezifische *Instrumente der Vertragsraumordnung* vor. Das sind im Burgenland, in Kärnten, Niederösterreich, Tirol und Vorarlberg Vereinbarungen zwischen Grundstückseigentümern und der Gemeinde unter anderem über den Erwerb oder die Bereitstellung von Grundflächen zur Deckung des örtlichen Baubedarfs; in den Bundesländern Oberösterreich, Salzburg, Steiermark und Tirol wird die Bereitstellung von Bauland mit besonderer Berücksichtigung von Flächen für den förderbaren Wohnbau spezifisch angesprochen.[12]

Gemeinsam ist diesen Regelungen, dass sie die Gemeinde nur zum Abschluss von Vereinbarungen *ermächtigen*, aber keine Verpflichtung zum Vertragsabschluss im Zusammenhang mit hoheitlichen Widmungsentscheidungen begründen. Zum Teil wird der Inhalt der zu treffenden Vereinbarungen geregelt, wobei in erster Linie die widmungsmäßige Verwendung von Bauland bzw die Verpflichtung angesprochen wird, die Flächen für Bauzwecke zur Verfügung zu stellen. Auch andere Vertragsinhalte (zB Beteiligung an Planungs- und Infrastrukturkosten) werden zum

---

7 Vgl etwa die rechtsvergleichende Untersuchung bei *Lutz*, Vertragsraumordnung am Beispiel Tirol, Bayern und Südtirol (2000).
8 Vgl dazu § 14 des Salzburger Raumordnungsgesetzes 1992 LGBl 98, wiederverlautbart als ROG 1998, LGBl 1998/44. Zur Einführung des Salzburger Modells der Vertragsraumordnung vgl zB *Scherm*, Die Vertragsraumordnung nach § 14 Abs 2 Salzburger Raumordnungsgesetz (1996) 63 ff.
9 In den Jahren 1994 bis 1997 sanken in der Stadt Salzburg die Baulandpreise um rund 26 %, wobei von der Stadtgemeinde rund 50 sogenannte „Mobilisierungsverträge" abgeschlossen worden waren; vgl dazu die Hinweise bei *Schweichhart*, Vertragsraumordnung in der Stadt Salzburg, ÖGZ 1998, H 5, 13 (18), sowie ders, Aufhebung der Salzburger Vertragsraumordnung durch den Verfassungsgerichtshof, ÖGZ 2000, H 3, 24.
10 § 29 Sa ROG; vgl dazu *Kleewein* (Fn 5) 42 f sowie ders, Baulandmobilisierung nach der neuen Salzburger Rechtslage, bbl 2000, 179. Zur zivilrechtlichen Einordnung vgl noch unten bei Fn 151.
11 Eine Novelle zur Wiener BO, welche städtebauliche Verträge im Gesetz verankern möchte, wurde im Jänner 2014 in Begutachtung gegeben und soll noch im Laufe dieses Jahres beschlossen werden.
12 Vgl dazu die Darstellung bei *Kanonier* (Fn 1) 27 ff sowie Anhang 4; ferner die Analysen zu diesen Regelungen bei *Kleewein* (Fn 5) 48 ff.

Teil angesprochen, wobei die meisten Regelungen die möglichen Vertragsinhalte nur exemplarisch benennen. Häufig wird die gebotene Gleichbehandlung von Grundstückseigentümern besonders hervorgehoben oder auf andere Vertragsinhalte hingewiesen. Im Hinblick auf die Preisgestaltung wird zB in Tirol auf den Verkehrswert Bezug genommen,[13] während etwa in Oberösterreich bereits die Hälfte des ortsüblichen Preises als „angemessen" bezeichnet wird, wenn dem Eigentümer mindestens die Hälfte seiner Fläche zur freien Verfügung verbleibt.[14] Wie die abschließenden Verträge mit den hoheitlichen Widmungen zusammenhängen, lassen die Gesetze *weitgehend offen*.[15] Üblicherweise geht man davon aus, dass die vom Eigentümer angestrebte Baulandwidmung daher nur eine Geschäftsgrundlage des Vertrages oder eine diesem beigefügte aufschiebende Bedingung ist.[16,17] In dieser Form ist der Abschluss von privatrechtlichen Verträgen im Rahmen von Raumordnungsmaßnahmen gängige Praxis.

Eine *Besonderheit* findet sich im Kärntner Gemeindeplanungsgesetz, weil hier bei den ausgewiesenen Aufschließungszonen die Aufhebung dieser Ausweisung, dh die Zufügung zum bebaubaren Bauland, davon abhängig gemacht werden kann, dass der Eigentümer eine Erklärung abgibt, innerhalb von fünf Jahren nach der Freigabe für eine widmungsgemäße Bebauung der Grundflächen nach der Freigabe zu sorgen; in diesem Fall kann die Freigabe ohne Rücksicht auf vorhandene und verfügbare Baulandreserven in der Gemeinde erfolgen.[18]

Die in der *Praxis verwendeten Raumordnungsverträge* sind vielgestaltig, sie lassen sich aber in gewisse Grundtypen zusammenfassen. Im Einzelnen stößt man auf die folgenden Vertragsarten:[19]

→ Verwendungsverträge: Der Grundeigentümer muss die Liegenschaft innerhalb einer bestimmten Zeit widmungskonform nutzen bzw verpflichtet sich der Grundeigentümer zu einer bestimmten baulichen Nutzung, etwa zum förderbaren Wohnbau oder zur Deckung des Wohnbedarfs für die einheimische Bevölkerung (durch den Vertrag wird die durch die Widmungsbestimmung vorgegebene Nutzungsmöglichkeit spezifiziert bzw eingeschränkt).

→ Überlassungsverträge: Der Grundeigentümer verpflichtet sich, seine Grundstücke bzw Grundstücksteile an den Planungsträger bzw an genannte Dritte abzutreten.

→ Vorbereitungs- und Durchführungsverträge: Dem Grundeigentümer werden die Kosten bzw die Durchführung von planerischen/städtebaulichen Maßnahmen übertragen (zB Plan- oder Gutachtenkosten, Neuordnung der Grundstücksverhältnisse (Umlegung), Beseitigung von Altlasten, Abbruch von Altgebäuden, …).

→ Kostenübernahmeverträge: Der Grundeigentümer verpflichtet sich zur Übernahme von Kosten bzw Folgekosten von städtebaulichen Maßnahmen, etwa für die technische und soziale Infrastruktur.

→ Gewinnausgleichsverträge: Der Grundeigentümer verpflichtet sich, einen bestimmten Anteil der Widmungsgewinne infolge von Planänderungen an die Gemeinden abzuführen.

3. Bewertung der gegenwärtigen Situation der Vertragsraumordnung

Empirische Untersuchungen über die geübte Praxis der Vertragsraumordnung in den österreichischen Bundesländern sind nicht bekannt. Nach fachkundigen Berichten kommt ihnen aber eine *nicht unerhebliche Bedeutung* zu.[20] Obwohl die damit verbundenen Rechtsfragen in zahlreichen rechtswissenschaftlichen Untersuchungen behandelt werden, bestehen in der Praxis erhebliche Unsicherheiten beim Einsatz dieses Instruments; die Judikatur hat sich erst in wenigen Einzelentscheidungen mit einschlägigen Fragen auseinanderzusetzen gehabt, sieht man von dem als grundlegend anzusehenden Erkenntnis des VfGH zur Salzburger Vertragsraumordnung ab. Eine *Bewertung* dieser Situation hat sich einerseits auf Gesichtspunkte der Effektivität und andererseits auf die der rechtlichen Tragfähigkeit zu beziehen.

Unter *Effektivitätsgesichtspunkten* ist zu fragen, ob die gegenwärtig geübte Handhabung der Vertrags-

---

13 § 33 Abs 2 Ti ROG.
14 § 16 Abs 1 Z 3 Oö ROG.
15 Nach § 16a Abs 2 Nö ROG ist der Abschluss von Verträgen „aus Anlass der Widmung von Bauland" möglich.
16 Vgl zB *Böhm*, Zivilrechtliche Anmerkungen zur Vertragsraumordnung, WoBl 1996, 17 (24), der in einer solchen Vertragsgestaltung die Lösung dafür sieht, eine verfassungsrechtlich unzulässige Bindung der Hoheitsverwaltung zu vermeiden; ähnlich *Binder*, Zivilrechtliche Aspekte der Vertragsraumordnung unter besonderer Berücksichtigung der Salzburger Situation, ZfV 1995, 609 (612); zuletzt in diesem Sinne etwa *Eisenberger/Steineder*, Privatrechtliche Vereinbarungen mit der Gemeinde zur Beseitigung von Umwidmungshindernissen, bbl 2011, 157 (159). Anders dagegen *Pernthaler/Prantl*, Raumordnungsverträge aus verfassungsrechtlicher Sicht, in *Schadt*, Möglichkeiten und Grenzen integrierter Bodenpolitik in Österreich, ÖROK-Schriftenreihe Nr 123 (1995) 213 (232), welche die vertragliche Bekundung der Umwidmungsabsicht unter Hinweis auf § 880a ABGB „bestenfalls als Verwendungszusagen" qualifizieren.
17 So ausdrücklich § 22 Abs 5 Kä GPlG.
18 § 4 Abs 3 Kä GPlG.
19 Die folgende Typisierung übernimmt die Auflistung von Vertragsformen bei *Kanonier* (Fn 1.) Anhang 6, die auch für die in diesem Gutachten zu behandelnden Fragen für maßgeblich erklärt wurde.
20 *Kanonier* (Fn 1) 27 spricht von einem „beträchtlichen Anwendungspotenzial" der Vertragsraumordnung.

raumordnung einen wirksamen Beitrag zur Umsetzung der Raumordnungsziele leisten kann, im vorliegenden Zusammenhang vor allem im Hinblick auf die Bereitstellung von Bauland für den förderbaren Wohnbau. Unter diesem Gesichtspunkt lässt sich die gegenwärtige Situation der Vertragsraumordnung wie folgt charakterisieren: Die ROG ermächtigen die Gemeinden zum Abschluss derartiger Verträge, lassen aber jede Verpflichtung offen oder sprechen sie nur vage an, etwa in der Form, dass die Gemeinden ganz allgemein zum Einsatz privatwirtschaftlicher Maßnahmen zur Umsetzung ihrer Planungen angehalten werden. Eine förmliche gesetzliche Verknüpfung mit hoheitlichen Planungsakten, insbesondere mit der Ausweisung bzw Freigabe von Bauland oder seiner Rückwidmung, sehen die Gesetze nicht vor.

Es liegt daher weitgehend in der *Hand der Gemeinden*, ob sie das Instrumentarium der Vertragsraumordnung einsetzen. Das kann seine Wirksamkeit schwächen, auch im Hinblick auf die fehlenden Möglichkeiten der kommunalen Aufsichtsbehörden, säumige Gemeinden zu einem konsequenten Einsatz dieses Instruments anzuhalten. Insoweit ist davon auszugehen, dass sich die Effektivität der Vertragsraumordnung steigern ließe, wenn es eine Verpflichtung der Gemeinde gäbe, in bestimmten Planungssituationen Raumordnungsverträge abzuschließen. Dies könnte wegen der Garantie des eigenen Wirkungsbereiches (Art 116 Abs 2 B-VG) nicht anders als in der Form einer gesetzlichen Regelung geschehen, die eine solche Verpflichtung normiert und die zugleich klarstellt, unter welchen Voraussetzungen auf den Abschluss eines solchen Vertrages hinzuwirken wäre. Die herrschende Auffassung, wonach jede Form einer „*obligatorischen Vertragsraumordnung*" gegen die in VfSlg 15.625/1999 entwickelte Rechtsansicht verstößt und daher verfassungswidrig wäre, scheint dem entgegenzustehen. Die Tragweite dieses Erkenntnisses und die daraus zu ziehenden Folgerungen bedürfen daher weiterer Diskussion. Eine angestrebte Steigerung der Effektivität müsste jedenfalls bei diesem Punkt ansetzen.

Wenn die gegenwärtige Praxis gestützt auf die erwähnten gesetzlichen Ermächtigungen Raumordnungsverträge abschließt, geht es *der Sache nach* natürlich auch um eine „Verknüpfung" zwischen hoheitlichen Planungsakten und bestimmten Leistungen der Grundeigentümer. Denn diese Verträge werden regelmäßig im Hinblick auf die Freigabe aufzuschließender Grundstücke oder die Vermeidung von Rückwidmungen und über die Art und Weise ihrer Verwendung abgeschlossen. Die Gesetze *verschweigen sich zu diesem Zusammenhang*, wohl um jeden Anschein einer „obligatorischen Vertragsraumordnung" zu vermeiden. Indem die Widmungsentscheidung als Geschäftsgrundlage oder dem Vertrag beigefügte Bedingung aufgefasst wird, kann trotzdem das angestrebte Ergebnis erreicht werden. Im *praktischen Effekt* kann auf diese Weise (abgesehen von der fehlenden Verpflichtung der Gemeinde) zumindest ein ähnliches Resultat erzielt werden, wie nach den vom VfGH als verfassungswidrig aufgehobenen Regelungen zur Salzburger Vertragsraumordnung, mit dem einen Unterschied, dass das Gesetz selbst diese – praktisch angestrebte – Verknüpfung nicht anspricht. Die Praxis scheint sich mit dieser Vorgangsweise arrangiert zu haben.

Trotzdem kann es Zweifel an ihrer *rechtlichen Tragfähigkeit* geben. So wurde beispielsweise in einer Untersuchung zur Tiroler Vertragsraumordnung die Auffassung vertreten, dass diese, wenngleich sie anders als beim Salzburger Modell keine zwingende Verknüpfung von Vertrag und Verordnung vorsieht, ebenfalls aus den für die Entscheidung VfSlg 15.625/1999 maßgeblichen Gründen verfassungswidrig wäre, insbesondere wegen der faktischen Überlegenheit der Gemeinde und den Grundrechtseingriffen, die zwangsläufig Folge „oktroyierter" Raumordnungsverträge wären.[21] So gesehen sind die angesprochenen Regelungen zur Vertragsraumordnung nicht frei von verfassungsrechtlichen Bedenken, auch wenn diese – gerade weil sich der Gesetzgeber zu zentralen Fragen verschweigt – nicht ohne Weiteres vom VfGH aufgegriffen werden könnten.[22] Es ist schwer zu sagen, inwieweit derartige Zweifel an der rechtlichen Tragfähigkeit sich in der Praxis als Hemmnisse erweisen. Abgesehen von den damit angedeuteten und zumindest nicht gänzlich auszuschließenden verfassungsrechtlichen Problemen ist in diesem Zusammenhang noch auf eine weitere Unsicherheit hinzuweisen: Verstoßen die in der Praxis abgeschlossenen privatrechtlichen Raumordnungsverträge aus den soeben angedeuteten Gründen tatsächlich gegen die Verfassung, könnten sie auch zivilrechtlich unwirksam sein. Nach § 879 Abs 1 ABGB sind Verträge, die gegen ein gesetzliches Verbot verstoßen, nichtig. Dass nicht nur einfachgesetzliche Rechtsvorschriften und Verordnungen,[23] sondern auch verfassungsrechtliche Normen gesetzliche Ver-

---

21 Vgl *Mast*, Der verwaltungsrechtliche Vertrag als Alternative zur Tiroler Vertragsraumordnung? (2003) 99 f. Ähnliche Bedenken äußert im Hinblick auf die „faktische Verknüpfung" von Widmung und einem Vertrag über die Übernahme von Planungskosten *Kleewein*, Überwälzung von Raumplanungskosten auf Private? bbl 2006, 139 (141) zu einer Regelung des Bgld RPlG.
22 Der im Übrigen diese Praxis zu tolerieren scheint; vgl dazu noch unten III.2. die Hinweise auf weitere Entscheidungen des VfGH zur Vertragsraumordnung.
23 OGH 9 ObA 80/00f; *Graf* in Kletečka/Schauer, ABGB-ON 1.01 § 879 Rz 12.

bote im Sinne des § 879 ABGB enthalten können, folgt schon aus einem Größenschluss. Für das im Stufenbau der Rechtsordnung der Verfassung übergeordnete Unionsrecht ist dies ebenfalls anerkannt.[24] Zum Teil begründet der OGH die Nichtigkeitsfolge des § 879 Abs 1 ABGB ohnedies unmittelbar mit einem Verstoß des Vertrages gegen die Verfassung.[25] So wurde zB im Fall einer vertraglich vereinbarten Kostentragung für das Mozarteum die Nichtigkeit mit einer Verletzung des in § 2 F-VG festgelegten Konnexitätsprinzips begründet.[26] In zwei Entscheidungen, die sich mit dem Missbrauch privatrechtlicher Mittel zur Umgehung öffentlich-rechtlicher Bindungen beschäftigen – also aufs Engste mit der gegenständlichen Fragestellung verbunden sind –, stützt der OGH die Nichtigkeit nach § 879 ABGB auf einen „essenzielle(n) Verstoß gegen die Grundsätze des Rechtsstaates" und die Verletzung des Legalitätsprinzips,[27] also ebenfalls unmittelbar auf die Verfassung.

Dass ein gesetzliches Verbot im Sinne des § 879 ABGB im Verfassungsrang stehen kann, ist unbestreitbar richtig, dennoch ist aber damit noch nicht gesagt, dass jeder Vertrag nichtig ist, der mit einer verfassungsrechtlichen Norm im Widerspruch steht. Wie ganz generell beim Verstoß gegen ein gesetzliches Verbot ist – in Ermangelung einer ausdrücklichen Nichtigkeitsanordnung – nämlich auch bei verfassungsrechtlichen Verboten darauf abzustellen, ob der Normzweck die Nichtigkeit verlangt.[28] Bei Bestimmung des Normzwecks wird unter anderem darauf abgestellt, ob die Verbotsnorm an beide oder nur an einen Vertragspartner adressiert ist bzw ob sich das Verbot auf den Inhalt des Geschäfts oder nur auf die Umstände des Abschlusses (zB Ort, Zeit) bezieht.[29]

Wie gesagt, werden die landesgesetzlichen Regelungen wegen der durch sie bewirkten Grundrechtseingriffe von manchen als verfassungswidrig angesehen. Dass Grundrechtsverletzungen zur Nichtigkeit von Rechtsgeschäften führen können, wird vom OGH zB bei Vereinsstatuten[30] und Kollektivverträgen,[31] also sogar außerhalb der Fiskalgeltung, aufgrund der mittelbaren Drittwirkung im Wege der Konkretisierung der Generalklausel des § 879 Abs 1 ABGB bejaht. Umso mehr kann bei der Vertragsraumordnung, also im Bereich der Fiskalgeltung der Grundrechte, ein Verstoß gegen Grundrechte (zB ein unzulässiger Eigentumseingriff) die Nichtigkeit des Vertrages zur Folge haben. Auch hier wird man allerdings den Normzweck zu beachten haben. Verletzt die landesgesetzliche Regelung den Gleichheitssatz, weil sie den Abschluss von Raumordnungsverträgen von sachlich nicht gerechtfertigten Kriterien abhängig macht, stellt sich die Frage, ob hier der Normzweck die Nichtigkeit der von der Gemeinde abgeschlossenen Verträge rechtfertigen kann. Sind diese Verträge inhaltlich unbedenklich und gründet die Verfassungswidrigkeit der Regelung nur darauf, dass anderen Interessenten aus sachlich nicht gerechtfertigten Gründen der Abschluss von solchen Verträgen verwehrt wird, könnte der Normzweck die Nichtigkeit der Verträge wohl nicht rechtfertigen.

In diesem Zusammenhang stellt sich auch die Frage, wie sich die Aufhebung einer einfachgesetzlichen Bestimmung durch den VfGH auf Rechtsgeschäfte auswirkt, die auf Grundlage der aufgehobenen Norm geschlossen wurden. Wird das verfassungswidrige Gesetz – wie regelmäßig – nicht rückwirkend aufgehoben, so ist es auf vor Aufhebung (genauer: Kundmachung der Aufhebungsentscheidung) verwirklichter Tatbestände weiterhin anzuwenden. Gründet sich der Vertrag daher auf eine verfassungswidrige Norm, die auf den konkreten Vertrag mangels Rückwirkung der Aufhebungsentscheidung weiterhin anzuwenden ist, bleibt auch der Vertrag von der Verfassungswidrigkeit unberührt. Deshalb wurden die Raumordnungsverträge, die unter dem Regime der vom VfGH aufgehobenen Bestimmungen des Salzburger ROG abgeschlossen worden waren, als weiterhin gültig angesehen.[32] Der Vertrag kann in einem solchen Fall allerdings dennoch nichtig sein, wenn er unabhängig von der aufgehobenen Norm gegen ein verfassungsrechtliches Verbot verstößt. Es ist also zu fragen, ob die verfassungsrechtlichen Bedenken lediglich aus der „Umsetzung" der aufgehobenen Norm herrühren oder ob mit dem Vertrag zB ein noch über die Vorgaben der aufgehobenen Bestimmung hinausgehender Grundrechtseingriff bewirkt wird. In einem solchen Fall kann es – wenn es der Normzweck verlangt – auch ohne Rückwirkung der Aufhebung zu einer (Teil-)Nichtigkeit des Vertrages kommen.

---

24 OGH 1 Ob 57/94w; *Graf* in *Kletečka/Schauer*, ABGB-ON 1.01 § 879 Rz 12.
25 OGH 2 Ob 511/95; 10 Ob 530/94; 3 Ob 181/12g.
26 OGH 10 Ob 530/94.
27 OGH 10 Ob 530/94; 3 Ob 181/12g.
28 *Graf* in *Kletečka/Schauer*, ABGB-ON 1.01 § 879 Rz 3.
29 *Koziol/Welser*, Bürgerliches Recht[13] I 175.
30 OGH RIS-Justiz RS0094154.
31 OGH RIS-Justiz RS0038552.
32 Dazu *Tschaler*, Die zivilrechtlichen Folgen der Aufhebung der Bestimmungen des Salzburger Raumordnungsrechts über die Vertragsraumordnung durch den Verfassungsgerichtshof, bbl 2001, 10 bei Fn 22.

Sollte die Überlegenheit der Gemeinde tatsächlich die Verfassungswidrigkeit der landesgesetzlichen Bestimmung begründen, gilt dafür das soeben Ausgeführte sinngemäß. In diesem Fall ist die Weitergeltung des Vertrages nach nicht rückwirkender Aufhebung der Bestimmung des ROG äußerst unwahrscheinlich, weil hier die schiere Existenz des Vertrages – unabhängig von seiner inhaltlichen Ausgestaltung – mit dem Verfassungsrecht nicht in Einklang zu bringen ist. Schon hier ist aber darauf hinzuweisen, dass die Überlegenheit eines Vertragspartners bei der Sittenwidrigkeitskontrolle (§ 879 Abs 1 ABGB) zu beachten ist (dazu unten S 62).

Zusammenfassend lässt sich die Lage der Vertragsraumordnung in Österreich aus unserer Sicht daher wie folgt bewerten: Trotz gewisser, nicht ganz unbeachtlicher rechtlicher Unsicherheiten über die rechtliche Tragfähigkeit der geübten Praxis wird vom Instrument der Vertragsraumordnung Gebrauch gemacht, wobei seine Zulässigkeit aus verfassungsrechtlicher Sicht im Wesentlichen damit begründet wird, dass der Eindruck einer „obligatorischen Vertragsraumordnung" nach den getroffenen gesetzlichen Ausgestaltungen vermieden wird. Für die damit verbundenen zivilrechtlichen Probleme werden Lösungen auf der Grundlage des allgemeinen Vertragsrechts gesucht.[33] Dieses bietet tatsächlich Gestaltungsmöglichkeiten, die dazu beitragen können, dass die mit der Raumordnung verfolgten Ziele auch erreicht werden. Insbesondere das Manko einer reinen „Negativplanung" kann damit gemildert werden. Zum Teil versuchen die Landesgesetzgeber auch mit öffentlich-rechtlichen Nutzungserklärungen die Bebauung innerhalb einer gewissen Frist sicherzustellen (zB § 29 Sa ROG). Entspricht der Liegenschaftseigentümer seiner Zusicherung einer fristgerechten Bebauung nicht, sieht zB das Salzburger ROG eine entschädigungslose Rückwidmung vor (§ 29 Abs 3 iVm § 49 Sa ROG). Hier kann sich eine nicht völlig unproblematische Überschneidung mit der privatrechtlichen Vertragsraumordnung (zB § 18 Sa ROG) ergeben, auf die später noch zurückzukommen ist.

---

33 Vgl zB *Fister*, Der Raumordnungs-/Baulandsicherungsvertrag (2004) 35 ff; *Kleewein* (Fn 5) 323 ff.

III DIE TRAGWEITE DES ERKENNTNISSES DES VFGH ZUR SALZBURGER VERTRAGSRAUMORDNUNG

1. Die Begründung des Erkenntnisses VfSlg 15.625/1999

Eine Fortentwicklung des Instruments der Vertragsraumordnung muss sich zwangsläufig mit der Entscheidung des VfGH zur Salzburger Vertragsraumordnung (VfSlg 15.625/1999) auseinandersetzen. Anlassfälle für dieses Erkenntnis waren Beschwerden gegen baurechtliche Bescheide, mit denen Bauplatzerklärungen wegen eines Widerspruchs zu einer (durch Rückwidmung entstandenen) Grünlandwidmung abgewiesen worden waren. Das aus Anlass dieser Beschwerden eingeleitete Gesetzesprüfungsverfahren (G 77/99) betraf die § 14, § 17 Abs 12 dritter Satz sowie § 22 Abs 2 lit d des Salzburger ROG 1998, somit alle Regelungen, welche die Ermächtigung bzw Verpflichtung der Gemeinden zum Abschluss von Verwendungs- bzw Überlassungsverträgen mit Grundstückseigentümern, ihre widmungsmäßigen Konsequenzen sowie die daran anknüpfenden Kompetenzen der Aufsichtsbehörde erfassten.

Angelpunkt der Bedenken des VfGH, die im Ergebnis zur Aufhebung dieser Bestimmungen[34] führten, war die „zwingende Verknüpfung" bzw „Koppelung" von „hoheitlichen Maßnahmen der Raumordnung (Flächenwidmungsplan und Bebauungsplan) mit privatwirtschaftlichen Vereinbarungen"; durch sie würden – so der VfGH – diese Vereinbarungen zu einer „geradezu zwingenden Voraussetzung für zukünftige Flächenwidmungen", die als deren Rechtsfolge zu qualifizieren wären. Auf diese – von der Salzburger Landesregierung letztlich erfolglos bestrittene – zwingende Verknüpfung bezogen sich alle weiteren verfassungsrechtlichen Gründe, die in ihrer Summe letztlich zu der vom Gerichtshof ansonsten nicht näher dargelegten Annahme führten, dass eine solche Koppelung „im System der Bundesverfassung nicht vorgesehen" wäre.[35] Im Einzelnen waren das die folgenden Bedenken:

→ ein Widerspruch zum Legalitätsprinzip (Art 18 B-VG), weil die geprüften Bestimmungen im Ergebnis hoheitliche Maßnahmen in Verordnungsform vom Inhalt privatrechtlicher Verträge abhängig machten, wodurch den Raumordnungsplänen in Verordnungsform die notwendigen gesetzlichen Grundlagen fehlten;

→ ein Widerspruch zum Rechtsstaatsgebot, weil ein die Rechte der betroffenen Grundstückseigentümer ausreichend sichernder Rechtsschutz nicht bestand, und zwar auch nicht im Hinblick auf die möglichen zivilrechtlichen Rechtsbehelfe oder die Befugnisse der Aufsichtsbehörden;

→ ein Widerspruch zur verfassungsrechtlichen Eigentumsgarantie (Art 5 StGG, Art 1 1. ZProt EMRK), weil wiederum der Rechtsschutz der Grundeigentümer ungenügend erschien, sowie im Hinblick auf die faktische Überlegenheit der Gemeinde, die den Eigentümer unter der drohenden Sanktion einer Rückwidmung zum Abschluss einer Vereinbarung drängen konnte, was als unverhältnismäßiger Eigentumseingriff bewertet wurde;

→ ein Widerspruch zum Gleichheitsgrundsatz (Art 7 B-VG), weil es keine sachliche Rechtfertigung gab, die Bebauung von Grundstücken, an deren Bebauung ein „raumfachliches Interesse" besteht, nur deshalb zu verhindern, weil der Grundstückseigentümer nicht bereit ist, das Grundstück zu einem bestimmten Preis zu verkaufen oder die Gemeinde beispielsweise mit dem Bauprojekt eines potenziellen Käufers nicht einverstanden ist, obwohl an der Verbauung ein raumfachliches Interesse bestehen konnte.

→ Schließlich hat der VfGH in seinem Prüfungsbeschluss auch kompetenzrechtliche Bedenken im Hinblick auf die Abgrenzung der Kompetenztatbestände Raumordnung – Volkswohnungswesen aufgeworfen, aber wegen der schon durch die übrigen Erwägungen begründeten Verfassungswidrigkeit nicht weiter verfolgt.

---

34 Beziehungsweise zur Feststellung ihrer Verfassungswidrigkeit im Hinblick auf die Fassung des Sa ROG 1992 vor der Novelle LGBl 1998/44.
35 Anders dagegen die Beurteilung durch den OGH, der in seiner Entscheidung OGH 26.2.1997, 7 Ob 2327/96y zunächst noch davon ausgegangen war, dass ein „Zwang zum Vertragsabschluss" nicht bestehe und der Grundstückseigentümer durch die in Aussicht gestellte Widmung nur „motiviert" werde.

2. Weitere Judikatur des VfGH zu Maßnahmen der Vertragsraumordnung

Es gibt nur wenige weitere Erkenntnisse des VfGH, denen sich weiterführende Aussagen zur Zulässigkeit und zu den Grenzen einer Vertragsraumordnung entnehmen lassen. Sie deuten, zusammenfassend betrachtet, auf eine *weniger rigorose* Bewertung von Maßnahmen der Vertragsraumordnung hin, als sie im Erkenntnis zur Salzburger Vertragsraumordnung zum Ausdruck kommt.

Dass die Weigerung, einen Baulandsicherungsvertrag zugunsten der örtlichen Wohnbevölkerung abzuschließen, kein die Erlassung einer *Bausperrenverordnung* rechtfertigender Grund ist, hat der Gerichtshof in VfSlg 15.272/1998 festgestellt: Da das Gesetz die Erlassung einer derartigen Verordnung nur zur Sicherung einer zweckmäßigen und geordneten Verbauung vorsehe, sei es gesetzwidrig, wenn sie ausschließlich zur Sicherung des ausgewiesenen Baulandes für eine Bebauung durch die ortsansässige Bevölkerung erlassen werde. Bemerkenswert ist, dass der Gerichtshof in dieser ein Jahr vor dem Erkenntnis zur Salzburger Vertragsraumordnung ergangenen Entscheidung nicht *grundsätzlich* infrage stellt, dass „die Gemeinde Baulandwidmungen auch von Vereinbarungen mit den Grundeigentümern (über die zeitgerechte und widmungsgemäße Nutzung von Grundstücken) abhängig machen kann", wie das § 16 Abs 1 Z 1 des Oö ROG 1994 vorsieht. Unzulässig war es aber, solche Vereinbarungen „dadurch zu erzwingen, dass durch die Verhängung einer Bausperre die ausgewiesene Nutzung eines als Bauland gewidmeten Grundstückes bis zum Abschluss der Vereinbarung hintangehalten wird".

In VfSlg 16.199/2001 hat der Gerichtshof eine privatwirtschaftliche Vereinbarung eines Grundeigentümers mit der Gemeinde, durch die (offenkundig) eine Verpflichtung zur Sicherstellung des „ortsüblichen Bedarfs an Baugrundstücken" übernommen wurde, als Teil der *Planungsgrundlagen* herangezogen, durch die dem gesetzlichen Erfordernis nach Begründung der vorgenommenen Baulandwidmung tragfähig Rechnung getragen wurde. Durch die Vereinbarung werde „in zureichender Weise das öffentliche Interesse ... an der Änderung des Flächenwidmungsplanes ... dargetan" und zugleich der gesetzlich umschriebenen Aufgabe der örtlichen Raumordnung entsprochen, durch privatwirtschaftliche Maßnahmen eine aktive Bodenpolitik zu betreiben.

Die im Zuge der Anfechtung einer Baulandrückwidmung durch die Volksanwaltschaft ergangene Entscheidung VfSlg 18.413/2008 liefert ein bemerkenswertes Beispiel für den Einsatz von Raumordnungsverträgen durch eine Gemeinde. Hier wollte eine Gemeinde die Kosten für weitreichende Infrastrukturmaßnahmen und die Verpflichtung zur Abtretung von Bauland auf einen Grundstückseigentümer überwälzen und sie hat dabei – jedenfalls nach Auffassung der antragstellenden Volksanwaltschaft – in unsachlicher und gleichheitswidriger Weise die Baulandwidmung von der Übernahme dieser Verpflichtungen abhängig gemacht. Der VfGH hat sich diesen Bedenken *nicht angeschlossen* und die Rechtmäßigkeit der Rückwidmung bestätigt, weil die infrastrukturellen Voraussetzungen einer Baulandausweisung wegen der fehlenden Aufschließung nicht gegeben waren und sich die Verpflichtung zur Rückwidmung aus dem Gesetz ergeben hat. Auf die Verfassungsmäßigkeit der Regelungen des Oö ROG über die Vertragsraumordnung und die Gesetzmäßigkeit des dem Beschwerdeführer vorgelegten Baulandsicherungsvertrages ging der Gerichtshof ausdrücklich mangels Präjudizialität nicht ein.[36]

3. Sonstige einschlägige Judikatur

Auch der OGH hat Bedingungen und Grenzen für den Abschluss von privatrechtlichen Verträgen im Zusammenhang mit Maßnahmen der örtlichen Raumordnung aufgezeigt. Auf diese Rechtsprechung ist in Ergänzung zu den Erwägungen des VfGH zumindest kurz hinzuweisen.

Ausgehend von dem Grundsatz, dass dort, wo der Gesetzgeber zwingend hoheitliche Handlungsformen vorschreibt, der Verwaltung keine Wahlfreiheit im Hinblick auf die Rechtsform eingeräumt ist, geht der OGH von einem *unzulässigen Missbrauch der Rechtsform* aus, wenn die Privatwirtschaftsverwaltung gewählt wird, um einer materiell gegebenen öffentlich-rechtlichen Bindung zu entgehen. Derartige Vereinbarungen sind nach § 879 Abs 1 ABGB nichtig.[37] Daraus wird abgeleitet, dass privatwirtschaftliche Handlungsformen grundsätzlich nur dann gewählt

---

[36] Wobei insoweit der Unterschied zu VfSlg 15.625/1999 auffällig ist, wo der Gerichtshof ohne Weiteres von der Präjudizialität der Salzburger Regelungen zur Vertragsraumordnung ausgegangen ist, obwohl hier ebenfalls – wie in VfSlg 18.413/2008 – ein entsprechender Vertrag mit dem von der Rückwidmung betroffenen Beschwerdeführer zwar nicht abgeschlossen, aber die erfolgte Widmung von einem solchen Vertrag abhängig gemacht worden war.

[37] Vgl OGH 23.2.1995, 2 Ob 511/95 und OGH 24.11.1998, 1 Ob 178/98b zur vertraglichen Überwälzung von Aufschließungskosten; OGH 23.1.2013, 3 Ob 181/12g, zu einem unzulässigen Verzichtsvertrag im Zusammenhang mit einer Umwidmung, weil ein derartiger Vertrag nach dem Ti ROG kein gesetzliches Kriterium für die Vornahme der Umwidmung bildet. Zuletzt etwa OGH 6.6.2013, 6 Ob 163/12g, EvBl 2013/148.

werden dürfen, wenn dafür eine ausdrückliche gesetzliche Ermächtigung besteht oder zumindest eine hoheitliche Handlungsform nicht ausdrücklich vorgeschrieben ist.[38]

Lässt diese Judikatur des OGH den Einsatz von Raumordnungsverträgen ohne ausdrückliche gesetzliche Ermächtigung zumindest dann zu, wenn diese nicht gegen ausdrückliche oder implizite Vorbehalte zugunsten hoheitlichen Handelns verstoßen, hat der VwGH eine strengere Haltung eingenommen. Nach älteren Entscheidungen des VwGH bedarf der Einsatz privatrechtlicher Verträge im Zusammenhang mit hoheitlichen Raumordnungsmaßnahmen, wie zB einer Verpflichtung zu bestimmten Widmungen und zu einer widmungskonformen Verwendung, nämlich *ganz generell* einer gesetzlichen Grundlage.[39]

4. Zur Maßgeblichkeit, Tragfähigkeit und Reichweite der Bedenken des VfGH

Die Auseinandersetzung mit der Judikatur des VfGH zur Vertragsraumordnung und insbesondere mit VfSlg 15.625/1999 kann bzw könnte auf mehreren Ebenen erfolgen. Zunächst beziehen sich alle Bedenken des Gerichtshofs nur auf die Verknüpfung hoheitlicher Planungsmaßnahmen mit *privatrechtlichen* Verträgen. Zu öffentlich-rechtlichen Raumordnungsverträgen trifft das Erkenntnis voraussetzungsgemäß keine Aussagen. Dies könnte rechtspolitisch betrachtet ein Grund dafür sein, dass sich der Gesetzgeber für diese Rechtsform entscheidet, wobei sich freilich zeigen wird, dass man gewissen in VfSlg 15.625/1999 aufgeworfenen Fragen auch bei öffentlich-rechtlichen Raumordnungsverträgen nicht entkommt. Darauf wird noch zurückzukommen sein.[40]

Denkbar wäre eine mehr oder weniger ins Grundsätzliche gehende kritische Hinterfragung der Argumentation des Gerichtshofs, nicht zuletzt vor dem Hintergrund, dass im rechtswissenschaftlichen Schrifttum bereits der *prinzipielle Ausgangspunkt*, nämlich die Systemwidrigkeit der Verknüpfung von Vertrag und Hoheitsakt, auf die sich das Urteil über die Verfassungswidrigkeit der Salzburger Vertragsraumordnung gestützt hat, als nicht durchwegs überzeugend und tragfähig qualifiziert wurde.[41]

Mit einer ins Grundsätzliche gehenden Judikaturkritik würden freilich die Bedürfnisse der Praxis nach einer auch in rechtlicher Hinsicht belastbaren Abklärung von Reformmöglichkeiten verfehlt. Daher gehen die nachfolgenden Überlegungen durchaus von den Erwägungen und Argumenten in VfSlg 15.625/1999 aus, was nicht ausschließt, sie im Einzelnen auf ihre Schlüssigkeit hin zu überprüfen und im Lichte der übrigen Judikatur des VfGH zu interpretieren.

Ausgangspunkt und letztlich für das Urteil über die Verfassungswidrigkeit der Salzburger Regelung ausschlaggebend war die *„zwingende Verknüpfung"* von privatrechtlichem Vertrag und hoheitlicher Widmung. Auf sie beziehen sich die auf das Legalitätsprinzip sowie den Gleichheitsgrundsatz gestützten Bedenken. Dieser Zusammenhang soll hier zunächst verfolgt werden; auf weitere und zusätzliche Gesichtspunkte, die in erster Linie die unter Rechtsstaats- und Grundrechtsaspekten behandelten Rechtsschutzdefizite sowie die Unverhältnismäßigkeit der möglichen Eigentumseingriffe betreffen, wird im weiteren Verlauf der Untersuchung eingegangen.

Für den VfGH liegt deshalb eine „zwingende Verknüpfung" zwischen Vertrag und Widmungsentscheidung vor, weil die geprüfte gesetzliche Regelung die privatrechtliche Einigung zwischen Gemeinde und Eigentümer nicht nur zu einer *Conditio sine qua non* der hoheitlichen Entscheidung gemacht hat, sondern der Vertrag zugleich, jedenfalls in der Sichtweise des VfGH, *den Inhalt des Hoheitsakts* bestimmt. So gesehen ist es nicht mehr das in Art 18 Abs 2 B-VG vorgesehene Gesetz, sondern der Vertrag, der die Verordnung determiniert. Daher kommt der VfGH auch zu dem Schluss, dass eine Rückwidmung von Bauland zwingend geboten ist, wenn der Vertrag nicht zustande kommt, was aus raumfachlicher Sicht sachlich nicht zu rechtfertigen wäre.

Es ist also nicht so sehr die *Verknüpfung als solche*, sondern ihre Intensität im Hinblick auf die Verpflichtung zum Vertragsabschluss und die den *Inhalt des Widmungsakts determinierende Wirkung*, die den VfGH zum Ergebnis der Verfassungswidrigkeit geführt hat. Dies verdeutlicht auch jene Passage in VfSlg 15.625/1999, in welcher der Gerichtshof darauf hinweist, dass die „hoheitliche Widmung vom Ergebnis

---

38 Vgl *Kleewein* (Fn 21) bbl 2006, 144; *Eisenberger/Steineder* (Fn 16) 162.
39 Vgl VwSlg 13.082/1989 und VwSlg 13.625/1992.
40 Vgl im folgenden Abschnitt V.
41 Vgl vor allem *Öhlinger* (Fn 3) 201 f, der gerade wegen der vom VfGH gewählten mehrfachen Begründungen für die Verfassungswidrigkeit auf eine gewisse Unsicherheit hinsichtlich der Tragfähigkeit jedes einzelnen Arguments schließt; ferner mit einzelnen Differenzierungen im Hinblick auf die verschiedenen Begründungen *Kleewein* (Fn 5) 87 ff.

geschlossener Vereinbarungen" abhängt, und dass „die privatwirtschaftlichen Vereinbarungen ... daher nicht bloß fakultativ eingesetzte und unterstützende Mittel zur Erreichung der von der Gemeinde angestrebten Entwicklungsziele" sind, sondern „geradezu zwingende Voraussetzung für die zukünftige Flächenwidmung".[42]

Man kann die Entscheidung VfSlg 15.625/1999 so lesen, dass *jede Form* der gesetzlichen Verknüpfung zwischen einem Vertrag und dem Hoheitsakt, die für eine bestimmte Widmung einen Vertragsabschluss fordert, verfassungswidrig ist. In dem seit der Entscheidung zur Salzburger Vertragsraumordnung ergangenen Schrifttum wird häufig diese Konsequenz gezogen, mit der Folge, dass nur jene Regelungen zulässig sein sollen, in denen auf diese Verknüpfung gänzlich verzichtet wird.[43] Auch die meisten Regelungen zur Vertragsraumordnung in den ROG der Länder gehen in diese Richtung, wenn sie jede Verpflichtung der Gemeinden zum Abschluss von Raumordnungsverträgen vermeiden oder diese zumindest offen lassen.

Geht man freilich davon aus, dass der VfGH nicht nur den Umstand, *dass* ein Vertrag abgeschlossen werden muss, sondern auch – und im Hinblick auf die nach Art 18 Abs 2 B-VG bestehende Determinierungspflicht – in erster Linie die besondere, den Inhalt des Widmungsaktes bestimmende *Wirkung* der vertraglichen Einigung im Auge hatte, ist auch eine andere Deutung des Erkenntnisses vertretbar. Dann liegt eine im Sinne des Erkenntnisses verfassungsrechtlich unzulässige „obligatorische Vertragsraumordnung" dann und nur dann vor, wenn der Vertrag nicht nur eine notwendige Voraussetzung für eine Widmungsentscheidung ist, sondern dieser auch den *Inhalt des Widmungsakts* in einer Weise determiniert, die andere gesetzliche Voraussetzungen und Bedingungen für Widmungen ganz oder jedenfalls weitgehend verdrängt. In diese Richtung deuten zumindest die bereits erwähnten weiteren Erkenntnisse des VfGH, in denen der Gerichtshof Planungsakte deshalb als gesetzwidrig aufgehoben hat, weil sie unabhängig vom Vertrag im Gesetz keine Deckung fanden (VfSlg 15.272/1998) oder eine Rückwidmung, die tatsächlich wegen des vom Eigentümer verweigerten Vertragsabschlusses erfolgte, deshalb für gesetzmäßig hielt, weil sie jedenfalls auch im Gesetz eine Deckung fand (VfSlg 18.413/2008).

Im Sinne dieser – wie wir meinen vertretbaren – Leseart darf der Gesetzgeber das Zustandekommen einer vertraglichen Vereinbarung zu einer *Voraussetzung* einer bestimmten raumplanerischen Widmungsentscheidung machen, wenn diese nur *eine* Voraussetzung für eine hoheitliche Planungsentscheidung ist und diese hoheitliche Entscheidung davon abgesehen gesetzlich in einer Weise ausgestaltet ist, die das Planungsermessen der Gemeinde sachgerecht, das heißt durch tragfähige fachliche Gesichtspunkte, determiniert. Dass ein Raumordnungsvertrag eine *Planungsgrundlage* für eine Widmungsentscheidung sein kann, durch die das öffentliche Interesse an einer bestimmten Widmung belegt wird, folgt aus VfSlg 16.199/2001; damit steht aber auch fest, dass der Vertrag als weiterer bestimmender Gesichtspunkt zu den die Planungsentscheidung determinierenden gesetzlichen Anordnungen hinzutreten und in die final determinierende Abwägungsentscheidung einbezogen werden darf.

Eine solche Sicht der Dinge kann im Übrigen an bekannte Beispiele für die *Verknüpfung vertraglicher Vereinbarungen mit hoheitlichen Maßnahmen* anknüpfen, auf die im Schrifttum wiederholt hingewiesen wurde. So gibt es die unmittelbar aus der Verfassung (Art 5 StGG) ableitbare und verschiedentlich gesetzlich vorgesehene Verpflichtung der Behörden, vor der Erlassung eines Enteignungsbescheides auf den Abschluss eines privatrechtlichen Vertrages über den rechtsgeschäftlichen Erwerb des Enteignungsobjekts hinzuwirken; das Nichtzustandekommen eines solchen Vertrages ist somit eine Voraussetzung der Rechtmäßigkeit der Enteignung, die zu den übrigen Voraussetzungen – das Vorliegen eines öffentlichen Interesses, eines konkreten Bedarfs, der Verhältnismäßigkeit der Maßnahme usw – hinzutritt. Wie *Öhlinger* zu Recht angemerkt hat, kann die Zulässigkeit solcher „Verknüpfungen" nicht davon abhängen, ob das Gesetz diese voraussetzt (oder wie im vorstehenden Beispiel diese sogar verfassungsrechtlich gefordert ist), oder ob sie im Gesetz selbst offengelegt wird.[44] Vielmehr entspricht es sogar dem Sinn des Legalitätsprinzips, wenn der Gesetzgeber selbst diese Verbindung, ihre Bedingungen und Grenzen näher regelt.

Das bedeutet im Ergebnis: Der Raumordnungsgesetzgeber hat das Instrument der Raumordnungsverträge in einen gesetzlichen Rahmen einzubauen,

---

42 Damit greift der VfGH im Grunde jene Bedenken und jene Sicht der Salzburger Regelungen auf, die seinerzeit von *Aichlreiter* vorgetragen wurde; vgl *Aichlreiter*, Entwicklungstendenzen im Bau- und Raumordnungsrecht. Vortragsbericht, ÖJZ 1997, 179; ders, Wohin entwickelt sich das Legalitätsprinzip? Eine Köpenickiade der Hoheitsverwaltung? In Koja-FS (1998) 509 (514 ff).

43 Vgl zB *Auer*, Salzburger Vertragsraumordnung verfassungswidrig! bbl 2000, 1 (8); *Kleewein*, Konsequenzen aus dem Erkenntnis des VfGH zur Salzburger Vertragsraumordnung, JBl 2000, 562 (576); *Eisenberger/Steineder* (Fn 16) 159.

44 Vgl *Öhlinger* (Fn 3) 204 ff; *Wiederin*, Öffentliche und private Umweltverantwortung – Verfassungsrechtliche Vorgaben, in Staat und Privat im Umweltrecht. Schriftenreihe des Österreichischen Wasser- und Abfallwirtschaftsverbandes (2000) 75 (90 f).

durch den sichergestellt wird, dass das Planungsermessen in einer Weise ausgeübt werden kann, welche die Erfüllung der öffentlichen Interessen an einer geordneten räumlichen Entwicklung unter Berücksichtigung der angestrebten Entwicklungsziele ausreichend gewährleistet. Das Scheitern von Vertragsverhandlungen darf nicht zu sachwidrigen Widmungsentscheidungen führen (wie zu dem vom VfGH hervorgehobenen Fall der Rückwidmung von aus fachlicher Sicht für die Bebauung geeignetem Bauland), ebenso wenig wie das Zustandekommen eines Vertrages der einzige Grund für die Baulandausweisung sein darf (etwa im Sinne der tatsächlich untragbaren und sachlich nicht zu rechtfertigenden Konsequenz, dass Baulandwidmungen „erkauft" werden könnten).[45] Sind diese Voraussetzungen erfüllt, liegt nach der hier vertretenen Auffassung keine im Sinne von VfSlg 15.625/1999 unzulässige „obligatorische Vertragsraumordnung" vor, und zwar auch dann nicht, wenn der Abschluss eines privatrechtlichen Vertrages ein *gesetzlich vorgesehenes Tatbestandsmerkmal einer hoheitlichen Widmungsentscheidung* ist.

So gesehen gibt es nach der hier vertretenen Auffassung *keine durchgreifenden verfassungsrechtlichen Bedenken*, wenn der Gesetzgeber zur Erhöhung der Effektivität der Vertragsraumordnung, insbesondere im Hinblick auf das hier im Vordergrund stehende Anliegen der Bereitstellung von Bauland für den sozialen Wohnungsbau, Verpflichtungen zum Abschluss von Raumordnungsverträgen schafft. Wie ein solches Modell ausgestaltet werden könnte, bedarf weiterer Erwägungen. Bevor darauf eingegangen werden kann, sind die Möglichkeiten einer öffentlich-rechtlichen Vertragsraumordnung zu erörtern und die übrigen verfassungsrechtlichen Rahmenbedingungen darzustellen.

---

45 Dass eine solche Konsequenz tatsächlich untragbar wäre, betonen etwa *Oberndorfer/Hauer*, Aspekte einer Neuordnung des Raumordnungsrechts in Oberösterreich, in Binder ua (Hrsg), Die Reform des Oberösterreichischen Raumordnungsrechts (1993) 9 (21 f).

IV DER ÖFFENTLICH-RECHTLICHE VERTRAG ALS INSTRUMENT DER VERTRAGSRAUMORDNUNG

Obwohl dem *öffentlich-rechtlichen Vertrag* als Instrument zur Gestaltung von Rechtsbeziehungen zwischen Privaten und Gebietskörperschaften im österreichischen Recht keine nennenswerte Bedeutung zukommt, steht die *grundsätzliche Zulässigkeit* dieser Rechtsform außer Frage. Nach der Judikatur des VfGH sind öffentlich-rechtliche Verträge verfassungsrechtlich zulässig, wenn sie gesetzlich vorgesehen sind, wenn ihr Inhalt und das Verfahren in einer den Anforderungen des Art 18 B-VG genügenden Weise determiniert ist und sie sich mit dem in der Bundesverfassung vorgezeichneten Rechtsschutzsystem vereinbaren lassen.[46] Der zuletzt genannten Bedingung hat der Gesetzgeber in der Regel in der Form Rechnung getragen, dass er für den Fall von Streitigkeiten über den Abschluss oder Inhalt eines solchen Vertrages eine Verpflichtung zur Erlassung eines Bescheides vorsieht, der in der Folge den Rechtsweg zu den Verwaltungsgerichten und in der weiteren Folge zu VwGH und VfGH eröffnet.[47]

Vor diesem Hintergrund hat man bereits in der Vergangenheit gelegentlich öffentlich-rechtliche Verträge für die *Zwecke einer Vertragsraumordnung* in Erwägung gezogen, nicht zuletzt in Reaktion auf das Erkenntnis des VfGH zur Salzburger Vertragsraumordnung und im Bemühen, den dort aufgezeigten Grenzen einer Verknüpfung von hoheitlichen Widmungsakten mit privatrechtlichen Verträgen zu entkommen.[48] Die Notwendigkeit, auch bei öffentlich-rechtlichen Verträgen letztlich eine bescheidförmige Entscheidung des Streitfalls vorzusehen, musste freilich erhebliche Zweifel an der Brauchbarkeit dieses Weges aufwerfen. Nicht zuletzt schien sich die an sich der vertraglichen Gestaltung zugeschriebene „Flexibilität" auf diese Weise geradezu in das Gegenteil zu verkehren, wobei auch unklar blieb, wie sich derartige Bescheide in das System der durch Verordnung erlassenen Planungsakte einfügen sollten.[49] Zu einer Umsetzung dieser Vorschläge ist es bisher in keinem österreichischen Bundesland gekommen.

Möglicherweise eröffnet allerdings eine Änderung der Verfassungsrechtslage im Zusammenhang mit der mit Jahresbeginn 2014 wirksam gewordenen Reform der Verwaltungsgerichtsbarkeit neue Perspektiven.[50] Nach Art 130 Abs 2 Z 1 B-VG kann der zuständige Gesetzgeber nämlich eine Zuständigkeit der *Verwaltungsgerichte* zur „Entscheidung über Beschwerden wegen Rechtswidrigkeit eines Verhaltens eines Verwaltungsorgans in Vollziehung der Gesetze" begründen; mit dieser fakultativen Zuständigkeit der VwG kann die ansonsten bestehende strenge Bindung des öffentlich-rechtlichen Rechtsschutzsystems an bestimmte Formen des hoheitlichen Verwaltungshandelns (Bescheid, Maßnahme) durchbrochen und es können Rechtsschutzlücken geschlossen werden.

Vorausgesetzt wird in Art 130 Abs 2 Z 1 B-VG ein Verhalten einer Verwaltungsbehörde „in Vollziehung der Gesetze"; die Beschwerde kann daher gegen *Handlungen oder Unterlassungen* einer Behörde in hoheitlichen oder schlicht-hoheitlichen Zusammenhängen vorgesehen werden, wie das Beispiel der in § 88 Abs 2 SPG vorgesehenen Beschwerde gegen schlicht-hoheitliches Polizeihandeln zeigt. Ob durch eine solche

---

46 So VfSlg 17.101/2004 zu den Leistungsvereinbarungen nach § 13 UG 2002; vgl ferner VfSlg 9226/1981; VwSlg 5659 F/1982, VwSlg 5678 F/1982 sowie die umfassenden Nachweise bei *Eberhard* (Fn 3) 102 ff.
47 Vgl zB § 13 Abs 8 – 10 UG 2002; zur Ausgestaltung des Rechtsschutzes im Bereich öffentlich-rechtlicher Verträge allgemein und mit weiteren Nachweisen *Eberhard* (Fn 3) 329 ff.
48 Vgl *Mast* (Fn 21) 119 ff; *Pernthaler/Prantl*, Die Reformvorschläge zum Oberösterreichischen Raumordnungsrecht aus verfassungsrechtlicher Sicht, in *Binder* ua, Die Reform des Oberösterreichischen Raumordnungsrechts (1993) 40 (50 f); *Scherm* (Fn 8) 166; *Weber*, Tiroler Vertragsraum(un)ordnung, ecolex 2000, 162 (165); *Eberhard* (Fn 3) 399 ff; *Öhlinger* (Fn 3) 208; *Kleewein* (Fn 5) 59 ff mit weiteren Nachweisen.
49 Vgl etwa die Überlegungen zu öffentlich-rechtlichen Verträgen, die letztlich in einem bescheidmäßig zu verfügenden Baugebot münden, bei *Mast* (Fn 21) 122 ff. Das Grundproblem bei dem im Streitfall zu erlassenden Bescheid ist freilich die „partielle Negierung" der Rechtsquelleneigenschaft und damit der Normativität des Vertrags; vgl dazu *Eberhard* (Fn 3) 339 f.
50 Zu Recht wurde in der bisherigen rechtswissenschaftlichen Auseinandersetzung mit dem verwaltungsrechtlichen Vertrag immer wieder das Fehlen einer mit entsprechenden Zuständigkeiten ausgestatteten Verwaltungsgerichtsbarkeit moniert; vgl zB *Eberhard* (Fn 3) 107, 357 ff mit weiteren Nachweisen.

Beschwerde auch ein zum VwG führender Rechtsschutz im Zusammenhang mit *öffentlich-rechtlichen Verträgen* eröffnet werden kann, ist noch nicht abschließend geklärt. Nach einer nicht näher begründeten Darlegung in den Erläuterungen zur Verwaltungsgerichtsbarkeits-Novelle 2012 sollen verwaltungsrechtliche Verträge von der Ermächtigung nicht erfasst sein.[51] Dem hat das mittlerweile zur neu gestalteten Verwaltungsgerichtsbarkeit ergangene Schrifttum zum Teil widersprochen: Der Wortlaut der Verfassungsbestimmung zwinge nicht zu dieser Einschränkung; auch beim verwaltungsrechtlichen Vertrag handle es sich um ein „in Vollziehung der Gesetze" gesetztes Verhalten. Daher könne eine „Beschwerde wegen Rechtswidrigkeit eines Verhaltens" konsequenterweise auch rechtswidriges Verhalten aus oder im Vorfeld eines verwaltungsrechtlichen Vertrages erfassen.[52]

Die folgenden Erwägungen gehen, jedenfalls im Sinne einer Arbeitshypothese, von der verfassungsrechtlichen Zulässigkeit dieses Weges aus und ziehen die Möglichkeiten einer öffentlich-rechtlichen Ausgestaltung der Raumordnungsverträge mit in Erwägung, nicht zuletzt um die Vor- und Nachteile dieses Modells diskutieren zu können.

---

[51] Vgl RV 1618 BlgNR, 24. GP, 13; ferner *Eberhard*, Verwaltungsgerichtsbarkeit und Rechtsschutz, JRP 2012, 269 (272 f).
[52] So *Holoubek*, Kognitionsbefugnis, Beschwerdelegitimation und Beschwerdegegenstand der Verwaltungsgerichte, in *Holoubek/Lang* (Hrsg), Die Verwaltungsgerichtsbarkeit erster Instanz (2013) 127 (142); vgl ferner in diese Richtung *Hauer*, Gerichtsbarkeit des öffentlichen Rechts² (2013) 79; ders, Die Zuständigkeiten der Verwaltungsgerichte, in *Janko/Leeb* (Hrsg), Verwaltungsgerichtsbarkeit erster Instanz (2013) 27 (36); *Winkler*, Die Universitäten und die Reform der Verwaltungsgerichte 2012, in Berka-FS (2013) 459 (473 f); *Berka*, Verfassungsrecht⁵ (2013) Rz 942; zweifelnd (noch zum Entwurf) *Fuchs*, Der Beschwerdegegenstand im Verfahren der Verwaltungsgerichte erster Instanz, JRP 2007, 276 (282).

V DIE VERFASSUNGSRECHTLICHEN RAHMENBEDINGUNGEN FÜR MODELLE DER VERTRAGSRAUMORDNUNG

1. Vorbemerkung

Im Folgenden werden die verfassungsrechtlichen Bedingungen und Grenzen der Vertragsraumordnung erörtert. Sie sind für die Einschätzung der gegenwärtigen Praxis auf der Grundlage der in den geltenden ROG enthaltenen Ermächtigungen maßgeblich. Zugleich bemisst sich nach ihnen der Rahmen für einen Ausbau des Instrumentariums mit der Zielrichtung einer Erhöhung seiner Effektivität. Dabei geht die Untersuchung von den Spielräumen aus, die nach der hier vertretenen Auffassung auch unter Zugrundelegung der einschlägigen Judikatur des VfGH, insbesondere von VfSlg 15.625/1999, bestehen; die Alternativen einer privatrechtlichen bzw öffentlich-rechtlichen Ausgestaltung sind jeweils mitzuberücksichtigen.

2. Zur gesetzlichen Determinierung von Raumordnungsverträgen

Maßnahmen der behördlichen Privatwirtschaftsverwaltung unterliegen nach der Judikatur und Lehre nicht dem Legalitätsprinzip des Art 18 B-VG und sind daher auch *ohne spezielle gesetzliche Determinierung* innerhalb der gesetzlichen Schranken grundsätzlich zulässig.[53] Der enge Zusammenhang zu den hoheitlichen Planungsakten, die mit derartigen Verträgen mehr oder weniger zwingend verknüpft sind, lässt es allerdings zweifelhaft erscheinen, ob für sie die allgemeine Ermächtigung zu privatwirtschaftlichem Handeln eine ausreichende und taugliche Grundlage bildet. Aus rechtsstaatlichen Gründen wird zu Recht gefordert, dass der Staat dort, wo er spezifisch öffentliche Aufgaben mit privatrechtlichen Mitteln verfolgt, dem Handeln der Verwaltung einen über die allgemeine Rechtsordnung hinausgehenden gesetzlichen Rahmen setzt, auch wenn diese Regelungen nicht den strengen Legalitätserfordernissen des Art 18 B-VG entsprechen müssen.[54] Daher ist im Prinzip die Forderung des VwGH zutreffend, wenn dieser eine *gesetzliche Grundlage für Raumordnungsverträge* fordert.[55] Da das Legalitätsprinzip auf keine schematische Determinierung des Verwaltungshandelns angelegt ist, ist keine bis ins Einzelne gehende Regelung erforderlich, was letztlich mit dem Konzept einer vertraglichen Vereinbarung unverträglich wäre. Der Gesetzgeber hat aber die Zielsetzungen von Raumordnungsverträgen im Sinne der im Raumordnungsrecht üblichen finalen Determinierung, die Zusammenhänge zwischen dem Vertrag und den Widmungsakten und jene Vertragsinhalte zu bestimmen, die aus grundrechtlichen Erwägungen erforderlich sind, um den Vertragspartner der Gemeinde vor willkürlichen und unverhältnismäßigen Eingriffen in seine Grundrechtspositionen zu schützen.

Ein weiterer Ausbau des Instruments der Vertragsraumordnung wäre deshalb, aber auch aus den folgenden weiteren Gründen auf ein *Tätigwerden des Gesetzgebers* angewiesen. Zunächst wurde bereits darauf hingewiesen, dass es unter Gesichtspunkten der Effektivität wenig zielführend ist, wenn der Abschluss von Raumordnungsverträgen dem freien Ermessen der Gemeinde überlassen bleibt; jede *Verpflichtung der Gemeinde* im Bereich der Privatwirtschaftsverwaltung ist schon wegen der verfassungsrechtlichen Garantie der kommunalen Selbstverwaltung auf eine gesetzliche Grundlage angewiesen (Art 116 Abs 2 B-VG). Davon abgesehen muss der Gesetzgeber tätig werden, wenn der Vertrag – wie vorstehend dargelegt – mit den *Widmungsentscheidungen* sachgerecht verknüpft werden soll, etwa in der Weise, dass der Abschluss eines Vertrages als ein weiteres Tatbestandsmerkmal zu den übrigen gesetzlichen Determinanten des jeweiligen hoheitlichen Planungsaktes hinzutritt. Erst eine solche notwendig vom Gesetzgeber vorzuzeichnende Einbindung des Vertrages in das raumordnungsrechtliche Planungssystem kann den vom VfGH aufgeworfenen Bedenken ausreichend Rechnung tragen und sicherstellen, dass es eben *nicht nur* die bloße Tatsache des Abschlusses oder Nicht-Abschlusses einer vertraglichen Vereinbarung ist, von der die Widmungsent-

---

53 Vgl zB *Berka* (Fn 52) Rz 496 ff.
54 Vgl zB *Korinek/Holoubek*, Grundlagen staatlicher Privatwirtschaftsverwaltung (1993) 76 ff; *Pernthaler/Prantl* (Fn 16) 233 f; aus jüngerer Zeit *Korinek/Holoubek*, Privatwirtschaftsverwaltung - der gebändigte Leviathan? in Aicher-FS (2012) 307 (317 ff); *Holoubek*, Handlungsformen, Legalitätsprinzip und Rechtsschutz, in Raschauer-FS (2013) 181 (185 ff).
55 VwSlg 13.625/1992.

scheidung abhängt. Bindet der Gesetzgeber das Instrument des Vertrages in ein sachlich tragfähiges Konzept der örtlichen Raumplanung ein, bestehen nach der hier vertretenen Auffassung keine durchgreifenden Bedenken gegen eine „obligatorische Vertragsraumordnung". Diese Schlussfolgerung beruht auf der oben entwickelten Interpretation des Erkenntnisses zur Salzburger Vertragsraumordnung (VfSlg 15.625/1999), und sie versucht, die Spielräume zu nutzen, die dieses Erkenntnis nach der hier vertretenen Auffassung offen lässt. Dass man das Erkenntnis auch anders deuten kann, darf nicht verschwiegen werden.

Weil der Vertrag nur eine Bedingung, aber nicht die ausschließliche Grundlage für den Erlass hoheitlicher Planungsakte sein darf, kommt eine *privatrechtliche Verpflichtung* der Gemeinde zur Erlassung (oder Nichterlassung) von Widmungen in Verordnungsform nicht in Betracht. Sie würde auch prinzipiellen verfassungsrechtlichen Vorgaben im Hinblick auf die Verantwortlichkeit der zum hoheitlichen Handeln berufenen Staatsorgane und ihrer Legitimation widersprechen; sie darf auch der Gesetzgeber nicht vorsehen. Daher war auch die schon im älteren Schrifttum vertretene Auffassung richtig, dass eine Bindung von hoheitlichen Entscheidungen ausschließlich an privatrechtliche Vereinbarungen gegen die Verfassung verstößt.[56] Die herrschende Deutung der Widmungsentscheidung als dem Vertrag beigefügte Bedingung trägt dieser Schranke Rechnung.

Werden Raumordnungsverträge als *öffentlich-rechtliche Verträge* ausgestaltet, folgt die Notwendigkeit einer ausreichend determinierten gesetzlichen Ausgestaltung wegen der in diesem Fall gewählten hoheitlichen Handlungsform unmittelbar aus Art 18 B-VG. Wird ein zu den VwG führender Rechtsschutz eröffnet, bedingt das ebenfalls ein Tätigwerden des Gesetzgebers (Art 130 Abs 2 Z 1 B-VG). Weil das VwGVG die Beschwerde wegen eines sonstigen Verhaltens einer Verwaltungsbehörde nur ansatzweise regelt, müsste der Gesetzgeber darüber hinaus auch entsprechende Bestimmungen für das Verfahren vor den VwG im Zusammenhang mit öffentlich-rechtlichen Raumordnungsverträgen schaffen und insbesondere auch regeln, wer zur Erhebung einer solchen Beschwerde legitimiert ist (Art 132 Abs 5 B-VG) und welche Entscheidungskompetenzen dem VwG in diesen Angelegenheiten zustehen.[57]

3. Zur Kompetenz zur Regelung von Raumordnungsverträgen

Gesetzliche Regelungen im Zusammenhang mit Raumordnungsverträgen im Bereich der örtlichen Raumplanung können sich grundsätzlich auf die entsprechende *Raumordnungskompetenz* der Bundesländer (Art 15 B-VG) stützen.[58] Dies gilt gleichermaßen für privatrechtliche Ausgestaltungen wie für die Einführung öffentlich-rechtlicher Raumordnungsverträge. Trotzdem gibt es zwei Kompetenzabgrenzungsprobleme.

Werden Raumordnungsverträge zur Förderung des sozialen Wohnbaus eingesetzt, ist die Abgrenzung zur Bundeszuständigkeit nach Art 11 Abs 1 Z 3 B-VG zu beachten, die dem Bund die Gesetzgebungszuständigkeit für das „*Volkswohnungswesen* mit Ausnahme der Förderung des Wohnbaus und der Wohnhaussanierung" überträgt. Nach dem Kompetenzfeststellungserkenntnis VfSlg 2217/1951 gehört die Vorsorge für die Bereitstellung von Klein- und Mittelwohnungen durch Enteignung oder durch sonstige (privatrechtliche) Maßnahmen zur Schaffung künftigen Wohnraums zu diesem Kompetenztatbestand.[59] Wie der VfGH in Erkenntnissen zu raumordnungsrechtlichen Vorschriften klargestellt hat, darf der Landesgesetzgeber, allerdings gestützt auf seine Raumordnungskompetenz, *besondere Flächenwidmungen für Zwecke des sozialen Wohnbaus* vorsehen und dabei auch an wohnbauförderungsrechtliche Vorschriften anknüpfen, soweit es um die Begrenzung der Größe und Ausstattung von Wohnungen in dieser Widmungskategorie geht. Denn angesichts der Tatsache, dass derartige Regelungen nicht gebieten, dass auf dem Grundstück ein tatsächlich geförderter, sondern bloß ein hinsichtlich Größe und Verwendungszweck abstrakt förderbarer Wohnbau errichtet wird, handle es sich dabei um eine der Raumordnung zuzurechnende Vorschrift.[60]

---

56 Vgl *Pernthaler/Prantl* (Fn 16) 231 mit weiteren Nachweisen.
57 Nach § 53 VwGVG sind auf Verfahren über Beschwerden wegen Rechtswidrigkeit eines Verhaltens einer Behörde in Vollziehung der Gesetze gemäß Art 130 Abs 2 Z 1 B-VG die Bestimmungen über Beschwerden gegen die Ausübung unmittelbarer verwaltungsbehördlicher Befehls- und Zwangsgewalt sinngemäß anzuwenden. Der zuständige Gesetzgeber kann allerdings anderes anordnen, wobei im Fall der Einräumung eines Beschwerderechts im Zusammenhang mit öffentlich-rechtlichen Raumordnungsverträgen von dieser Ermächtigung jedenfalls Gebrauch zu machen wäre (§ 53 VwGVG iVm Art 136 Abs 2 B-VG).
58 Vgl *Öhlinger* (Fn 3) 200; *Pernthaler/Prantl* (Fn 16) 226 jeweils mit weiteren Nachweisen.
59 Vgl ferner VfSlg 3378, 3421/1958, 3703/1960, 7271/1974; zu diesem Kompetenztatbestand B. Raschauer, Verfassungsrechtliche Rahmenbedingungen, in *Korinek/Nowotny* (Hrsg), Handbuch der gemeinnützigen Wohnungswirtschaft (1994) 315 (316 ff).
60 VfSlg 12.569/1990, 13.501/1993.

Diese Judikatur legt nahe, dass die flächenmäßige Vorsorge für *tatsächlich geförderte Wohnungen*, wie sie beispielsweise im praktisch freilich ineffektiven Bodenbeschaffungsgesetz[61] vorgesehen sind, nicht mehr von der Raumordnungskompetenz erfasst ist. Das kann die Schaffung von Modellen der Vertragsraumordnung erschweren, wenn derartige Verträge – anders als die bisher in den ROG vorgesehenen Regelungen – nicht nur an Widmungen für abstrakt förderbare Wohnungen anknüpfen, sondern die Bereitstellung von tatsächlich geförderten Wohnungen zum Gegenstand haben sollten. Abgesehen von einer Fortentwicklung des Bodenbeschaffungsgesetzes[62] wären daher die rechtspolitischen Möglichkeiten zu einer Übertragung der Kompetenz nach Art 11 Abs 1 Z 3 B-VG zu prüfen.[63]

Eine gesetzliche Ausgestaltung von Modellen der Vertragsraumordnung hat ferner die zur *Zivilrechtskompetenz* des Bundes gezogenen Grenzen zu beachten. Dabei kann es im Einzelfalle strittig sein, ob bestimmte gesetzliche Regelungen, welche die Modalitäten von privatrechtlichen Raumordnungsverträgen regeln, bloß intern wirksame und im Rahmen des Art 17 B-VG kompetenzrechtlich zulässige Selbstbindungsgesetze sind, inwieweit sie, sofern sie Rechte und Pflichten der Vertragspartner normieren, auf die Raumordnungskompetenz gestützt werden können, oder ob sie unter die Zivilrechtskompetenz nach Art 10 Abs 1 Z 6 B-VG fallen. Im letzten Fall dürfen sie vom Landesgesetzgeber nur unter den einschränkenden Bedingungen der Lex Starzyinsky (Art 15 Abs 9 B-VG) erlassen werden, soweit es sich nicht um unbedenkliche Verweise auf das allgemeine Zivilrecht handelt.[64]

Nach der Judikatur des VfGH können der Gemeinde eingeräumte Vorkaufs-, Vorpacht- oder ähnliche Rechte nicht auf die Raumordnungskompetenz oder eine andere Landeskompetenz gestützt werden, sondern sie sind als typische zivilrechtliche Institute dem *Zivilrechtswesen* zuzuordnen, wobei der Gerichtshof die Erforderlichkeit von landesrechtlichem Sonderzivilrecht in diesem Fall unter Anwendung seiner äußerst restriktiven, zu Art 15 Abs 9 B-VG entwickelten Maßstäbe verneint hat.[65] Daher wird in der Literatur zum Teil die Zulässigkeit von Sonderprivatrecht der Länder im Zusammenhang mit Raumordnungsregelungen ganz grundsätzlich verneint. Dies soll auch für dispositive Normen des allgemeinen Zivilrechts gelten, sodass etwa die Bindung des verkaufswilligen Grundeigentümers an einen von der Gemeinde namhaft gemachten Interessenten, die Limitierung des Verkaufspreises mit dem Verkehrswert der Liegenschaften, die Festsetzung von Höchst- und Mindestpreisen sowie von Gewinnverboten oder die Möglichkeit zur Vereinbarung einer abweichenden Einlösungsfrist nicht auf die Annexkompetenz des Art 15 Abs 9 B-VG gestützt werden könnten. Derartige Regelungen, wie sie sich durchaus im geltenden Landesraumordnungsrecht finden, wären daher kompetenzwidrig.[66]

Es ist *fraglich*, ob eine solche restriktive Sicht der Dinge zutrifft. Dient ein Raumordnungsvertrag der Umsetzung gesetzlicher Raumordnungsziele wie der Bereitstellung von Wohnraum, können auch ergänzende zivilrechtliche Regelungen erforderlich sein, um die angestrebten Ziele zu erreichen. Freilich sind sie oft nicht die *einzigen* in Betracht kommenden Maßnahmen,[67] sodass die Beurteilung der Erforderlichkeit im Sinne des Art 15 Abs 9 B-VG doch wiederum zweifelhaft werden könnte. Der VfGH hat in mehreren Entscheidungen den bei der Annexkompetenz vorausgesetzten rechtstechnischen Zusammenhang strikt formal in dem Sinn verstanden, dass ohne die ergänzenden zivilrechtlichen Bestimmungen die Regelungen nicht sinnvoll vollziehbar und somit „unvollständig" sind, und im Ergebnis eine Beurteilung der Wirksamkeit der verbleibenden verwaltungsbehördlichen Maßnahmen abgelehnt. Eine bloße „Förderung" der vom Land verfolgten Verwaltungszwecke reiche jedenfalls nicht aus. Andere Entscheidungen betonen demgegenüber stärker den *rechtspolitischen Regelungsspielraum* des Landesgesetzgebers auch im Bereich des Art 15 Abs 9 B-VG und lassen damit mehr Raum auch für Gesichtspunkte der Effizienz.[68] Damit zeigt sich, dass der Maßstab der Erforderlichkeit in der Form, die ihm in der Judikatur des VfGH gegeben wurde, offenbar doch einen gewissen wertenden

---

61 BG 3.5.1974, betreffend die Beschaffung von Grundflächen für die Errichtung von Häusern mit Klein- oder Mittelwohnungen oder von Heimen (Bodenbeschaffungsgesetz) BGBl 1974/288 idgF.
62 Wie das von *Kanonier* (Fn 1) 44 angeregt wird.
63 Vgl dazu noch unten Abschnitt VII.
64 So zutreffend *Kleewein* (Fn 5) 97.
65 Vgl VfSlg 2934/1955, 9580/1982, 13.322/1992. Nach der Judikatur zu Art 15 Abs 9 B-VG muss eine landesgesetzliche Hauptregelung ohne die zivilrechtliche Ergänzungsregelung normativ unvollständig, dh selbstständig nicht vollziehbar sein; vgl dazu zuletzt *Pendl*, Zivilrecht in Landesgesetzen am Beispiel des Vertragsaufhebungsrechts nach § 44 Abs 9 StROG, ÖJZ 2013, 1002 (1011 f).
66 So *Kleewein* (Fn 5) 100 ff.
67 Worauf *Kleewein* (Fn 5) 102 hinweist.
68 Vgl VfSlg 10.097/1984 mit Hinweisen auf VfSlg 8989/1980 und VfSlg 9906/1983; zuletzt VfSlg 19.146/2010 zu abweichenden schadenersatzrechtlichen Regelungen durch den Landesgesetzgeber beim Ersatz von Wildschäden.

Beurteilungsspielraum umschließt.[69] Kommt es zu gesetzlichen Neuregelungen im Bereich der Vertragsraumordnung, sollte der Landesgesetzgeber daher diese Spielräume nutzen. Nach der hier vertretenen Rechtsauffassung kann das Kriterium der Erforderlichkeit etwa auch dann erfüllt sein, wenn sich ein in die Landeskompetenz fallender Regelungsgegenstand ohne ergänzende zivilrechtliche Bestimmungen nur unter unverhältnismäßig höherem Einsatz in der Vollziehung verwirklichen ließe oder wenn grundrechtliche Erwägungen eine ergänzende zivilrechtliche Regelung gebieten. Dies gilt vor allem für Regelungen des dispositiven Zivilrechts, wenn solche im Interesse eines wirksamen Schutzes der Grundrechte notwendig sind, etwa um einer Willkür oder der Auferlegung von verfassungsrechtlich problematischen Sonderopfern bei der Preisgestaltung entgegenzuwirken.

Welche Regelungen des Sonderzivilrechts *tatsächlich als erforderlich* im Sinne des Art 15 Abs 9 B-VG einzustufen sind, müsste letztlich – nicht zuletzt angesichts der nicht immer eindeutigen Judikatur – anhand des konkreten Falls beurteilt werden. Hier ist als Ergebnis festzuhalten, dass bei einer privatrechtlichen Ausgestaltung der Vertragsraumordnung – soweit sie nicht mit Verweisen auf das allgemeine Zivilrecht das Auslangen findet – die begrenzten Möglichkeiten der Schaffung von Sonderzivilrecht durch die Länder in Rechnung zu stellen sind. Diese kompetenzrechtliche Beschränkung käme bei *öffentlich-rechtlichen Raumordnungsverträgen* nicht zum Tragen, da derartige Regelungen unzweifelhaft der *Raumordnungskompetenz* zuzuordnen sind. Daher wäre in diesem Fall die Kompetenz des Landesgesetzgebers nicht beschränkt, ein spezifisches Vertragsrecht für Raumordnungsverträge zu schaffen.

4. Grundrechtliche Schranken der Vertragsraumordnung

Werden Verträge als Mittel zur Förderung und Durchsetzung von Zielen der örtlichen Raumplanung eingesetzt und mit Widmungsmaßnahmen verknüpft, sind die *Schranken der einschlägigen Grundrechte* zu beachten. Dies gilt auch für eine privatrechtliche Vertragsgestaltung, da die Fiskalgeltung der Grundrechte heute nicht mehr strittig ist, ganz abgesehen von der Grundrechtsbindung des Gesetzgebers selbst, wenn dieser Instrumente der Vertragsraumordnung gesetzlich ausgestaltet.[70] In erster Linie ist dabei auf das Eigentumsgrundrecht und den Gleichheitsgrundsatz abzustellen.

Geht man mit der herrschenden Dogmatik von einer Konstruktion des Bodeneigentums als eines grundsätzlich unbeschränkten Herrschaftsrechts aus, stellen sich die Regelungen des Raumordnungsrechts als *Eigentumsbeschränkungen* dar.[71] Vergleichbares muss auch für Raumordnungsverträge gelten, durch welche sich der Eigentümer im Rahmen eines planungsrechtlichen Regelungswerks gegenüber der Planungsbehörde zu einer bestimmten Verwendung seines Grundstücks, zur Veräußerung an Dritte oder zu anderen Leistungen im Zusammenhang mit der Widmung oder Nutzung seines Grundstücks verpflichtet.

Dass die planende Verwaltung durch die Wahl der Rechtsform des Vertrages zumindest teilweise eine Form des kooperativen, auf Konsens zielenden Verwaltungshandelns einsetzt, ändert nichts an dieser *prinzipiellen Grundrechtsbindung*. Denn der Vertrag dient der Durchsetzung öffentlich-rechtlicher Interessen und er ist mit hoheitlichen Planungsentscheidungen verknüpft. Hinzu kommt, dass sich die Gemeinde als Trägerin der örtlichen Raumplanungsbefugnisse und der damit verbundenen Zuständigkeit zur Festlegung von Flächenwidmungen gegenüber dem privaten Eigentümer in einer *Position der Überlegenheit* befindet, angesichts derer auf die Richtigkeitsgewähr des privatrechtlichen Vertrages nicht ohne Weiteres vertraut werden kann. Aufgabe der Grundrechtsbindung muss es in dieser Situation gerade sein, den im Zusammenhang mit Maßnahmen der Vertragsraumordnung oft erhobenen Bedenken den Boden zu entziehen, die darauf hinauslaufen, dass der Einzelne der Gemeinde ohnedies ausgeliefert wäre, und er sich dem Vertragsabschluss wegen ansonsten drohender Nachteile (Verweigerung einer Baulandwidmung, Rückwidmung) nicht entziehen kann. Wegen dieser zumindest potenziell bestehenden Übermachtsituation der Gemeinde kann auch nicht angenommen werden, dass der Eigentümer mit seiner Zustimmung zum Vertrag schlechterdings auf seinen Grundrechtsschutz verzichtet.

---

69 So wohl auch ein Großteil der Literatur zu Art 15 Abs 9 B-VG; vgl etwa *Korinek/Holoubek*, Grundlagen (Fn 54) 94 ff; noch weitergehend und einen nach Zweckmäßigkeitserwägungen auszufüllenden Spielraum der Länder bejahend *Pernthaler*, Zivilrechtswesen und Landeskompetenz (1987) 65 ff.
70 Vgl zur Fiskalgeltung in dem hier interessierenden Zusammenhang der Vertragsraumordnung zB bereits *Dullinger*, Vertragsraumordnung aus privatrechtlicher Sicht, ZfV 1997, 11 (13); *Pernthaler/Prantl* (Fn 16) 228 f; allgemein zur Fiskalgeltung *Berka* (Fn 52) Rz 1258 ff.
71 Vgl zur eigentumsrechtlichen Einordnung von Widmungsentscheidungen etwa *Thalmann*, Die Flächen(rück)widmung als rechtfertigungsbedürftiger Eigentumseingriff, ecolex 2011, 388 mit weiteren Nachweisen zu Judikatur und Literatur.

Bei *öffentlich-rechtlichen Verträgen* folgt die Bindung an die Grundrechte bereits aus der hoheitlichen Handlungsform. Das sachliche Anliegen bleibt das Gleiche, weil es auch bei der Wahl dieser Rechtsform darum geht, dass die Grundrechte des Einzelnen respektiert werden. Die nachfolgenden Erwägungen sind daher sinngemäß auch auf öffentlich-rechtliche Verträge anzuwenden.

Eigentumsbeschränkungen sind verfassungsrechtlich zulässig, wenn sie gesetzlich vorgesehen sind, einem bestimmten öffentlichen Interesse dienen und dieses öffentliche Interesse mit verhältnismäßigen Mitteln verfolgen und sie außerdem nicht den Wesensgehalt der Eigentumsgewährleistung berühren.[72] Diese Kriterien sind sinngemäß auch in Fällen heranzuziehen, in denen der Staat vertraglich auf Nutzungsbefugnisse oder sonstige Rechte eines Eigentümers einwirkt, wenn die übernommenen Verpflichtungen – wie dargelegt – einer Eigentumsbeschränkung gleich zu halten sind.

Auf die Notwendigkeit einer *gesetzlichen Ermächtigung* zum Vertragsabschluss wurde bereits vorstehend hingewiesen.[73] Was das *öffentliche Interesse* angeht, das mit Raumordnungsverträgen verfolgt wird, hängt dieses vom Inhalt der jeweils abzuschließenden Verträge ab und ist auf dieser Grundlage zu beurteilen. Bei Vorbereitungs- und Durchführungsverträgen sowie bei Kostenübernahmeverträgen geht es um eine Beteiligung Privater an Planungs- und Aufschließungskosten, das heißt, um die Finanzierung von Aufgaben, die unzweifelhaft im öffentlichen Interesse liegen. Eine Mitfinanzierung durch Grundstückseigentümer dient daher ebenfalls einem öffentlichen Interesse, außer das Gesetz sieht vor, dass die entsprechenden Aufwendungen ausschließlich von der Gemeinde zu tragen oder in hoheitlicher Form vorzuschreiben sind. Bei Verwendungs- und Überlassungsverträgen begründet das anerkannte Raumordnungsziel eines sparsamen Umgangs mit Bauland und seiner widmungskonformen Nutzung ein öffentliches Interesse. Das wird auch in der einschlägigen Judikatur des VfGH durchwegs anerkannt.[74] Darüber hinaus kann es ein öffentliches Interesse darstellen, dass Wohnraum zu leistbaren Bedingungen und/oder für Zwecke des sozialen Wohnbaus bereitgestellt wird. Um das klarzustellen, sollte der Raumordnungsgesetzgeber ein entsprechendes gesetzliches Raumordnungsziel aufstellen, wie dies einzelne ROG getan haben; eine entsprechende Klarstellung wäre auch im Hinblick auf die Vertragsraumordnung insoweit sinnvoll, als die Bereitstellung von Flächen für preiswerte Wohnungen damit als qualifiziertes öffentliches Interesse ausgewiesen würde.[75]

Das Bestehen oder der Nachweis eines öffentlichen Interesses an den mit Raumordnungsverträgen verfolgten Zielen ist daher nicht das entscheidende Problem bzw unschwer auszuräumen, wenn der Raumordnungsgesetzgeber vor allem im Rahmen der gesetzlichen Raumordnungsgrundsätze und -ziele entsprechende Klarstellungen trifft. Die grundrechtliche Problematik liegt vielmehr bei dem *Kriterium der Verhältnismäßigkeit*, das heißt, bei der Beurteilung der Notwendigkeit und Angemessenheit der durch vertragliche Gestaltungen bewirkten Beschränkungen der Eigentümerbefugnisse.

Das Grundproblem ist die Gewährleistung eines *angemessenen Interessenausgleichs* unter Vermeidung einer einseitigen Übermacht eines Vertragspartners. Diese Situation würde jedenfalls zu befürchten sein, wenn der Vertrag in der Form mit Widmungsentscheidungen verknüpft wäre, dass sein Abschluss bzw Nichtabschluss die einzige Voraussetzung für eine Widmung oder Umwidmung wäre. Daher zeigt sich auch aus der grundrechtlichen Perspektive, dass der Vertrag in einen raumordnungsrechtlichen Regelungszusammenhang eingebunden sein muss, der eine Widmung oder Rückwidmung *an sich* sachlich rechtfertigt, wobei durch den Vertrag in diesem Rahmen nähere Ausgestaltungen vorgenommen werden können. Bei der näheren Ausgestaltung der Vertragsinhalte kommt der Beachtung des Eigentumsgrundrechts besondere Bedeutung zu.

Eine besondere Ausprägung findet der Grundsatz der Verhältnismäßigkeit beim Eigentumsgrundrecht im Zusammenhang mit der aus diesem Grundrecht abzuleitenden *Bestands- und Wertgarantie*. Enteignungen und den Fällen der Enteignung gleich zu haltende Eigentumsbeschränkungen („materielle Enteignungen") sind jedenfalls nach der herrschenden Lehre nur gegen eine zumindest angemessene Ent-

---

72 Vgl zB VfSlg 13.659/1993, 13.964/1994, 17.604/2005.
73 Vgl V.2.
74 Vgl zB VfSlg 15.625/1999 ua.
75 Vgl dazu auch die entsprechende Forderung bei *Kanonier* (Fn 1) 13. Damit würde auch dem denkbaren Einwand Rechnung getragen, dass zumindest hoheitliche Maßnahmen einer „Positivplanung" eines qualifizierten öffentlichen Interesses bedürfen, das über das allgemeine Interesse an einer geordneten Raumentwicklung hinausgeht; so *Fröhler/Oberndorfer*, Positivplanung und Eigentumsrecht (1979) 56 ff; in diesem Sinne auch *Pernthaler/Prantl* (Fn 16) 241.

schädigung zulässig.[76] Damit wird der Bestand des Eigentums vor einer Entziehung geschützt, die nur im öffentlichen Interesse und gegen Entschädigung zulässig ist; mit dieser *Bestandsgarantie* ist zugleich eine *Eigentumswertgarantie* verbunden, die dem Einzelnen den Erhalt des Vermögenswerts bestehender Rechte unter prinzipiellem Ausschluss künftiger Chancen oder Risiken verbürgt.

Im Hinblick auf die Entschädigungsverpflichtung und die damit verbundene Eigentumswertgarantie ist allerdings die *Judikatur* der österreichischen Höchstgerichte nicht ganz eindeutig, auch und gerade auch im Zusammenhang mit dem Raumordnungsrecht: Der VfGH hat sich in seiner jüngeren Judikatur niemals eindeutig zu der aus Art 5 StGG abzuleitenden Entschädigungspflicht bei Enteignungen bekannt, er scheint allerdings, der Judikatur des EGMR folgend, davon auszugehen, dass zumindest aus der Eigentumsgarantie der EMRK (Art 1 1. ZProt EMRK) und dem in dieser Bestimmung angesprochenen „billigen Ausgleich" grundsätzlich eine Verpflichtung zum Ersatz des Schadens bei gewissen gravierenden Eigentumseingriffen folgt.[77] Entschädigungslose Eigentumseingriffe können allerdings nach der Judikatur des VfGH gegen den Gleichheitsgrundsatz verstoßen, wenn einem Eigentümer ein gleichheitswidriges *„Sonderopfer"* auferlegt wird.[78] An diese Rechtsprechung hat der OGH in seiner jüngeren Judikatur zur Rückwidmung von Bauland angeknüpft. Danach ist ein Entschädigungsanspruch in solchen Fällen immer schon dann verfassungsrechtlich geboten, wenn die Rückwidmung dem Eigentümer ein besonders gravierendes Opfer zugunsten der Allgemeinheit abverlangt, ihn also in sachlich nicht rechtfertigbarer und unverhältnismäßiger Weise stärker belastet, als im Allgemeinen andere Personen zugunsten des öffentlichen Wohls belastet sind.[79] Für den VfGH ist allerdings auch in solchen Fällen eine Entschädigung verfassungsrechtlich nicht geboten, sondern der Gesetzgeber ist nur dann zu einer dem Gleichheitsgrundsatz entsprechenden Ausgestaltung der Entschädigungstatbestände verpflichtet, wenn er eine Entschädigung vorsieht.[80]

Definitive Aussagen zu den aus dem Eigentumsgrundrecht selbst oder dem Gleichheitsgrundsatz abzuleitenden *entschädigungsrechtlichen Folgen von Rückwidmungen* sind daher vor dem Hintergrund dieser nicht eindeutigen Judikatur nicht ohne Weiteres möglich.[81] Daher muss es auch offenbleiben, ob die Entschädigungsregelungen der geltenden ROG den verfassungsrechtlichen Anforderungen entsprechen, wenn sie nur den Ersatz der Aufwendungen für die Baureifmachung von Grundstücken bzw, darüber hinausgehend, in einzelnen Bundesländern auch eine Entschädigung in der Höhe der nachweislich für Bauland bezahlten Mehrkosten oder in anderen Härtefällen vorsehen.[82] Versucht man die Ansätze der Judikatur von VfGH und OGH auf einen gewissen gemeinsamen Nenner zu bringen, lässt sich sagen, dass Eigentumsbeschränkungen dann auf ein verfassungswidriges Sonderopfer hinauslaufen, wenn sie den Eigentümer in unverhältnismäßiger Weise belasten. Dieses Urteil über die Verhältnismäßigkeit hängt von einer Reihe von Gesichtspunkten ab, wie der Dauer und Intensität einer rechtmäßig ausgeübten Nutzung, dem Ausmaß des Vermögenseingriffs, der Vorhersehbarkeit des Eingriffs, dem bloßen Erfassen einzelner oder kleinerer Gruppen und dem Umfang, mit dem die mit dem Eigentum verbundenen Ausübungsbefugnisse prinzipiell oder weitgehend eingeschränkt werden.[83] Liegt ein solches verfassungsrechtlich relevantes Sonderopfer vor, ist eine Entschädigung geboten. Andererseits gebietet die Verfassung nicht, dass jede durch Raumplanungsmaßnahmen bewirkte Wertänderung entschädigungsrechtlich erfasst wird; gewisse und nicht unerhebliche Wertänderungen, wie sie mit fast jeder Planungsmaßnahme verbunden sind, muss der Eigentümer als Ausfluss der Sozialbindung des Eigentums entschädigungslos hinnehmen.[84]

---

76 Vgl zu Art 5 StGG zB *Korinek* in *Korinek/Holoubek* (Hrsg), Bundesverfassungsrecht. Textsammlung und Kommentar, StGG Art 5, Rz 42 ff; *Berka* (Fn 52) Rz 1551 ff; *Walter/Mayer/Kucsko-Stadlmayer*, Grundriss des österreichischen Bundesverfassungsrechts[10] (2007) Rz 1483; *Öhlinger/Eberhard*, Verfassungsrecht[10] (2014) Rz 879 ff, jeweils mit weiteren Nachweisen und Begründungen; zu der aus Art 1. 1.ZProt EMRK abzuleitenden Entschädigungspflicht vgl zB *Grabenwarter/Pabel*, Europäische Menschenrechtskonvention[5] (2012) 509 ff; *Wimmer*, Die Entschädigung im öffentlichen Recht (2009) 83 ff; *Thalmann* (Fn 71) 389 ff.
77 VfSlg 18.069/2007.
78 Vgl zB VfSlg 13.281/1992, 16.316/2001, 16.455, 16.636/2002; zu jüngeren Entwicklungen in der Judikatur des VfGH vgl auch *Bußjäger*, Schutz des Eigentums, in *Heißl* (Hrsg), Handbuch Menschenrechte (2009) 382 (399 ff).
79 Vgl OGH 11.3.1999, 2 Ob 52/99g, bbl 1999/185, 161; OGH 9.9.2008, 5 Ob 30/08k, JBl 2009, 116; zu dieser Judikatur vgl *Berka*, Entschädigungsanspruch und Sonderopfer, in Griss-FS (2011) 51 mit weiteren Nachweisen.
80 VfSlg 19.341/2011; ferner VfSlg 13.282/1992, 17.149/2004, 19.202/2010.
81 Vgl auch *Bußjäger*, Aktuelle Fragen der Entschädigungspflicht bei Rückwidmungen, in *Berka*-FS (2013) 21 (28), der im Hinblick auf die angesprochenen Entscheidungen von VfGH und OGH von einer „Judikaturdivergenz" spricht.
82 Vgl zu einem Überblick über die unterschiedlichen raumordnungsrechtlichen Regelungen *Wimmer* (Fn 76) 209 ff; *Bußjäger* (Fn 81) 23.
83 So die von *Korinek* angeführten und vom OGH in der Entscheidung OGH 29.9.2009, 8 Ob 35/09v, RdU 2010, 48 zustimmend zitierten Grundsätze; vgl *Korinek* (Fn 76) Rz 52.
84 Vgl dazu *Berka* (Fn 79) 59 ff.

Für die Problematik der Raumordnungsverträge bedeutet dies, dass der Grundstückseigentümer nicht durch den Vertrag in eine Situation gebracht werden darf, die ihm ein verfassungsrechtlich relevantes *Sonderopfer* abverlangt. Das wäre beispielsweise dann der Fall, wenn nur einzelne Grundstückseigentümer unter dem Druck einer Rückwidmung zum Vertragsabschluss zu ungünstigen Bedingungen gedrängt würden; daher ist das (auch in den geltenden Regelungen zur Vertragsraumordnung) angesprochene Gebot der Gleichbehandlung aller Eigentümer eine notwendige Bedingung verfassungskonform ausgestalteter Vertragsraumordnung.

Eine sachgerecht den öffentlichen Interessen Rechnung tragende und den Rahmen des Verhältnismäßigen wahrende Vertragsgestaltung innerhalb eines gesetzlich vorgezeichneten Rahmens stellt zugleich auch sicher, dass dem Gesichtspunkt der *Willkürfreiheit* und damit dem Gleichheitsgrundsatz Rechnung getragen wird.

Eine nähere Konkretisierung dieser grundrechtlichen Anforderungen kann nur unter Berücksichtigung des unterschiedlichen Inhalts der verschiedenen Raumordnungsverträge erfolgen. Daher werden die grundrechtlichen Erwägungen im nächsten Abschnitt erneut aufzugreifen und zu präzisieren sein.

5. Zur Gewährleistung von Rechtsschutz bei der Vertragsraumordnung

Durch Raumordnungsverträge wird die Rechtslage der betroffenen Grundstückseigentümer maßgeblich gestaltet, wobei die Verbindung mit hoheitlichen Planungsentscheidungen eine besondere *Rechtsschutzlage* schafft. Es ist ein grundlegendes und an dieser Stelle nicht näher begründungsbedürftiges *Erfordernis des Rechtsstaats*,[85] ein dieser besonderen Lage entsprechendes Rechtsschutzinstrumentarium für die Rechtsunterworfenen bereitzustellen, dessen Fehlen oder gravierende Lücken den Vorwurf der Verfassungswidrigkeit nach sich ziehen müsste.

Dabei sind bestimmte typische Situationen in Erwägung zu ziehen, für die entsprechender Rechtsschutz zu gewährleisten ist:
→ Rechtsschutz bei gesetzwidrigen oder sittenwidrigen Verträgen unter Einschluss einer Prüfung auf ihre Grundrechtskonformität;
→ Rechtsschutz bei sonstigen Vertragsstörungen, wie zB Fälle der Irreführung, des Zwanges oder anderer Vertragsmängel;
→ Rechtsschutz bei unbegründeter Verweigerung eines Vertragsabschlusses durch die Gemeinde;
→ Rechtsschutz bei „Nichterfüllung" durch die Gemeinde, etwa in der Form, dass eine vereinbarte (oder vorausgesetzte) Widmung nicht vorgenommen wird;
→ Rechtsschutz gegen sachlich nicht gerechtfertigte Widmungsentscheidungen, wenn diese als „Sanktion" für einen verweigerten Vertragsabschluss angedroht oder vorgenommen werden.

Für die *nähere Ausgestaltung des Rechtsschutzes* entscheidend ist, ob Raumordnungsverträge wie bisher als privatrechtliche Verträge oder als öffentlich-rechtliche Verträge vorgesehen sind. Denn abgesehen von anderen Vor- und Nachteilen dieser beiden Modelle ist es gerade der Unterschied im eröffneten Rechtsweg, der diese beiden Formen der Ausgestaltung der Vertragsraumordnung unterscheidet. Daher sind im Folgenden die mit den beiden jeweils in Betracht kommenden Rechtswege – hier der Weg zu den ordentlichen Gerichten und dort zur Gerichtsbarkeit des öffentlichen Rechts – verbundenen Fragen und offenen Probleme zu erörtern.

a) Rechtsschutzgewährleistung bei der privatrechtlichen Vertragsraumordnung

Die vom VfGH und Teilen der öffentlich-rechtlichen Literatur geäußerten Befürchtungen, dass bei Verwendung von Raumordnungsverträgen der dem Liegenschaftseigentümer zur Verfügung stehende zivilgerichtliche Rechtsschutz nicht ausreichend sei,[86] ist aus privatrechtlicher Sicht nicht leicht nachzuvollziehen. Es drängt sich einem die Frage auf, warum die materiellrechtlichen Regelungen des Privatrechts und die Bestimmungen des Prozessrechts, die in der Lage sind, alle privatwirtschaftlichen Konflikte befriedigend zu lösen, nicht imstande sein sollten, dem Grundeigentümer in der Vertragsraumordnung einen ausreichenden Rechtsschutz zu gewähren.

Die dahin gehende Besorgnis dürfte ihren Grund darin haben, dass die Partner des Raumordnungsvertrages nicht gleichgewichtig sind, sondern der Gemeinde ein großes „Übergewicht" zukommt.[87] Dies ist zwar unbestreitbar richtig, würde Zweifel an dem zivilrechtlichen- und zivilgerichtlichem Rechtsschutz aber nur dann rechtfertigen, wenn der Beweis dafür erbracht werden könnte, dass das Privat- und Prozessrecht keine oder nur ungenügende Rechtsschutzmechanismen zur Verfügung stellt. Dieser Nachweis scheint uns schon deshalb nicht gelungen, weil Ver-

---

85 Vgl zB nur VfSlg 11.196/1986, 13.003/1992, 13.834/1994 uva; *Hiesel*, Die Rechtsstaatsjudikatur des Verfassungsgerichtshofes, ÖJZ 1999, 522.
86 Siehe dazu *Öhlinger* (Fn 3) 206 f.
87 Siehe dazu *Öhlinger* (Fn 3) 206.

tragsverhältnisse, an denen ein übermächtiger Partner beteiligt ist, auch außerhalb der Privatwirtschaftsverwaltung eher die Regel als die Ausnahme sind. Seit geraumer Zeit haben der nationale und der europäische Gesetzgeber Instrumente entwickelt, um diesem Ungleichgewicht entgegenzuwirken. Die Fülle an verbraucherrechtlichen Regelungen legt davon ein beredtes Zeugnis ab. Auch Rechtsprechung und Lehre haben zum Schutz unterlegener Vertragspartner einen großen Beitrag geleistet.

Öhlinger hat bereits zutreffend darauf hingewiesen, dass sich die der Vertragsraumordnung im Hinblick auf einen ausreichenden Rechtsschutz entgegen- gebrachte Skepsis bei genauerer Betrachtung auf die gesamte Privatwirtschaftsverwaltung beziehen müsste.[88] Es handelt sich also jedenfalls nicht um ein spezifisches Problem des Raumordnungsvertrages.

Wie gesagt, ist das Privatrecht aber ohnehin in der Lage, dem unterlegenen Vertragspartner einen ausreichenden Schutz zu gewähren. Hier sind beispielhaft die zwingenden Normen des KSchG zu nennen, von denen in unserem Zusammenhang vor allem die §§ 6 Abs 1 Z 1 und Z 14 KSchG zu erwähnen sind. Auch außerhalb des Verbraucherrechts stellt das Privatrecht zB in Form der Geltungs- und Inhaltskontrolle von Allgemeinen Geschäftsbedingungen (AGB) Instrumente zum Schutz unterlegener Partner zur Verfügung. Ganz allgemein hat die Judikatur zahlreiche Fallgruppen herausgearbeitet, bei welchen das Übergewicht eines Vertragspartners bei der Sittenwidrigkeitsprüfung eine ausschlaggebende Rolle spielt.[89]

Die manchmal geäußerte Kritik, dass dem Privatrecht Säumnisregelungen fehlten, ist jedenfalls in unserem Zusammenhang nicht aufrechtzuerhalten. Weigert sich die Gemeinde, aus sachlich nicht gerechtfertigten Gründen mit einem Grundeigentümer einen Raumordnungsvertrag zu schließen, verstößt sie gegen das in manchen ROG sogar ausdrücklich erwähnte, aufgrund der Fiskalgeltung der Grundrechte aber auch für die Vertragsraumordnung insgesamt zu beachtende Gleichbehandlungsgebot. Dieses führt zu einem vor den Zivilgerichten durchsetzbaren Abschlusszwang. In den letzten Jahren haben die Gerichte ihre ursprüngliche Zurückhaltung gegenüber der Heranziehung der Grundrechte auch weitestgehend abgelegt. Unabhängig von der Fiskalgeltung hat der OGH gerade auch bei monopolartigen Verhältnissen einen Kontrahierungszwang entwickelt.

b) Rechtsschutzgewährleistung bei der öffentlich-rechtlichen Vertragsraumordnung

Die nachfolgenden Überlegungen wenden sich der Frage zu, wie sich der Rechtsschutz bei einer Ausgestaltung der Raumordnungsverträge als öffentlich-rechtliche Verträge darstellt, dies unter der Annahme, dass der Gesetzgeber eine *Zuständigkeit der Verwaltungsgerichte* zur Entscheidung über Beschwerden im Zusammenhang mit solchen Verträgen begründet. Dass die verfassungsrechtliche Zulässigkeit dieses Weges noch nicht abschließend und in einer jede Zweifel ausschließenden Weise beantwortet werden kann, wurde bereits gesagt.[90]

Die Gewährleistung eines ausreichenden und praktikablen Rechtsschutzes im Zusammenhang mit öffentlich-rechtlichen Raumordnungsverträgen setzt ein Tätigwerden des Gesetzgebers voraus, der dabei – dies wurde bereits gesagt – Neuland betreten müsste und eine durchaus anspruchsvolle Aufgabe zu lösen hätte. Die Aufgabe ist aber *nicht unlösbar*. Hier können nicht alle Modalitäten und Einzelheiten dieses Rechtsschutzes behandelt werden, wohl aber sind die denkbaren Grundzüge anzusprechen.

Eröffnet der Gesetzgeber einen Rechtszug zu den VwG, könnten diese zunächst bei Streitigkeiten über die *Gültigkeit des Vertrages* mit Beschwerde angerufen werden. Das könnte Willensmängel des Vertrages betreffen, beispielsweise seine Anfechtung wegen Irrtums oder Zwangs ermöglichen. Das VwG könnte aber auch die inhaltliche Rechtmäßigkeit des Vertrages prüfen, wobei das voraussetzt, dass der Gesetzgeber auch die näheren Umstände, Grenzen und Bedingungen derartiger Raumordnungsverträge regelt. Im Zusammenhang mit einer derartigen *Feststellungsbeschwerde* könnte auch das Fehlerkalkül gesetzlich geregelt werden, das heißt, die Umstände, die zur Aufhebung des Vertrages durch das VwG führen. Das könnten Verstöße gegen das materielle Raumordnungsrecht sein, etwa eine fehlerhafte und daher gesetzwidrige raumplanerische Abwägungsentscheidung, aber auch Verstöße gegen die Grundrechtsbindung, wie zB willkürliche oder im Lichte der Eigentumsgarantie unverhältnismäßige Vertragsbestimmungen. Die Legitimation zur Erhebung einer solchen Beschwerde könnte beiden Partnern des Vertrages eingeräumt werden, und zwar dem privaten Vertragspartner in der Form einer Parteibeschwerde und der Gemeinde in der Form einer Amtsbeschwerde (Art 132 Abs 5 B-VG).

---

88 Siehe dazu *Öhlinger* (Fn 3) 206f.
89 Zu all diesen Schutzvorschriften siehe unten.
90 Vgl dazu oben Abschnitt IV.

Weigert sich eine Gemeinde in gesetzwidriger Weise, einen öffentlich-rechtlichen Raumordnungsvertrag abzuschließen, könnte eine *Beschwerde gegen die Untätigkeit* eröffnet werden.[91] Dies setzt voraus, dass das Gesetz dem privaten Vertragspartner einen *Kontrahierungsanspruch* unter den näher gesetzlich zu regelnden Bedingungen einräumt. Unklar ist, welche Entscheidungszuständigkeiten eines VwG in einem solchen Zusammenhang geschaffen werden könnten. Denkbar wäre eine Art von Leistungsbeschwerde, die auf den Abschluss des Vertrages gerichtet ist; als Alternative wäre auch hier eine Feststellungsbeschwerde denkbar. Die Zulässigkeit und nähere Ausgestaltung derartiger Verfahren können ohne weitere vertiefende Überlegungen nicht beurteilt werden und müssen hier offenbleiben. Das gilt auch für denkbare auf die Leistungen des privaten Vertragspartners gerichtete Leistungsbeschwerden der Gemeinde sowie für Leistungsbeschwerden des privaten Vertragspartners.

Schwierigkeit wirft der Rechtsschutz gegen eine *rechtswidrige Untätigkeit* der Gemeinde bei der Erlassung bzw Änderung eines Raumordnungsplanes auf, durch die den konditional übernommenen Verpflichtungen auf Vornahme einer Widmungsentscheidung Rechnung getragen werden soll. Dieser defizitäre Rechtsschutz im Zusammenhang mit der Erlassung von Verordnungen ist freilich *keine Besonderheit* bei einer öffentlich-rechtlichen Vertragsgestaltung, sondern stellt sich in vergleichbarer Weise auch bei privatrechtlichen Raumordnungsverträgen. Da dem Einzelnen bei der Erlassung von Verordnungen keine Parteistellung und somit kein Anspruch auf eine Entscheidung zusteht, scheiden die im Verwaltungsverfahrensrecht bzw im verwaltungsgerichtlichen Verfahren bestehenden Möglichkeiten des Säumnisschutzes aus. Nur in besonderen Konstellationen kann darüber hinaus die Nicht-Änderung eines Planes zu seiner vor dem VfGH geltend zu machenden Rechtswidrigkeit führen.[92] Die aufsichtsbehördlichen Verfahren geben dem Einzelnen mangels Rechtsanspruch auf ein Tätigwerden der Aufsichtsbehörden keinen adäquaten Rechtsschutz; Gleiches gilt für das Amtshaftungsrecht.

Wirksame Abhilfe kann auch in diesem Zusammenhang letztlich nur der *Gesetzgeber* schaffen.[93] Eine Voraussetzung dafür wäre, dass die Vornahme einer Widmungsänderung unter der Voraussetzung, dass auch die übrigen raumordnungsmäßigen Voraussetzungen vorliegen, der Gemeinde zur Rechtspflicht gemacht wird. Unter dieser Voraussetzung wäre die Säumnis der Gemeinde rechtswidrig. Freilich stellt sich auch dann die Frage, wie diese Säumnis geltend gemacht werden kann.

Denkbar wäre es, den Rechtsschutz über eine Ingerenz der *Aufsichtsbehörde* zu bewerkstelligen. Dass eine rechtswidrige Säumnis der Gemeinde bei der Erlassung oder Änderung von Plänen der örtlichen Raumordnung die Aufsichtsbehörde zur Ersatzvornahme berechtigt, sieht bereits das geltende Gemeindeaufsichts- und Raumordnungsrecht vor; um dem Rechtsschutzinteresse des Einzelnen Genüge zu tun, müsste der Gesetzgeber in dem hier diskutierten Zusammenhang allerdings einen Rechtsanspruch auf Tätigwerden der Aufsichtsbehörde einräumen. Einwände gegen eine solche Lösung sind nicht ersichtlich. Zudem könnte bei einer solchen Konstellation die Verordnungsprüfung durch den VfGH Abhilfe bieten, weil dann die Beibehaltung der ursprünglichen Widmung jedenfalls rechtswidrig und den Plan mit einer Gesetzwidrigkeit belasten würde. Offen ist, ob im Zusammenhang mit einer Ausgestaltung der Raumordnungsverträge als öffentlich-rechtliche Verträge noch andere Lösungen denkbar sind. Wohl auszuschließen ist die Begründung einer entsprechenden Zuständigkeit der VwG nach Art 130 Abs 2 Z 1 B-VG, da – wie immer sonst der Begriff des „sonstigen Verhaltens" auszulegen ist – der Erlass von generellen Rechtsakten nicht darunter fallen dürfte.[94]

Nimmt eine Gemeinde eine *Widmungsentscheidung* in rechtswidriger Weise vor, etwa als „Sanktion" für einen verweigerten Vertragsabschluss, ist von der Gesetzwidrigkeit der Planungsentscheidung auszugehen, die in einem Verfahren der inzidenten Normenkontrolle nach Art 139 B-VG, ggf durch Individualantrag, vor dem VfGH geltend gemacht werden kann.

Soweit nach den vorstehend angesprochenen Überlegungen eine Entscheidungszuständigkeit der VwG begründet würde, steht den Parteien des verwaltungsgerichtlichen Verfahrens der weitere *öffentlich-rechtliche Rechtsschutz* offen, der zu den beiden Höchstgerichten des öffentlichen Rechts führt (Revision zum VwGH, Fristsetzungsantrag, Beschwerde an den VfGH nach Art 144 B-VG).

---

91 Dazu, dass die Beschwerde nach Art 130 Abs 2 Z 1 B-VG auch gegen eine behördliche Untätigkeit vorgesehen werden kann, die ebenfalls einen Fall eines sonstigen „Verhaltens" einer Verwaltungsbehörde in Vollziehung der Gesetze darstellt, vgl zB *Hauer*, Zuständigkeiten (Fn 52) 36.
92 Etwa wenn eine Gründlandwidmung ausschließlich wegen des Nichtabschlusses eines Vertrages erfolgt oder trotz Vertragsabschluss beibehalten wird, weil dann diese Widmung wohl als unsachlich und somit als gesetzwidrig anzusehen wäre.
93 So auch *Wiederin* (Fn 44) 92.
94 Vgl *Holoubek* (Fn 52) 142.

Zusammenfassend dürften sich somit die bei Raumordnungsverträgen anstehenden *Rechtsschutzprobleme* bei einer öffentlich-rechtlichen Ausgestaltung sachadäquat lösen lassen. Wenn man, anders als hier angenommen, die Zulässigkeit einer Eröffnung eines Rechtsweges zu den VwG verneint, könnte der verfassungsrechtlich gebotene Rechtsschutz bei derartigen Verträgen allerdings nur dadurch gelöst werden, dass für Streitfälle aus solchen Verträgen bzw bei einem Nicht-Abschluss die *Erlassung eines Bescheides* gesetzlich vorgesehen wird. Aus verschiedenen Gründen wäre eine solche Lösung allerdings nur die „zweitbeste" und auch sie setzt eine sorgfältige gesetzliche Ausgestaltung voraus. Das zeigt, dass der Kern der Problematik tatsächlich der „Determinierungsgrad des Vertragsinhalts durch das ermächtigende Gesetz" ist.[95]

---

[95] So zutreffend im Hinblick auf jede Lösung durch einen „nachgeschalteten" Bescheid *Eberhard* (Fn 3) 408 f.

VI RAUMORDNUNGSVERTRÄGE *DE LEGE LATA* UND *DE LEGE FERENDA*

1. Vorbemerkung

Auf der Grundlage der vorstehenden Erwägungen lassen sich nunmehr die einzelnen Arten der in der Praxis verwendeten *Raumordnungsverträge* analysieren. Dabei werden die aufgrund der *geltenden Rechtslage* bestehenden Möglichkeiten und Probleme aufgezeigt, zugleich sollen die aus einer rechtspolitischen Perspektive möglichen und unter Umständen aus verfassungs- oder zivilrechtlicher Sicht nötigen Schritte zu einer *Fortentwicklung durch den Gesetzgeber* behandelt werden. Nachdem es in fast allen Bundesländern mit der Ausnahme von (noch) Wien einschlägige raumordnungsrechtliche Regelungen gibt, die in vielen Einzelheiten unterschiedlich ausgestaltet sind, müsste eigentlich auf jedes Bundesland gesondert eingegangen werden. Dies würde den Rahmen sprengen. Daher sind die nachfolgenden Überlegungen zwangsläufig exemplarisch und sie stehen unter dem Vorbehalt, dass es in dem einen oder anderen ROG abweichende gesetzliche Regelungen gibt.

2. Die Alternative: privatrechtliche oder öffentlich-rechtliche Raumordnungsverträge

Die folgende Analyse der typischen Raumordnungsverträge, wie sie sich nach geltendem, allenfalls nach weiterentwickeltem Recht darstellen, bezieht sich auf *privatrechtliche* Vertragsgestaltungen. Dies trägt dem Umstand Rechnung, dass es gegenwärtig ausschließlich privatrechtliche Raumordnungsverträge gibt. Vorweg ist die grundsätzliche Frage eines *Übergangs zu einem öffentlich-rechtlichen Vertragsregime* anzuschneiden und es sind die für eine solche rechtspolitische Entscheidung maßgeblichen Gesichtspunkte aufzuzeigen.

Die Entscheidung für eine öffentlich-rechtliche Vertragsraumordnung würde einen *nicht unerheblichen* Bruch mit bisherigen Traditionen und einen Schritt in Neuland darstellen. Das spricht zunächst *nicht* dagegen: Dass sich die bisherige Praxis und die ROG für eine privatrechtliche Ausgestaltung der Vertragsraumordnung entschieden haben, war weniger eine bewusst reflektierte rechtspolitische Entscheidung, sondern hängt mit den lange Zeit bestehenden Unsicherheiten rund um die verwaltungsrechtlichen Verträge und ihrer Zulässigkeit zusammen, angesichts derer fast nur die „Flucht in das Privatrecht" übrig blieb. Die wissenschaftliche Diskussion hat die Option einer öffentlich-rechtlichen Ausgestaltung immer wieder in Erwägung gezogen, wobei im Schrifttum sowohl befürwortende wie ablehnende Positionen bezogen werden: Es ist nicht erstaunlich, dass vor allem aus öffentlich-rechtlicher Sicht immer wieder *für* die Einführung von öffentlich-rechtlichen Raumordnungsverträgen plädiert wurde, während von der Seite des Privatrechts auf die Tauglichkeit von privatrechtlichen Lösungen vor allem unter den Gesichtspunkten der größeren Flexibilität hingewiesen wurde. Das ist freilich nicht der einzige in Betracht zu ziehende Gesichtspunkt, wie die folgende – nur schlagwortartige – Auflistung der *Für und Wider* zeigt.

Für öffentlich-rechtliche Raumordnungsverträge spricht, dass

→ sie nicht den Einwänden im Hinblick auf die problematische Verknüpfung des Vertrages mit hoheitlichen Entscheidungen ausgesetzt wären, die vor allem die Einführung einer „obligatorischen Vertragsraumordnung" erschweren;

→ es besser gelingen müsste, vertragliche Vereinbarungen in die Verfahren der örtlichen Raumplanung einzubauen;

→ mit ihnen den verfassungsrechtlichen Vorgaben (Legalitätsprinzip, Grundrechtsbindung) in eindeutiger Weise Rechnung getragen werden könnte – und freilich auch müsste, was zwangsläufig auf einen engeren, möglicherweise weniger flexiblen rechtlichen Rahmen hinausläuft;

→ in dieser Form der Zugang zur Gerichtsbarkeit des öffentlichen Rechts eröffnet werden kann, was man als eine Verbesserung des Rechtsschutzes ansehen kann – wobei diese Einschätzung freilich nicht unbestritten ist und von der Bewertung des privatrechtlichen Rechtsschutzes abhängt; dass dieser auch bei ungleichgewichtigen Partnern eine Fülle von Rechtsschutzinstrumenten bietet, wurde vorstehend schon angemerkt;

→ wobei mit der Eröffnung eines Rechtswegs zu den Verwaltungsgerichten jedenfalls die Kompetenz von „sachnäheren" und möglicherweise in Angelegenheiten der Raumordnung kompetenteren Entscheidungsorganen begründet würde – wobei auch das eine Einschätzung ist, die diskussionswürdig ist;

→ und schließlich, dass Kompetenzabgrenzungsprobleme vor allem im Hinblick auf die Zivilrechtskompetenz des Bundes entfallen würden.

Gegen die Einführung öffentlich-rechtlicher Raumordnungsverträge kann ins Treffen geführt werden, dass

→ ihre Einführung einen erheblichen und nicht unkomplizierten legistischen Aufwand bedingt, wobei es dafür wenige Vorbilder gibt und viele offene Fragen zu klären wären;[96]
→ dazu gehört auch die gegenwärtig noch nicht höchstgerichtlich entschiedene Frage, ob die Verwaltungsgerichte auf der Grundlage von Art 130 Abs 2 Z 1 B-VG für die Entscheidung über Verwaltungsverträge zuständig gemacht werden können (was in dem vorliegenden Gutachten bejaht wird);
→ und ein Vertragsrecht für öffentlich-rechtliche Verträge nicht besteht, wobei freilich die nach der Judikatur zulässige analoge Anwendung des privaten Vertragsrechts einen Ausweg darstellt. Die Zivilgerichte weisen bei der Anwendung vertragsrechtlicher Normen im Vergleich zu den Verwaltungsgerichten eine größere Erfahrung auf, was für den privatrechtlichen Raumordnungsvertrag spricht. Raumordnungsspezifische Kenntnisse könnten den Zivilgerichten durch Sachverständige vermittelt werden.

Die Diskussion dieser Vor- und Nachteile soll in diesem Gutachten *nicht vorweggenommen* werden. Denn ob man sich zu einem solchen Schritt entschließen möchte oder nicht, hängt wahrscheinlich nicht unwesentlich von einer bewertenden Einschätzung der gegenwärtigen Rechtslage und den in ihrem Rahmen für die Raumordnung eröffneten Handlungsmöglichkeiten ab. Das eine lässt sich aber unseres Erachtens sagen: Wird ein ambitionierter Ausbau des Instruments der Vertragsraumordnung in Erwägung gezogen, der dem Vertrag eine deutlich verstärkte Rolle im Planungsprozess und bei der Umsetzung der Raumordnungsziele zuweisen möchte, wäre die Einführung öffentlich-rechtlicher Raumordnungsverträge jedenfalls ernsthaft in Erwägung zu ziehen.

3. Verwendungs- und Überlassungsverträge

a) Öffentlich-rechtliche Gesichtspunkte

1. *Verwendungs-* und/oder *Überlassungsverträge* werden in allen ROG, die Regelungen zur Vertragsraumordnung enthalten, angesprochen und – zum Teil – näher ausgestaltet. Auf der Grundlage dieser gesetzlichen Regelungen und unter Berücksichtigung des Umstandes, dass die Gesetze keine eindeutige Verpflichtung der Gemeinde vorsehen und den Vertragsabschluss auch nicht zwingend mit der hoheitlichen Widmungsentscheidung verknüpfen, bestehen aus öffentlich-rechtlicher Hinsicht *keine prinzipiellen Einwendungen* gegen diese Form der Verträge.[97] Dass die hoheitliche Planungsentscheidung selbst nicht zum Gegenstand einer Verpflichtung der Gemeinde gemacht werden darf, wurde schon angemerkt. Gegen die Bezugnahme auf die bei Vertragsab-schluss vorausgesetzte Widmung in der Form einer in den Vertrag aufgenommenen aufschiebenden Bedingung gibt es dagegen keine durchgreifenden Einwände.

2. Beim Abschluss dieser Verträge ist die Gemeinde an die bereits angesprochenen grundrechtlichen Schranken gebunden. Das gilt für das *Willkürverbot*, weshalb jede willkürliche Verweigerung eines Vertragsabschlusses oder nicht von sachlichen Erwägungen getragene Vertragsinhalte rechtswidrig wären; die meisten Gesetze gebieten explizit die Gleichbehandlung der Grundstückseigentümer und haben damit die Bindung an den Gleichheitsgrundsatz einfachgesetzlich ausgeformt.

Die Erfordernisse des grundrechtlichen *Eigentumsschutzes* werden in den Gesetzen nur ausnahmsweise (in einzelnen ROG im Zusammenhang mit der Preisgestaltung bei Überlassungsverträgen) angesprochen; ihre Beachtung in der Praxis der Vertragsverhandlungen und -gestaltung ist aber möglich und aus verfassungsrechtlicher Sicht geboten. Worauf es dabei ankommt, soll hier an typischen Konstellationen verdeutlicht werden.

---

96 Eine gewisse Vorbildfunktion könnte den öffentlich-rechtlichen Verträgen nach deutschem Recht zukommen, die im deutschen Verwaltungsverfahrensgesetz (VwVfG) eine nähere rechtliche Ausgestaltung erfahren haben (§§ 54 ff); vgl dazu im Überblick *Eberhard* (Fn 3) 76 ff sowie die deutsche Kommentarliteratur, zB *Fehling/Kastner/Störmer* (Hrsg), Verwaltungsrecht. VwVfG, VwGO, Nebengesetze. Handkommentar[3] (2013).
97 Es gibt freilich auch andere Einschätzungen; vgl die Hinweise bei Fn 21.

Bei *Nutzungsverträgen* übernimmt der Eigentümer eine Verpflichtung zu einer widmungskonformen (ggf noch näher konkretisierten) Nutzung seines Eigentums. Ob die Übernahme einer solchen Verpflichtung verhältnismäßig ist, hängt von der konkreten Planungslage ab: Wenn zB nach bestimmten ROG die Rückwidmung von nicht genutztem Bauland nach Ablauf einer bestimmten (5- oder 10-jährigen) Frist ohne Entschädigungsfolgen zulässig ist,[98] wäre es aus der Sicht des Eigentümers nicht unverhältnismäßig, wenn ihm zur Vermeidung dieser Rückwidmung ein Vertrag über die widmungskonforme Nutzung der Grundfläche angeboten wird. In einer solchen Situation wird der Vertrag in den Dienst eines bereits manifestierten öffentlichen Interesses, nämlich der Nutzung von ausgewiesenem Bauland, gestellt; der bei Nichtzustandekommen des Vertrages drohende Eigentumseingriff in der Form der Rückwidmung würde auch bei einer ausschließlich einseitigen bzw hoheitlichen Gestaltung drohen. Durch die Vertragskonstruktion würde der Eigentümer in die Lage versetzt, diesen Nachteil abzuwenden.

Anders stellt sich die Situation dar, wenn der Eigentümer einer *ohne Befristung* ausgewiesenen Baufläche mit der Alternative: Rückwidmung oder Abschluss eines Nutzungsvertrages konfrontiert wird. Denn anders als im ersten Beispiel kann sich dieser auf eine rechtlich verfestigte, grundsätzlich unbeschränkte Nutzungsbefugnis stützen, wobei ihr Entzug durch Rückwidmung jedenfalls einen gravierenden Eigentumseingriff darstellt, von dem fraglich ist, ob und unter welchen Bedingungen der Eingriff verfügt werden darf. Der Vertrag wäre unzulässig, wenn er abgeschlossen werden müsste, um eine Rückwidmung zu vermeiden, deren Zulässigkeit – losgelöst von vertraglichen Vereinbarungen – zweifelhaft ist.

Anders ist wiederum die Situation bei der *Neuausweisung von Bauland* einzuschätzen: Hier verfügt die Gemeinde über einen erheblichen Entscheidungsspielraum, während umgekehrt ein Rechtsanspruch des Einzelnen nicht besteht. Aus der Sicht des Grundstückseigentümers besteht in dieser Lage die Gefahr, dass ihm drückende und unverhältnismäßige Vertragsbestimmungen aufgedrängt werden, die er nur in Kauf nimmt, um die begehrte Widmung zu erlangen. Andererseits ist die eigentumsrechtliche Position des Eigentümers von nicht bereits als Bauland ausgewiesenen Flächen eine andere als die eines Eigentümers von Bauland. Er kann sich nur auf eine rechtlich noch nicht gesicherte Erwartung stützen, dass seine Fläche künftig als Bauland ausgewiesen wird; das unterscheidet seine Grundrechtsposition deutlich von der eines Eigentümers von bereits gewidmetem Bauland.

Ob in einer solchen Lage ein von der Gemeinde angebotener Raumordnungsvertrag den Rahmen des Verhältnismäßigen wahrt, hängt von seinem Inhalt ab. Wird der Eigentümer zu einer der Widmung entsprechenden Nutzung verpflichtet, wird das durch die Baulandwidmung dokumentierte öffentliche Interesse an einer entsprechenden Nutzung realisiert, ohne dass dadurch der Eigentümer unverhältnismäßig belastet wird. Denn die Belastung durch ein vertraglich übernommenes Nutzungsgebot kann der Eigentümer vermeiden; dass in einer solchen Lage die Baulandwidmung unterbleibt, ist nicht unsachlich, wenn das öffentliche Interesse an einer tatsächlichen Nutzung ausreichend begründet werden kann. In einer solchen Situation ist die übernommene vertragliche Verpflichtung verhältnismäßig und der damit verbundene Eigentumseingriff, nämlich die vertraglich übernommene Nutzungsverpflichtung, hinzunehmen.

Bei *Überlassungsverträgen* wird mit der Baulandwidmung eine Verpflichtung zur Veräußerung an einen Dritten (oder vergleichbare Verpflichtungen, wie zB eine Baurechtseinräumung) übernommen und diese mit einem bestimmten Verkaufspreis verknüpft. Aus eigentumsrechtlicher Sicht sind derartige Vertragsgestaltungen deshalb problematisch, weil sie den Grundsatz der Privatnützigkeit und die Werterhaltungsgarantie berühren, die dem Eigentumsgrundrecht immanent sind.[99] Der verfassungsrechtliche Eigentumsschutz garantiert dem Einzelnen eine umfassende und effektive Dispositionsbefugnis über sein Eigentum und damit auch die prinzipielle Freiheit zur privatautonomen Verfügung einschließlich der freien Wahl von Vertragspartnern.[100] So gesehen ist es eine wesentlich gewichtigere Einschränkung, wenn der Eigentümer sich nicht nur zu bestimmten widmungskonformen Nutzungen verpflichtet, sondern zu einer Übertragung des Eigentums (oder die Einräumung vergleichbarer Rechte) an einen von der Gemeinde vorgeschlagenen Dritten.[101] Zumutbar erscheint eine solche Verpflichtung, wenn eine bestimmte Nutzung durch *einen bestimmten Dritten* im

---

98 Vgl dazu die Überblicke über die einschlägigen Regelungen über den Verfall von nicht genutztem Bauland bei *Kleewein* (Fn 5) 40 f; *Kanonier* (Fn 1) 34 ff.
99 Vgl nochmals bei Fn 76 ff.
100 Vgl dazu *Korinek*, Verfassungsrechtliche Grundlagen des Eigentumsschutzes und des Enteignungsrechts in Österreich, in *Korinek/Pauger/Rummel*, Handbuch des Enteignungsrechts (1994) 10 (11).
101 Daher hat der VfGH die Bestimmung eines Erwerbers im Zuge von grundverkehrsbehördlichen Bewilligungen für unzulässig erklärt; vgl VfSlg 5150/1965, 9004/1981.

öffentlichen Interesse liegt und dieses öffentliche Interesse in entsprechenden Planungsakten seinen Niederschlag gefunden hat. Man kann hier beispielsweise an Flächen denken, die im Flächenwidmungsplan mit einer Sonderwidmung für den geförderten Wohnbau ausgewiesen sind,[102] wobei hier freilich nicht gesagt werden kann, dass solche Wohnbauten nicht auch vom Eigentümer selbst realisiert werden könnten; in diesem Fall müsste ihm wohl der Vorrang gelassen bleiben. Anders würde sich die Situation darstellen, wenn in den ROG die gesetzlichen Grundlagen für die Ausweisung von Flächen für tatsächlich geförderte Wohnungen geschaffen würden,[103] da dann eine Fallgestaltung vorliegen würde, in welcher die vertragliche Verpflichtung zur Weitergabe an einen entsprechenden Wohnbauträger, gemessen an dem in der Widmung dokumentierten öffentlichen Interesse, als nicht unverhältnismäßig erscheint.

Grundrechtlich besonders sensibel ist die *Preisgestaltung*. Dies ergibt sich schon aus der faktischen Interessenlage, weil die Gemeinde beim Abschluss von Raumordnungsverträgen interessiert sein wird, ein Baugrundstück für sich oder etwa für einen Wohnbauträger zu günstigeren Bedingungen als am freien Bodenmarkt zu erlangen, während der Eigentümer von der legitimen Erwartung ausgeht, einen Marktpreis zu realisieren.

Bei Überlassungsverträgen wird die Höhe des vertraglich vereinbarten *Verkaufspreises* entscheidend sein. Dabei ist von einer Situation auszugehen, in denen das fragliche Grundstück grundsätzlich zur Bebauung geeignet und seine bauliche Nutzung auch aus raumfachlichen Erwägungen jedenfalls vertretbar ist; fehlte es an diesen Bedingungen, wäre der Abschluss eines Raumordnungsvertrages schon aus allgemeinen Erwägungen unsachlich und unzulässig. Liegen die fachlich-planerischen Voraussetzungen für eine Baulandausweisung und für eine einem bestimmten Zweck entsprechende Nutzung (etwa für Zwecke des sozialen Wohnbaus) vor, kommt der Abschluss eines entsprechenden Überlassungsvertrages in Betracht. Bei der Bewertung der eigentumsrechtlichen Lage des Eigentümers fällt dann ins Gewicht, dass eine Baulandnutzung noch nicht rechtlich gesichert ist, er mithin sich nur auf eine Chance berufen kann, dass ihm nach Maßgabe entsprechender künftiger Planungsentscheidungen die Möglichkeit der Bebaubarkeit gesichert wird. Daher dürfte es verfassungsrechtlich *nicht* geboten sein, in solchen Fällen dem Vertrag die Marktpreise für Bauland zugrunde zu legen; ein Vertragsangebot hält sich im Rahmen des Verhältnismäßigen, wenn die Chance auf Baulandwidmung entsprechend bewertet und dem Vertrag zugrunde gelegt wird.[104] Der Marktpreis für Bauerwartungsland kann eine grobe Orientierung dafür liefern; letztlich ist es freilich fraglich, ob sich der in einer ganz konkreten Lage angemessene Preis durch eine notwendig abstrakte gesetzliche Regelung festlegen lässt,[105] sodass die Beurteilung der Angemessenheit von einer Beurteilung im Einzelfall abhängt.

Zusammenfassend lässt sich daher sagen, dass Nutzungs- und Überlassungsverträge dann mit den einschlägigen Grundrechten vereinbar sind, wenn sie ein nachvollziehbares öffentliches Interesse verfolgen, das sich in entsprechenden Planungsakten dokumentiert, und wenn der Eigentümer nicht mit Vertragsbedingungen konfrontiert wird, die ihm ein Sonderopfer abverlangen, das heißt, seine Eigentümerposition in unverhältnismäßiger Weise beschneiden.

Der Gesetzgeber kann und sollte diese Erfordernisse für eine verfassungskonforme Ausgestaltung der Raumordnungsverträge gesetzlich ausformen. Freilich werden sich angesichts der Vielgestaltigkeit der praktisch gegebenen Lagen nicht alle Gesichtspunkte im Detail bestimmen lassen, wie sich das am Beispiel der Preisgestaltung gezeigt hat. Insoweit kommt der Rechtskontrolle die nicht unerhebliche Bedeutung zu, den Grundrechtsschutz im Einzelfall zu gewährleisten.

3. Eine *über die geltende Rechtslage hinausgehende* Effektuierung der mit Nutzungs- und Überlassungsverträgen angestrebten Wirkungen könnte in die Richtung gehen, dass der Zusammenhang mit der hoheitlichen Widmungsentscheidung verstärkt wird und die Gemeinden verpflichtet werden, in gewissen Planungslagen vor Widmungsentscheidungen einen Vertrag abzuschließen. Unter welchen Bedingungen eine solche in die Richtung einer „obligatorischen Vertragsraumordnung" gehende Rechtsgestaltung zulässig erscheint, wurde oben unter III.4. erörtert. Daran ist hier anzuknüpfen.

Notwendig wäre jedenfalls eine *sorgfältige Ausgestaltung* eines solchen Modells durch den *Raumordnungsgesetzgeber*, dies unter Gesichtspunkten des

---

102 Vgl dazu die Darstellung bei *Kanonier* (Fn 1) 18 f.
103 Zur kompetenzrechtlichen Problematik vgl oben V.3.
104 Vgl zu den Grundsätzen für die Bemessung des Verkehrswerts von Bauerwartungsland die Nachweise bei *Kleewein* (Fn 5) 200 ff und insbesondere OGH 26.2.1997, 7 Ob 2327/96y, bbl 1998/29, 42.
105 Etwa nach der Art der in § 16 Abs 1 Z 3 Oö ROG enthaltenen Regelung, nach der die Hälfte des ortsangemessenen Preises als „angemessen" anzusehen ist, wenn dem Eigentümer die Hälfte seiner Grundfläche zur freien Verfügung bleibt.

Legalitätsprinzips, aber auch aus Sachgründen, um den Vertrag in die Logik des Planungsprozesses einzubauen. In einer solchen Konstruktion könnte der Nutzungs- oder Überlassungsvertrag als eine tatbestandliche Voraussetzung für Widmungsentscheidungen vorgesehen werden, sein Abschluss und die mit ihm erzielten Voraussetzungen wären somit ein Element in der planerischen Abwägungsentscheidung, in die im Übrigen weitere für oder gegen die Widmungsentscheidung sprechende Gesichtspunkte einfließen könnten und sollten. Damit würden die vom VfGH in VfSlg 15.625/1999 als verfassungswidrig qualifizierten Konsequenzen vermieden, dass eine Baulandausweisung entweder nur deshalb vorgenommen wird oder eine Rückwidmung nur deshalb erfolgt, weil ein Vertrag abgeschlossen (nicht abgeschlossen) wurde.

So wäre es etwa vorstellbar, eine Widmungskategorie „Bauerwartungsland" zu schaffen (bzw an solche in einzelnen ROG bereits vorhandenen Regelungen anzuknüpfen) und die Freigabe zur Bebauung davon abhängig zu machen, dass die raumstrukturellen Voraussetzungen (wie zB Aufschließung, Bedarf usw) erfüllt sind,[106] aber auch davon, dass der Eigentümer einen entsprechenden, die künftige Nutzung durch ihn selbst oder Dritte sichernden Vertrag eingeht. Denkbar wäre auch eine weitere Spezifizierung der Widmungskategorie, um unterschiedlichen räumlichen Gegebenheiten Rechnung zu tragen und weil unter Umständen ein das gesamte Gemeindegebiet umfassender Anwendungsbereich der Vertragsraumordnung sachlich fragwürdig und überzogen wäre. So könnte der Gesetzgeber vorsehen, dass in kommunalen Entwicklungsgebieten „Bauerwartungsland – Vertragsbindung" ausgewiesen wird (das Vertragsmodell daher nicht bei jedem Bauerwartungsland zur Anwendung kommt) oder dass an die teilweise schon vorhandene Widmungskategorie „Flächen für den sozialen Wohnbau" anknüpfend eine Widmungskategorie „Flächen für den sozialen Wohnbau – Vertragsbindung" geschaffen wird.

Sicherzustellen wäre, dass den bereits vorstehend behandelten grundrechtlichen Bedingungen und Schranken auch bei einer solchen Ausgestaltung Rechnung getragen werden.

b) Privatrechtliche Gesichtspunkte

bb) Verwendungsverträge

In den sogenannten Verwendungsverträgen verpflichtet sich der Liegenschaftseigentümer gegenüber der Gemeinde innerhalb einer bestimmten Frist die Liegenschaft widmungskonform zu nutzen, insbesondere sie (in einer bestimmten Weise) zu bebauen.

Zunächst ist die rechtliche Einordnung der Verwendungsverträge zu erörtern. Dabei ist – wie bereits wiederholt gesagt – zu betonen, dass die Gemeinde sich aufgrund der verfassungsrechtlichen Vorgaben nicht zu einer Umwidmung verpflichten kann. Damit scheidet eine synallagmatische Verknüpfung der Bebauungspflicht des Grundeigentümers mit einer Umwidmungspflicht der Gemeinde aus. Obwohl die Umwidmungspflicht deshalb nicht als Gegenleistung für die widmungskonforme Nutzung gesehen werden kann, ist aber die Abhängigkeit der Bebauungspflicht – jedenfalls wenn diese vor Umwidmung abgegeben wird[107] – schon deshalb nicht zu leugnen, weil eine Verbauung vor Umwidmung in Bauland schon aus öffentlich-rechtlichen Gründen ausgeschlossen ist. Auch wenn dies nicht besonders vereinbart sein sollte, ist die Baulandwidmung die Voraussetzung für das von den Parteien angestrebte Ziel, nämlich die Verbauung der Liegenschaft.

Da den Parteien dies bei Abschluss des Vertrages bewusst ist, und der Liegenschaftseigentümer regelmäßig die Umwidmung anstrebt, könnte man sie als Rechtsbedingung ansehen. Von einer Rechtsbedingung spricht man immer dann, wenn die Parteien den Eintritt von Rechtswirkungen von einem Umstand abhängig machen, der ohnedies schon nach der Rechtsordnung eine Voraussetzung für die angestrebten Rechtsfolgen bildet. Nach diesem engen Verständnis der Rechtsbedingung handelt es sich also genau genommen nicht um eine rechtsgeschäftliche Bedingung, sondern viel eher um einen Hinweis auf das objektive Recht.[108] Ein solcher Hinweis auf Rechtsvorschriften oder auch deren bloße Wiederholung im Vertrag könnte unseres Erachtens keine Auswirkungen auf die Einordnung des Vertrages haben. Die objektivrechtlichen Rahmenbedingungen gelten ja völlig unabhängig davon, ob sie im Vertrag erwähnt werden.

Diese Sicht würde aber den Verwendungsverträgen wohl nicht vollständig gerecht. Es ist nämlich zu bedenken, dass eine Pflicht auch dann übernommen werden kann, wenn deren Erfüllung im Widerspruch mit rechtlichen Normen stünde. Zum einen muss eine solche Vereinbarung keineswegs nichtig sein, weil die Nichtigkeit wegen Gesetzwidrigkeit vom Normzweck abhängt. Aber selbst wenn der telos der gesetzlichen Bestimmung die Nichtigkeit verlangt, macht es

---

106 Die der VfGH in VfSlg 15.625/1999 mit dem Hinweis auf die „raumfachlichen Interessen" angesprochen hat.
107 Zu Verwendungsverträgen, die hinsichtlich von bereits als Bauland gewidmeten Grundstücken geschlossen werden, siehe S 115.
108 Zur Rechtsbedingung *Koziol/Welser*, Bürgerliches Recht[13] I 194.

für die ganz wesentlich von der Parteiabsicht abhängende Qualifikation des Vertrages einen Unterschied, ob die Vertragsteile das Entstehen der Rechtsfolgen ihres Geschäftes unabhängig von der Einhaltung der einschlägigen Gesetzesbestimmungen angestrebt haben oder nach der Parteiabsicht die Rechtswirkungen des Vertrages überhaupt erst dann eintreten sollen, wenn die objektiv-rechtlichen „Bedingungen" erfüllt sind. In ersterem Fall wäre der Vertrag wegen Verstoßes gegen ein gesetzliches Verbot gemäß § 879 Abs 1 ABGB nichtig, in letzterem hingegen wirksam, wenngleich die angestrebten Rechtsfolgen bis zur Erfüllung der gesetzlichen Voraussetzungen aufgeschoben sind. Dieser Unterschied lässt es unseres Erachtens geboten erscheinen, in letzterem Fall das Vorliegen einer über den bloßen Hinweis auf Rechtsvorschriften hinausgehenden Bedingung anzunehmen, weshalb von einer konditionalen Verknüpfung gesprochen werden kann.

Ohne auf die Frage der Nichtigkeit einzugehen, soll zur Veranschaulichung des hier Gemeinten das Beispiel eines Werkvertrages angeführt werden, der über die Errichtung eines Bauwerks vor Vorliegen der Baubewilligung geschlossen wird. Machen die Parteien eines solchen Werkvertrages dessen Rechtsfolgen von dem Vorliegen der Baubewilligung abhängig, ist diese als rechtsgeschäftliche Bedingung anzusehen; ist die Vereinbarung hingegen so zu verstehen, dass der Werkunternehmer das Bauwerk unabhängig von der Baubewilligung zu errichten hat, fehlt eine solche Bedingung.

Da beiden Teilen klar ist, dass die Gemeinde den Liegenschaftseigentümer nicht zu einer Bauführung vor Umwidmung verpflichten will, sondern mit dem Raumordnungsvertrag gerade die widmungskonforme Verwendung der Liegenschaft herbeigeführt werden soll, geht unseres Erachtens die Umwidmung in Bauland – trotz der ohnehin dahin gehenden positiv-rechtlichen Kautelen – als Bedingung in den Vertrag ein. Ob man diese als Rechtsbedingung bezeichnet ist lediglich eine Frage der Begriffsbildung.

Damit kann der in der Lehre[109] schon früh erstellte Befund bestätigt werden, dass die im Raumordnungsvertrag übernommene Verwendungsverpflichtung mit der Umwidmung konditional verknüpft ist. Die Umwidmung ist daher keine synallagmatische Gegenleistung, sondern die aufschiebende Bedingung[110] für das Entstehen der vom Liegenschaftseigentümer übernommenen Pflicht.

Mangels Verpflichtung der Gemeinde, die Umwidmung durchzuführen, bestehen gegen diese Vertragsgestaltung auch keine verfassungsrechtlichen Bedenken. Dass eine solche Konstruktion auch zivilrechtlich zulässig ist, folgt schon aus dem Prinzip der Privatautonomie. Wenn es dazu noch eines Beweises bedürfte, wäre auf den Maklervertrag hinzuweisen. Bei diesem verpflichtet sich der Makler nicht zur Vermittlung. Führt er diese aber durch, so hat er Anspruch auf die Provision.[111] Die erfolgreiche Vermittlung durch den Makler ist daher – so wie die Umwidmung durch die Gemeinde – lediglich die Bedingung für das Entstehen der Leistungspflicht des Vertragspartners.

Damit ist aber noch nicht die Frage beantwortet, welchen Inhalt die den Liegenschaftseigentümer treffenden Pflichten haben und ob tatsächlich vor Bedingungseintritt keinerlei Verpflichtungen des Liegenschaftseigentümers bestehen. Bislang scheint nur festzustehen, dass die Haupt(leistungs)pflicht des Grundeigentümers erst mit Umwidmung entsteht. Aber auch das kann erst dann mit Sicherheit gesagt werden, wenn man weiß, was Gegenstand dieser Haupt(leistungs)pflicht ist.

Nach einer Mindermeinung[112] soll es sich um einen Werkvertrag handeln. Der Grundeigentümer habe unter Anwendung der in der Bauwirtschaft anerkannten Regeln der Technik und Baukunst eine vertragskonforme Herstellungsart auszuwählen und schulde die Ausführung des Werkes so, wie es der Übung des redlichen Verkehrs entspreche und für Werke (Gebäude) der zu erstellenden Art ortsüblich und angemessen sei. In der Erlassung des (rechtskräftigen) Baubewilligungsbescheides der Gemeinde könne deren zivilrechtliche Einverständniserklärung zum geplanten Bauvorhaben gesehen werden.[113]

Die Verweisung auf die „in der Bauwirtschaft anerkannten Regeln der Technik und Baukunst", die „Übung des redlichen Verkehrs" und die „ortsüblich(e) und angemessen(e) Art" macht die Schwierigkeiten dieser Lösung klar: Weder in der Baulandwidmung noch im Raumordnungsvertrag wird das Werk annähernd so konkret umschrieben, dass ein Grad an Bestimmtheit oder zumindest Bestimmbarkeit erreicht wird, der einem gängigen Bauwerkvertrag zu eigen ist. Die Schaffung eines exekutierbaren Titels scheint hier auf Schwierigkeiten zu stoßen. Die Mittel, mit denen *Fister* die Bestimmbarkeit der Leistung zu erreichen sucht (zB Übung des redlichen Verkehrs), können hier wohl nicht weiterhelfen.

---

109 *Böhm* (Fn 16) 17 ff bei Fn 38.
110 Dass es sich um eine aufschiebende Bedingung handelt, spricht § 22 Abs 5 Kä GplG explizit aus.
111 Auf den Maklervertrag weisen *Böhm* (Fn 16) 17 ff bei Fn 38 und *Fister* (Fn 33) 37 f in unserem Zusammenhang hin. Allgemein zum Maklervertrag *Koziol/Welser*, Bürgerliches Recht[13] I 116.
112 *Fister* (Fn 33) 53 ff.
113 *Fister* (Fn 33) 55.

Die für Rechtsgeschäfte erforderliche Bestimmbarkeit könnte zwar erreicht werden, wenn man – was durchaus der Absicht der Parteien entsprechen wird – ein weitreichendes Leistungsbestimmungsrecht des Liegenschaftseigentümers annähme (vgl § 1056 ABGB).[114] Unterbleibt aber die Leistungsbestimmung durch den Grundeigentümer, wie dies bei dessen Bauunwilligkeit der Fall sein wird, scheint aufs Erste wenig gewonnen. Die beiden in Frage kommenden Lösungsmöglichkeiten, nämlich eine Leistungsbestimmung durch das Gericht (vgl § 315 Abs 3 dt BGB) oder der Übergang des Leistungsbestimmungsrechts auf die Gemeinde[115] erscheinen wenig sinnvoll. Es müsste dann ja das Gericht bzw die Gemeinde die Planung übernehmen und den Liegenschaftseigentümer mit einem für ihn womöglich völlig unbrauchbaren und/oder nicht finanzierbaren Bauwerk gleichsam zwangsbeglücken.

Dass nach *Fister* der Baubewilligung eine Doppelnatur als Bescheid und als rechtsgeschäftliche Willenserklärung zukommen soll, mit der die Gemeinde als Werkbestellerin ihr Einverständnis zur geplanten Bauführung erteile, macht die Lösung unseres Erachtens auch verwaltungsrechtlich angreifbar. Liegen die Voraussetzungen für die positive Erledigung des Bauansuchens vor, hat die Gemeinde mit Bescheid die Bewilligung auszusprechen. Da die Gemeinde keine Wahl hat, kann man ihr auch nicht unterstellen, dass sie damit einen zivilrechtlich relevanten Rechtsfolgewillen erklären wollte.

Aus diesem Grund dürfte die Schaffung einer durchsetzbaren Forderung auf Bauführung nicht der Parteienabsicht entsprechen. Diese Einschätzung gründet sich auch darauf, dass in einigen Landesgesetzen von „Sicherungsmitteln" oder der „Absicherung" der Verpflichtung die Rede ist.[116] Exemplarisch werden hier Konventionalstrafen,[117] Vorkaufsrechte,[118] Kautionen, Hypotheken, Optionen und Bürgschaften[119] genannt. Dies deutet darauf hin, dass der Anspruch der Gemeinde auf widmungsgemäße Bebauung der Liegenschaft, von den Vertragsteilen wegen der mit seiner Durchsetzung verbundenen Schwierigkeiten offenbar nicht angestrebt wird, sondern lediglich sozusagen auf indirektem Weg, nämlich zB durch eine Vertragsstrafe, die widmungskonforme Nutzung sichergestellt werden soll.

Dem steht es auch nicht entgegen, dass zum Teil von „Leistungspflichten"[120] die Rede ist, was auf einen klagbaren Anspruch hindeuten könnte. Abgesehen von der Möglichkeit einer gewissen sprachlichen Unschärfe können davon neben Bebauungspflichten auch noch andere tatsächlich direkt durchsetzbare Ansprüche, wie zB Kostenübernahmen oder Überlassungen, erfasst sein. Demgegenüber erwähnt das Burgenländische ROG im Zusammenhang mit der Bebauungspflicht die Vereinbarung „welche Rechtsfolgen bei Nichteinhaltung" dieser Pflicht eintreten. Wäre damit eine unmittelbar durchsetzbare Forderung gemeint, wäre dieser Zusatz entbehrlich, weil die Klagbarkeit eines Anspruchs nicht besonders betont werden müsste.

Damit erscheint jedenfalls die Qualifikation als „klassischer" Werkvertrag nicht zielführend, weil mit dieser Einordnung üblicherweise die Vorstellung verbunden ist, dass auf Herstellung des Werks geklagt werden kann. Nach Überwindung der Absorptions- durch die Kombinationstheorie ist eine Zuordnung eines gesamten Vertrages zu einem Vertragstyp aber ohnedies nicht erforderlich.[121] Vielmehr ist auf jede Vertragspflicht die gesetzliche Bestimmung jenes Vertragstyps anzuwenden, dem die Pflicht entstammt. Damit ist es keineswegs ausgeschlossen, dass auf einzelne Regelungen von Raumordnungsverträgen werkvertragliche Bestimmungen anzuwenden sind, unseres Erachtens ist dies aber entbehrlich, weil die Heranziehung allgemeiner Regeln dieselben Rechtsfolgen zeitigt.[122]

Unter Zugrundelegung der hier vertretenen Meinung ist der Verwendungsvertrag, mit dem der Grundeigentümer eine der Widmung entsprechende Bebauung verspricht, ein Vertrag, bei dem ausschließlich Sekundärpflichten als klagbar ausgestaltet sind. Als Sekundärpflichten werden Verpflichtungen verstanden, die nicht wie die vertragstypische Leistung primär angestrebt werden, sondern die erst aufgrund einer „programmwidrigen" Störung entstehen.[123] Dabei handelt es sich insbesondere um Schadenersatzpflichten. Die Parteien können aber für die Nichterfüllung der Primärpflicht andere Sekundärpflichten vorsehen, wie dies bei den Raumordnungsverträgen durch Aufnahme von Konventionalstrafbestimmungen, Vorkaufsrechten, Optionen usw geschieht. Dass

---

114 Siehe zu der aus § 1056 ABGB abgeleiteten Möglichkeit der Leistungsbestimmung durch den Vertragspartner *Aicher* in Rummel³ § 1056 Rz 6 f; Verschraegen in *Kletečka/Schauer*, ABGB-ON 1.02 § 1056 Rz 11 f.
115 Dies wird bei der Wahlschuld bei Säumigkeit des wahlberechtigten Gläubigers vertreten (*Koziol/Welser*, Bürgerliches Recht¹³ II 30).
116 § 22 Kä GplG, § 18 Sa ROG, § 33 Ti ROG, § 38a Vo ROG, § 1a Abs 4 lit e Entwurf einer Novelle zur Wr BauO.
117 § 22 Kä GplG, § 18 Sa ROG.
118 § 18 Sa ROG, § 33 Ti ROG.
119 § 22 Kä GplG.
120 § 22 Abs 6 Kä GplG, § 1a Abs 4 litt c und e Entwurf einer Novelle zur Wr BauO.
121 *Kletečka* in *Kletečka/Schauer*, ABGB-ON 1.01 §§ 1165 f, Rz 2.
122 Dies gilt insbesondere für die werkvertragliche Mitwirkungsobliegenheit, die *Fister* (Fn 33) 55 nutzbar machen möchte.
123 Dazu *Koziol/Welser*, Bürgerliches Recht¹³ II 6; *Bachmann* in MüKo⁶ § 241 BGB, Rz 26.

die Vertragsparteien gleichsam die Sekundär- zu Primärpflichten machen können, ist wiederum Ausfluss privatautonomer Rechtsgestaltung. Ein natürlicher Vorrang von Primärpflichten vor Sekundäransprüchen besteht nicht.[124]

Auch das Gesetz selbst bedient sich im Falle des Verlöbnisses dieser Technik. Da der mit dem Verlöbnis angestrebte Erfolg, nämlich die nachfolgende Eheschließung, selbstverständlich nicht einklagbar ist, können aus einer schuldhaften Lösung der Verlobung nur Schadenersatzansprüche abgeleitet werden (§ 46 ABGB). Das Verlöbnis wird daher zutreffend als Vorvertrag ohne primäre Leistungspflicht beschrieben.[125]

Sind es beim Verlöbnis letztlich die guten Sitten, an denen die Durchsetzung des Versprechens scheitert, die Ehe zu schließen, erscheint der Ausschluss der Klagbarkeit der Primärpflicht und deren Ersetzung durch die vereinbarten Sekundärpflichten bei den Raumordnungsverträgen den Parteien wegen der sehr schwach ausgeprägten Bestimmtheit der Primärpflicht sinnvoll.

Wir haben oben festgehalten, dass die Bebauungspflicht vom Liegenschaftseigentümer unter der aufschiebenden Bedingung der Umwidmung übernommen wird. Damit ist aber nicht gesagt, dass den Grundeigentümer vor Bedingungseintritt keinerlei Pflichten treffen. Vielmehr muss er sich bereits ab Vertragsabschluss „leistungsbereit" halten. Er darf also keine Maßnahmen setzen, welche die spätere Einhaltung der übernommenen Pflicht gefährdet oder sogar unmöglich macht.[126] Insofern ist seine Rechtsposition mit Bindung des Offerenten nach Zugang des Anbots vergleichbar. Auch derjenige, der einem anderen eine Option eingeräumt hat, ist in einer ähnlichen Lage, weil er sich ebenfalls leistungsbereit halten muss und ihn damit eine „Stillhalteverpflichtung" trifft.[127]

Diese Vorwegbindung des Liegenschaftseigentümers, die sehr lang sein kann, wenn sich die Umwidmung verzögert, stellt eines der zivilrechtlichen Hauptprobleme dar. Unter dem Blickwinkel der Äquivalenz erscheint es äußerst unbefriedigend, wenn der Liegenschaftseigentümer eine Bindung hinnehmen müsste, ohne die Umwidmung durchsetzen zu können oder auch nur die Bindung nach Verlauf einer bestimmten Frist wenigstens beenden zu können. Wobei hier der Begriff Äquivalenz in einem etwas untechnischen Sinn verwendet wird, weil die Gemeinde keine Pflicht trifft, die mit jener des Eigentümers in einem Äquivalenzverhältnis steht. Aufgrund eines Größenschlusses muss aber auch bei Fehlen der Verpflichtung und konditionaler Verknüpfung einer Leistung mit einem vom Leistenden angestrebten Verhalten des Vertragspartners das Missverhältnis der Rechtspositionen nach den für Inäquivalenzen geltenden Regeln beurteilt werden. Wird die Gegenleistungspflicht vollkommen ausgeschlossen, ist die Asymmetrie der Rechtspositionen noch größer als bei Vereinbarung einer noch so inäquivalenten Gegenleistung. Davon ausgenommen ist nur der Fall der Freigebigkeit, weil bei dieser keine Äquivalenz angestrebt wird. (Zur Entgeltlichkeit des Raumordnungsvertrages siehe sofort unten.)

Aus diesem Grund wurde die Ansicht vertreten, der Grundeigentümer könne wegen Verzugs nach § 918 ABGB vom Vertrag zurücktreten.[128] § 918 ABGB ist auf alle entgeltlichen Verträge anzuwenden (§ 917 ABGB).[129] Gegen die Entgeltlichkeit von Raumordnungsverträgen könnte eingewendet werden, dass es sich – wie oben festgestellt – um kein synallagmatisches Rechtsgeschäft handelt. Die Pflichtenübernahme des Grundeigentümers wird nicht mit einer Umwidmungsverpflichtung der Gemeinde entgolten. Dies spricht aber nur gegen die Gegenseitigkeit des Rechtsgeschäfts, bei der auf die Verpflichtungen gesehen wird. Entgeltlichkeit setzt hingegen keine Gegenseitigkeit der Verpflichtungen voraus, weil es hier auf die Leistungen ankommt, denen nicht unbedingt entsprechende Verpflichtungen zugrunde liegen müssen.[130] Wird eine Leistung, wie beim oben erwähnten Maklervertrag, ohne korrespondierende Verpflichtung erbracht, so kann trotz bloß einseitiger Verbindlichkeit ein entgeltlicher Vertrag vorliegen. Wie gesagt, ist der Maklervertrag mit dem Raumordnungsvertrag eng verwandt, weil bei beiden die Leistungen konditional verknüpft sind. Da bei der konditionalen Verknüpfung wie auch bei der synallagmatischen die Leistung des anderen „gerade erstrebt" wird, begründet auch sie die Entgeltlichkeit.[131]

---

124 *Bachmann* in MüKo⁶ § 241 BGB, Rz 27.
125 *Smutny* in *Kletečka/Schauer*, ABGB-ON 1.01 § 45, Rz 12 mwN.
126 *Dullinger* (Fn 70) 11 ff bei Fn 35.
127 *Casper*, Der Optionsvertrag 113. Auf die Ähnlichkeit zur Option hat bereits *Fister* (Fn 33) 48 ff hingewiesen. Die von ihm konstatierte Übereinstimmung der Rechtsfolgen von Optionsvertrag und Anbot mit verlängerter Bindungswirkung ist zwar unzutreffend (vgl *Kletečka*, Aufgriffsrechte, Optionsrechte und Anbote im Konkurs, GesRZ 2009, 84 f), im gegebenen Zusammenhang ist dies aber unschädlich.
128 *Binder* (Fn 16) 609.
129 *Gruber* in Kletečka/Schauer, ABGB-ON 1.01 § 918 Rz 1.
130 *Koziol/Welser*, Bürgerliches Recht¹³ I 116.
131 *J. Koch* in MüKo⁶ § 516 BGB, Rz 27; *Mansel* in Jauernig¹⁵ § 516 BGB, Rz 8..

Als unentgeltlich ist ein Rechtsgeschäft dann zu qualifizieren, wenn eine Zuwendung aus Freigebigkeit erfolgt. Mit der einhelligen Lehre ist die Freigebigkeit der Pflichtenübernahme durch den Liegenschaftseigentümer zu verneinen,[132] weshalb die Bestimmungen über die entgeltlichen Verträge auf den Raumordnungsvertrag anzuwenden sind. Dass die Umwidmung trotz verfassungsrechtlich gebotener Unklagbarkeit der mit der Pflichtenübernahme angestrebte Erfolg ist, liegt auf der Hand. Es ist nämlich kein anderer wirtschaftlicher Grund erkennbar, der erklären würde, warum Grundeigentümer – und zwar nicht nur in einem Einzelfall, sondern in großer Zahl – sie massiv beschränkende Pflichten übernehmen. Damit ist im Übrigen auch die Frage nach der causa des Verpflichtungsgeschäfts, also seines wirtschaftlichen Zwecks,[133] beantwortet: Der wirtschaftliche Zweck, der den Raumordnungsvertrag erklärt, liegt eben gerade in der angestrebten Umwidmung. Der Raumordnungsvertrag ist damit ein kausales und kein nach allgemeinen Regeln ungültiges, abstraktes Verpflichtungsgeschäft.[134]

Die Bejahung der Entgeltlichkeit bedeutet allerdings nicht, dass bei Verzögerung oder Unterbleiben der Umwidmung tatsächlich ein Rücktritt nach § 918 ABGB möglich ist. Diese Bestimmung setzt nämlich einen Schuldnerverzug voraus, zu dem es auf Seiten der Gemeinde aber schon deshalb nicht kommen kann, weil die Gemeinde, wie bereits mehrfach erwähnt, keine Verpflichtung zur Umwidmung trifft, mit deren Erfüllung sie in Verzug sein könnte.[135] Der Grundeigentümer kann daher eine überlange Bindung nicht durch einen auf § 918 ABGB gestützten Rücktritt beenden.

Auch Versuche, mit der Lehre über die treuwidrige Bedingungsvereitelung zu einer für den Liegenschaftseigentümer befriedigenden Lösung zu kommen, waren zum Scheitern verurteilt, weil dagegen zu Recht eingewendet wurde, dass dadurch doch wieder über einen Umweg der Gemeinde eine entsprechende vertragliche Verpflichtung auferlegt würde.[136] Nach dieser Lehre würde nämlich die treuwidrige Bedingungsvereitelung dazu führen, dass die Bedingung als eingetreten gelten würde.

Schon eher könnte die beschriebene Inäquivalenz dadurch vermieden werden, dass man die Pflichtenübernahme als unter der clausula rebus sic stantibus[137] vereinbart, die Umwidmung als Geschäftsgrundlage[138] für den Raumordnungsvertrag ansehen wollte. Es wurde auch zu begründen versucht, dass die für Dauerrechtsverhältnisse essentielle Kündigung aus wichtigem Grund für den als Zielschuldverhältnis zu qualifizierenden Raumordnungsvertrag sinngemäß gelten soll.

Beide Wege sind aber schwer zu begründen und letztlich zur Vermeidung einer überlangen Bindung auch nicht erforderlich.

Für Verbraucher hält das KSchG ein probates Mittel parat. Das erste Hauptstück des KSchG kommt hier deshalb zum Tragen, weil nach § 1 Abs 2 KSchG die Gemeinde als juristische Person des öffentlichen Rechts immer als Unternehmer gilt. Damit kommt § 6 Abs 1 Z 1 KSchG zur Anwendung,[139] der Vereinbarungen verbietet, nach denen sich der Unternehmer eine unangemessen lange oder nicht hinreichend bestimmte Frist ausbedingt, während derer der Verbraucher an den Vertrag gebunden ist. Diese Bestimmung gilt nicht nur für Fristen, sondern auch für Bedingungen[140] und ist daher für Raumordnungsverträge einschlägig.

Auch Unternehmer sind nicht schutzlos. Schon § 879 Abs 1 ABGB verbietet eine sittenwidrige Knebelung durch überlange Bindungen.[141] Erreicht die Bindung des Liegenschaftseigentümers ein Ausmaß, das als solche anzusehen ist, tritt diesbezüglich die Nichtigkeit der Vereinbarung ein. Hierbei ist auch noch zu berücksichtigen, dass das Fehlen einer Verpflichtung der Gemeinde die lange Bindung des Eigentümers als inäquivalent erscheinen lässt und die Inäquivalenz der Rechtspositionen[142] im Zusammenhang mit anderen Umständen (hier die Länge der Bindung) die Sittenwidrigkeit begründen kann. Tritt nämlich zu der Inäquivalenz noch ein weiterer vom Wuchertatbestand nicht erfasster Umstand hinzu, konkurriert die Sittenwidrigkeitsprüfung mit Wucher und laesio enormis.[143] Im Ergebnis führt die Kombination mit der Asymmetrie der Rechtspositionen dazu, dass eine

---

132 *Böhm* (Fn 16) 17 ff vor Fn 33; *Dullinger* (Fn 70) 11 ff bei Fn 28; *Fister* (Fn 33) 36 f.
133 Zum kausalen Verpflichtungsgeschäft: *Koziol/Welser*, Bürgerliches Recht[13] I 118.
134 *Böhm* (Fn 16) 17 ff vor Fn 33; *Fister* (Fn 33) 51 f.
135 *Dullinger* (Fn 70) 11 ff bei Fn 38.
136 *Dullinger* (Fn 70) 11 ff bei Fn 45.
137 *Dullinger* (Fn 70) 11 ff bei Fn 40.
138 *Dullinger* (Fn 70) 11 ff bei Fn 69.
139 *Fister* (Fn 33) 46 f spricht hier von einer zumindest analogen Anwendung. Unseres Erachtens spricht nichts gegen eine direkte Heranziehung. Setzt doch § 6 Abs 1 Z 1 KSchG nicht voraus, dass auch den Unternehmer eine Verpflichtung aus dem Vertrag trifft.
140 *Krejci* in Rummel[3] § 6 KSchG Rz 20.
141 Dazu *Graf* in Kletečka/Schauer, ABGB-ON 1.01 § 879 Rz 89 ff.
142 Zu dem hier zugrunde gelegten Begriffsverständnis siehe S 112.
143 *Graf* in Kletečka/Schauer, ABGB-ON 1.01 § 879 Rz 112.

Bindungsdauer, die für sich alleine noch keine sittenwidrige Knebelung darstellen würde, bereits als sittenwidrig zu beurteilen sein kann.

Die dadurch bewirkte Nichtigkeit erfasst dann aber nicht den gesamten Vertrag. Vielmehr tritt eine Teilnichtigkeit ein, die zu einer Kürzung der Bindungslänge auf das gerade noch unbedenkliche Maß hinausläuft. Da der Wegfall der Bindung ausschließlich im Interesse des Eigentümers liegt und keine Allgemeininteressen berührt werden, ist unseres Erachtens eine relative Nichtigkeit anzunehmen. Das bedeutet, dass eine geltend zu machende Nichtigkeit vorliegt, die in unserem Fall auf eine Art Anfechtbarkeit nach Erreichen des für die Sittenwidrigkeit relevanten Zeitpunkts hinausläuft.

Da es sich bei den in der Praxis in Verwendung stehenden Raumordnungsverträgen um vorformulierte Vertragsschablonen handeln wird, sind diese auch der Geltungs- und Inhaltskontrolle der §§ 864a und 879 Abs 3 ABGB zu unterziehen. Diese vorformulierten Vertragstexte sind dann nämlich als Allgemeine Geschäftsbedingungen (AGB) bzw Vertragsformblätter anzusehen, wenn sie für eine Vielzahl von Verträgen verwendet werden sollen (Vielzahlkriterium). Gegenüber Verbrauchern sind solche vorformulierten Verträge auch dann als AGB anzusehen, wenn das Vielzahlkriterium nicht erfüllt ist.[144]

Nach § 864a ABGB sind Bestimmungen ungewöhnlichen Inhalts in AGB nicht Vertragsbestandteil, wenn sie für den Partner des Aufstellers nachteilig sind und dieser mit ihnen nicht zu rechnen brauchte. Da der Hauptanwendungsfall dieser Norm versteckte Klauseln sind und Raumordnungsverträge eher einfach gehalten sind, wird die Geltungskontrolle bei diesen keine große Rolle spielen.

Eine weitaus größere Rolle wird die Inhaltskontrolle nach § 879 Abs 3 ABGB spielen. Danach ist eine Vertragsbestimmung, die nicht eine der beiderseitigen Hauptleistungen festlegt, dann nichtig, wenn sie einen Teil gröblich benachteiligt. Obwohl diese Bestimmung lediglich eine Konkretisierung der allgemeinen Sittenwidrigkeitskontrolle darstellt, nach ihr also grundsätzlich kein strengerer Beurteilungsmaßstab als nach § 879 Abs 1 ABGB anzuwenden ist,[145] sondern sie lediglich hinsichtlich der Beweislast der Ungleichgewichtslage eine Verschiebung bewirkt,[146] hat sie in der Praxis eine große Bedeutung erlangt. Fraglich könnte allerdings sein, ob die Verpflichtung, sich leistungsbereit zu halten, nicht zur Hauptleistungspflicht gehört. Dies könnte man vor allem im Hinblick auf die Ähnlichkeit zur Option vertreten, bei der von manchen die „Stillhaltepflicht" tatsächlich als die zentrale Verbindlichkeit des Optionsgebers gesehen wird. Andererseits wird der Begriff der Hauptleistungspflichten eng verstanden[147] und als auf die essentialia negotii beschränkt gesehen. Primär soll der Eigentümer aber seine Liegenschaft einer der Widmung entsprechenden Verwendung zuführen, auch wenn diesbezüglich keine echte Leistungspflicht besteht, sondern die Pflichtverletzung lediglich zum Entstehen von Sekundärpflichten führt. Da sich der Beurteilungsmaßstab des § 879 Abs 1 ABGB nicht von jenem des Abs 3 unterscheidet, die für Letzteren zentrale Asymmetrie der Rechtspositionen[148] bereits nach Abs 1 die Sittenwidrigkeit überlanger Bindungen begründet, muss dieser Frage nicht näher nachgegangen werden.

Obwohl die Gemeinde keine Widmungsverpflichtung trifft, ist sie dennoch, und zwar sogar schon vor Vertragsabschluss, nicht völlig ungebunden. Schon aus dem durch Kontaktaufnahme zu rechtsgeschäftlichen Zwecken entstehenden vorvertraglichen Schuldverhältnis ist die Gemeinde verpflichtet, den Grundeigentümer über ihr erkennbare Umstände zu informieren, die einer Widmung entgegenstehen könnten.[149] Verletzt die Gemeinde schuldhaft diese Aufklärungspflicht, wird sie dem Eigentümer schadenersatzpflichtig und muss ihm den Vertrauensschaden ersetzen. Die Aufklärungspflichtverletzung kann aber auch zur Anfechtung des Vertrages wegen Irrtums führen, weil die Unterlassung der gebotenen Aufklärung als Veranlassung im Sinne des § 871 ABGB anzusehen ist.[150] Die Anfechtung des Vertrages verjährt in drei Jahren ab Vertragsabschluss (§ 1487 ABGB). Sollte die Gemeinde mit Vorsatz gehandelt haben, wozu dolus eventualis ausreicht, liegt List vor (§ 870 ABGB), für welche die Verjährungsfrist 30 Jahre beträgt.

Wie oben schon angedeutet, ist das Verhältnis des Verwendungsvertrages zu allenfalls (siehe § 29 Abs 1

---

144 *Koziol/Welser*, Bürgerliches Recht[13] I 131.
145 *Graf* in *Kletečka/Schauer*, ABGB-ON 1.01 § 879 Rz 291.
146 *Kletečka*, Inhaltskontrolle im Vertragsrecht, in *Aicher/Holoubek*, Der Schutz der Verbraucherinteressen 136 f; *Koziol/Welser*, Bürgerliches Recht[13] I 135.
147 *Graf* in *Kletečka/Schauer*, ABGB-ON 1.01 § 879 Rz 288.
148 *Graf* in *Kletečka/Schauer*, ABGB-ON 1.01 § 879 Rz 280 ff.
149 *Binder*, ZfV 1995, 625; *Dullinger* (Fn 70) 11 ff bei Fn 48.
150 *Pletzer* in *Kletečka/Schauer*, ABGB-ON 1.01 § 871 Rz 46. Bei Verschulden kann auch „Auffallenmüssen" (§ 871 Abs 1 Fall 2 ABGB) vorliegen.

Sa ROG) vom öffentlichen Recht geforderten Nutzungserklärungen unklar. Wird dieser öffentlich-rechtlichen Nutzungserklärung nicht innerhalb der gesetzlichen Frist (für Salzburg: zehn Jahre) entsprochen, sieht das Sa ROG eine entschädigungslose Rückwidmung in Grünland vor, wobei es sich hierbei um eine „Sollensbestimmung" handelt, wodurch offenbar der Gemeinde ein gewisser Spielraum eröffnet werden soll (§ 29 Abs 3 Sa ROG).[151] Dennoch kann es schon unter Gleichheitsgesichtspunkten nicht in das Belieben der Gemeinde gestellt sein, ob sie die privatrechtlichen Rechtsfolgen des Verwendungsvertrages oder die Rückwidmung wählt. Am ehesten erscheint wohl eine zeitliche Differenzierung sinnvoll: Die Folgen der Vertragsverletzung könnten vor Verstreichen der im ROG für die Umwidmung vorgesehenen Frist gewählt werden, nach Fristablauf könnte dann – falls dies aus Raumordnungssicht zweckmäßig ist – die Rückwidmungssanktion eingreifen. Eine gesetzliche Klarstellung wäre hier aber jedenfalls von Vorteil.

Der Verwendungsvertrag kann auch hinsichtlich bereits als Bauland gewidmeter Liegenschaften abgeschlossen werden. Dazu wird der Eigentümer nur dann bereit sein, wenn die Gemeinde die Möglichkeit einer Rückwidmung für den Fall des Nichtzustandekommens des Vertrages ernsthaft in Aussicht stellt. Sollten die öffentlich-rechtlichen Voraussetzungen für eine Umwidmung nicht bestehen, kann der Grundeigentümer einen solchen Vertrag – je nach den Umständen des Einzelfalles – wegen Drohung, List oder Irrtums anfechten.[152]

Auch die Aufnahme von Erklärungen, mit denen der Liegenschaftseigentümer auf Anfechtungsrechte verzichtet, ist in Bezug auf Drohung und List sittenwidrig und damit nichtig nach § 879 Abs 1 ABGB.[153] Hinsichtlich des Irrtums wird in der Literatur unter den oben dargestellten Voraussetzungen zu Recht eine Nichtigkeit nach § 879 Abs 3 ABGB wegen Vorliegens einer gröblichen Benachteiligung erwogen. Bei grob fahrlässiger Irrtumsveranlassung ist nach der Judikatur eine Berufung auf den Vorausverzicht jedenfalls dann sittenwidrig, wenn der Irrende selbst nicht in der Lage war, die irrtumsrelevanten Umstände rechtzeitig ausreichend nachzuprüfen.[154] Für Verbraucherverträge ist ein solcher Verzicht schon nach § 6 Abs 1 Z 14 KSchG unzulässig.

cc) Überlassungsverträge

Aus zivilrechtlicher Sicht ist gegen die Überlassungsverträge unseres Erachtens dann nichts einzuwenden, wenn die Überlassung der Liegenschaft zur Realisierung der Raumordnungsziele notwendig ist, der Liegenschaftseigentümer den Vertragspartner selbst auswählen kann und keine Beschränkungen hinsichtlich des Preises bestehen. Alle zur Erreichung der Raumordnungsziele nicht notwendigen Beschränkungen stehen unter dem Verdacht der Sittenwidrigkeit.[155]

Hinsichtlich der Preisgestaltung ziehen § 934 ABGB (laesio enormis) und § 879 Abs 2 Z 4 ABGB (Wucher) den Gestaltungsmöglichkeiten Grenzen. Aufgrund der in der Übermachtstellung der Gemeinde begründeten Verdünnung der Entscheidungsfreiheit des Liegenschaftseigentümers wird in der Regel die Beachtung der durch die laesio enormis gezogenen „Hälftegrenze" nicht ausreichen. Vielmehr kann auch bei einem Kaufpreis, der die Hälfte des Verkehrswerts der Liegenschaft erreicht oder diese sogar überschreitet, Wucher im Sinne des § 879 Abs 2 Z 4 ABGB vorliegen.

Zu beachten ist allerdings, dass sich die zivilrechtliche Beurteilung ändert, wenn das Landesgesetz selbst den Preis bestimmt. So scheint § 16 Abs 1 Z 3 Oö ROG bereits die Hälfte des üblichen Verkehrswerts als den dem Grundeigentümer anzubietenden „angemessenen Preis" zu definieren. Da hier das Landesgesetz selbst den Preis bestimmt, kann die zivilrechtliche Prüfung, selbst wenn das Gesetz verfassungswidrig sein sollte, solange zu keinem anderen Ergebnis führen, als das Landesgesetz auf den Vertrag anzuwenden ist. Selbst wenn das Landesgesetz vom VfGH aufgehoben wird, gilt es ohne Ausspruch einer Rückwirkung weiterhin für vor dem Wirksamwerden der Aufhebung abgeschlossene Verträge (siehe S 110).

4. Vorbereitungs-, Durchführungs- und Kostenübernahmeverträge

a) Öffentlich-rechtliche Gesichtspunkte

1. In diesem Abschnitt werden Verträge behandelt, in denen ein Grundstückseigentümer, dem eine Widmung in Aussicht gestellt wird, sich zur Übernahme

---

151 *Kleewein*, Baulandmobilisierung nach der neuen Salzburger Rechtslage, bbl 2000, 179 bei Fn 20 unter Berufung auf die Materialien.
152 *Dullinger* (Fn 70) 11 ff bei Fn 63.
153 *Dullinger* (Fn 70) 11 ff bei Fn 72.
154 OGH 8 Ob 98/08g; *Pletzer* in *Kletečka/Schauer*, ABGB-ON 1.01 § 871 Rz 65.
155 *Dullinger* (Fn 70) 11 ff nach Fn 79.

von bestimmten Kosten verpflichtet. Das können Planungs- oder Gutachtenskosten sein, Kosten für die Neuordnung der Grundverhältnisse (Umlegung), die Beseitigung von Altlasten, den Abbruch von Gebäuden oder die Übernahme der Kosten für die technische und soziale Infrastruktur.

Besteht ein Zusammenhang mit konkreten Widmungsakten – und nur diese Konstellation wird hier ins Auge gefasst –, wird im Sinne des bereits Gesagten eine *gesetzliche Grundlage* zu fordern sein. Die in den meisten ROG enthaltene allgemeine Ermächtigung zum Abschluss von privatrechtlichen Raumordnungsverträgen reicht dafür im Regelfall aus.[156] Unter Berücksichtigung des Umstandes, dass die Gesetze weder eine eindeutige *Verpflichtung* der Gemeinden zum Abschluss derartiger Raumordnungsverträge vorsehen und den Vertragsabschluss auch nicht zwingend mit der hoheitlichen Widmungsentscheidung verknüpfen, bestehen somit bei dieser Gruppe von Raumordnungsverträgen aus öffentlich-rechtlicher Hinsicht *keine prinzipiellen Einwendungen*.

Freilich ist hier der *Vorbehalt zugunsten hoheitlicher Handlungsformen* oder von *hoheitlichen Pflichtaufgaben* zu beachten. Durch den Vertrag dürfen nicht Bindungen unterlaufen oder Verpflichtungen überwälzt werden, die das öffentliche Recht der Gemeinde auferlegt. Wenn sich daher zB dem Gesetz entnehmen lässt, dass es in den Verantwortungsbereich der Gemeinde fällt, die raum- und infrastrukturellen Voraussetzungen für die Ausweisung von Bauland zu überprüfen, verstößt es gegen das Gesetz, wenn die Gemeinde vertraglich das Risiko auf den Grundstückseigentümer überwälzt.[157] Das Gleiche gilt, wenn bestimmte hoheitlich vorgesehenen Leistungen eines Eigentümers mit einem bestimmten Maß *begrenzt* sind; in einem solchen Fall verstößt die Verwaltung in aller Regel gegen das sie bindende Gesetz, wenn sie vertraglich diese Grenze zu überschreiten versucht, weil der Gesetzgeber in diesen Fällen eben die Leistung entsprechend begrenzt wissen wollte.

In anderen Fällen lässt das Gesetz der Gemeinde *Wahlfreiheit*, etwa ob sie eine Kanalanschlussgebühr hoheitlich einhebt oder ein privatrechtliches Entgelt vorschreibt.[158] In einem solchen Fall besteht ein gesetzlicher Spielraum, der auch durch einen entsprechenden Raumordnungsvertrag ausgefüllt werden kann. Einen solchen Spielraum gibt es auch für vertragliche Vereinbarungen über die *Übernahme von Aufschließungskosten* durch den Eigentümer, wenn dadurch die gesetzlichen Voraussetzungen für die Bebauung geschaffen werden und ein ansonsten bestehendes Widmungshindernis beseitigt wird. Das dürfte für die meisten ROG, die das Instrument der Vertragsraumordnung regeln, zutreffen.[159] Auch hier hängt letztlich die Zulässigkeit von der konkreten gesetzlichen Regelung ab.[160]

Was die *Planungskosten* angeht, ist davon auszugehen, dass solche dann zum Gegenstand einer vertraglichen Vereinbarung gemacht werden dürfen, wenn es dafür eine *explizite* gesetzliche Ermächtigung gibt. Gesetzliche Regelungen über die Überwälzung von Planungskosten gibt es in einer Reihe von Bundesländern, die teilweise recht unterschiedlich ausgefallen sind, und zwar im Hinblick auf die erfassten Planungsakte (Flächenwidmungspläne und/oder Bebauungspläne), die Voraussetzungen für eine Überwälzung und die Höhe der möglichen Beitragsleistungen. Nur in einem Bundesland (Burgenland) ist allerdings ausdrücklich eine privatrechtliche Vereinbarung vorgesehen; in den übrigen Bundesländern mit entsprechenden Regelungen erfolgt die Kostenvorschreibung in hoheitlicher Form, sodass in diesen Ländern eine Vereinbarung über diese Kosten unzulässig wäre.[161] In denjenigen Bundesländern, in denen es keine Regelung über eine Überwälzung von Planungskosten gibt, ist von der Unzulässigkeit entsprechender Vereinbarungen auszugehen.[162] Denn die Erlassung von Flächenwidmungs- und Bebauungsplänen ist eine Pflichtaufgabe der Gemeinden, sodass die Kosten der Verordnungserlassung grundsätzlich von der Gemeinde zu tragen sind, außer das Gesetz sieht anderes vor.

---

[156] Vgl aber noch nach Fn 160 zur Überwälzung der Planungskosten.
[157] Vgl OGH 6.6.2013, 6 Ob 163/12g, EvBl 2013/148.
[158] Vgl etwa die Konstellation in OGH 24.11.1998, 1 Ob 178/98b, SZ 71/194. Vgl ferner mit Hinweisen auf einzelne Landesgesetze über Anliegerleistungen und die darin eröffnete Möglichkeit der Gemeinde, von der Einhebung hoheitlicher Beiträge abzusehen, bei *Eisenberger/Steineder* (Fn 16) 163.
[159] Dagegen fehlen nach *Eisenberger/Steineder* (Fn 16) 161 in den Bundesländern Tirol und Vorarlberg die gesetzlichen Grundlagen für Verträge über die Aufschließungskosten, die daher in diesen Ländern unzulässig wären. Das ist fraglich, da die Gemeinden in beiden Bundesländern ganz allgemein ermächtigt werden, Verträge zum Zweck der Verwirklichung der Ziele der örtlichen Raumordnung abzuschließen (§ 33 Ti ROG; § 38a Vlbg RPlG). In dem bei Eisenberger/Steineder ebenfalls angeführten Fall Oberösterreichs wurde eine ausdrückliche Ermächtigung zu Verträgen über Infrastrukturmaßnahmen durch eine jüngere Novelle geschaffen (§ 16 Abs 1 Z 1 Oö ROG).
[160] Vgl dazu *Eisenberger/Steineder* (Fn 16) 159 ff mit einer ausführlichen Behandlung der gesetzlichen Regelungen, die auf „unverhältnismäßige Aufschließungskosten" abstellen.
[161] Vgl die Einzeldarstellungen bei *Kleewein* (Fn 21) 140 ff.
[162] Zur Zulässigkeit der Vorschreibung hoheitlicher Interessentenbeiträge aufgrund des freien Beschlussrechts der Gemeinde in Verbindung mit einer entsprechenden landesgesetzlichen Ermächtigung vgl *Kleewein* (Fn 21) 143 ff.

2. Wie sich gezeigt hat, hängt die Zulässigkeit von Vorbereitungs-, Durchführungs- und Kostenübernahmeverträgen von der *näheren gesetzlichen Ausgestaltung* ab. Dabei spielen eine Reihe von Gesichtspunkten eine Rolle, vor allem ob die fragliche Leistung des Grundeigentümers Gegenstand einer zwingenden hoheitlichen Regelung ist, wodurch regelmäßig kein Raum für privatrechtliche Vereinbarungen bleibt. Für die vertragliche Überwälzung von Planungskosten bedarf es einer ausdrücklichen gesetzlichen Ermächtigung, in anderen Fällen reicht schon eine allgemeine Ermächtigung zum Abschluss von Raumordnungsverträgen aus. Ein definitives Urteil über Zulässigkeit einer bestimmten Vertragsform ließe sich daher nur bezogen auf das jeweilige Bundesland und die Art der vertraglich übernommenen Verpflichtungen treffen.

Soweit vertragliche Vereinbarungen dieser Art zulässig sind, hat die Gemeinde die Vertragsinhalte *grundrechtskonform* auszugestalten. Eine willkürliche oder unsachliche Vertragsgestaltung wäre unzulässig, ebenso wie es das Eigentumsgrundrecht gebietet, dass dem Eigentümer keine unverhältnismäßigen Belastungen auferlegt werden. Daraus ergeben sich eine Reihe von Einschränkungen. Angemessen sind zunächst nur Beiträge in einer Größenordnung, die in keinem unangemessenen Verhältnis zu den Vorteilen stehen, die dem Privaten durch die in Aussicht genommene Widmung erwachsen. Kosten für Aufwendungen, die bei Eigentümern nicht zu einer Wertsteigerung führen, dürfen wegen des in diesen Zusammenhängen anzuwendenden Äquivalenzprinzips nicht vertraglich überwälzt werden, ebenso wie derartige Kostenbeiträge durch die im Zusammenhang mit dem fraglichen Grundstück anfallenden Kosten begrenzt sind.[163] Daher dürfen zB die Kosten für Infrastrukturmaßnahmen nur in jener Höhe überbürdet werden, die dem Anteil des jeweiligen Grundeigentümers an der gesamten Infrastrukturanlage entsprechen. Sind bestimmte Kosten bereits durch andere hoheitliche Abgaben gedeckt, wäre es unsachlich, vom Grundeigentümer weitere Zahlungen zu verlangen, und sie dürfen daher auch nicht zum Gegenstand einer vertraglichen Vereinbarung gemacht werden.

3. Eine über die geltende Rechtslage hinausgehende *Fortentwicklung* der Vertragsraumordnung im Bereich von Vorbereitungs-, Durchführungs- und Kostenübernahmeverträgen ist in mehrfacher Hinsicht denkbar. Auch hier wäre zunächst denkbar, stärkere *verpflichtende Elemente* einzubauen. Nach der hier vertretenen Auffassung setzt eine „obligatorische Vertragsraumordnung" auch bei derartigen Vertragsinhalten eine explizite gesetzliche Ermächtigung und sorgfältige gesetzliche Ausgestaltung voraus. Durch sie muss sichergestellt sein, dass derartige Verträge in den Dienst eines explizit ausformulierten öffentlichen Interesses gestellt werden, und dass der Vertrag nur eine Voraussetzung der im Übrigen durch das Planungsrecht ausreichend determinierten Planungsentscheidung ist. Davon abgesehen sind die Rechtsgrundlagen über die Finanzierung von Infrastruktur- und Anliegerleistungen und die Übernahme von Planungskosten in den einzelnen Bundesländern sehr unterschiedlich geregelt, sodass es letztlich auf eine detaillierte Analyse anhand der Rechtslage im jeweiligen Bundesland ankäme, um zu erkennen, wo noch ein Regelungsbedarf besteht.

b) Privatrechtliche Gesichtspunkte

Hinsichtlich der Vorbereitungs-, Durchführungs- und Kostenübernahmeverträge hängt die zivilrechtliche Beurteilung zunächst einmal von der öffentlich-rechtlichen Zulässigkeit solcher Verträge ab. Ist die in diesen Verträgen vorgesehene Kostenüberwälzung nach den verfassungs- und verwaltungsrechtlichen Normen unzulässig, wird der Vertrag regelmäßig wegen Gesetzwidrigkeit nichtig sein. Wobei auch hier genau zu prüfen ist, ob auf den Vertrag eine gesetzwidrige Verordnung oder ein verfassungswidriges Gesetz nicht trotz deren Rechtswidrigkeit weiterhin anzuwenden ist (siehe S 110).

Wirkt das öffentliche Recht auf die privatrechtliche Beurteilung nicht ein, so verstoßen Bestimmungen in Vorbereitungs-, Durchführungs- und Kostenübernahmeverträgen unseres Erachtens solange nicht gegen die guten Sitten, als die Belastung des Liegenschaftseigentümers jenes Ausmaß nicht überschreitet, das zur Erreichung der Raumordnungsziele notwendig ist.[164]

5. Gewinnausgleichsverträge

In *Gewinnausgleichsverträgen* verpflichtet sich der Grundeigentümer, den durch (in der Regel) Baulandausweisungen erzielten Widmungsgewinn zur Gänze oder zu einem bestimmten Anteil an die Gemeinde abzuführen. Die Rechtfertigung dafür wird üblicherweise darin gesehen, dass Liegenschaften durch den bloßen Akt einer Planänderung einen mehr oder weniger weitgehenden Wertzuwachs erfahren, wobei dieser Vermögenszuwachs ohne eigene Leistungen des Eigentümers erzielt wird. Dies scheint die Abschöpfung der Widmungsgewinne zu rechtfertigen.

---

163 Zur Geltung des abgabenrechtlichen Äquivalenzprinzips auch in diesen Zusammenhängen vgl *Kleewein* (Fn 21) 145.
164 Siehe *Dullinger* (Fn 70) 11 ff nach Fn 83.

Die ROG der Bundesländer sehen diese Form von Raumordnungsverträgen, soweit ersichtlich, *nicht vor*. Ob sie auf die allgemeinen Ermächtigungen zur Vertragsraumordnung gestützt werden können, ist ebenso zweifelhaft wie die weitere Frage, ob sie durch den Gesetzgeber in verfassungskonformer Weise eingeführt werden dürfen.

Die Abschöpfung von Planungsgewinnen greift in gravierender Weise in das Eigentum ein, das jedenfalls in der herkömmlichen Dogmatik als ein umfassendes Vollrecht verstanden wird, wobei Wertgewinne grundsätzlich dem Eigentümer zuwachsen. Dies gilt, wiederum in der herkömmlichen Sichtweise,[165] auch für Wertsteigerungen, die durch hoheitliche Planungsakte veranlasst werden, weil dem Grundsatz der Baufreiheit gemäß dem Grundeigentum die Möglichkeit der Bebauung immanent ist.[166]

So gesehen ist es schon zweifelhaft, ob sich für eine gesetzlich vorgesehene Abschöpfung neben und zusätzlich zur steuerlichen Belastung von Grundeigentum ausreichend konkrete und legitime *öffentliche Interessen* nachweisen lassen. Dass der Umstand, dass sich die Gemeinde durch derartige Abschöpfungen Finanzmittel verschaffen könnte, die auch für eine aktive Bodenmarktpolitik eingesetzt werden könnten, eine solches Interesse darstellt, ist eher zu verneinen. Bei Gewinnausgleichsverträgen geht es um eine andere Interessenlage als etwa bei den Nutzungsverträgen, durch die eine planerisch erwünschte und daher im unzweifelhaften öffentlichen Interesse liegende Nutzung durchgesetzt werden soll. Selbst wenn man aber ein entsprechendes öffentliches Interesse voraussetzt, bleibt die *Verhältnismäßigkeit* und – damit zusammenhängend – *Sachlichkeit* einer solchen Maßnahme fraglich. Planungsgewinne können nur im Fall von Planänderungen erfasst werden. Wertzuwächse, die im Falle von bereits gewidmetem Bauland durch die Entwicklung der Bodenpreise oder durch die Widmung angrenzender Grundstücke eintreten, bleiben voraussetzungsgemäß ausgespart. Hinzu kommen die Schwierigkeiten einer sachgerechten Erfassung von Planungsgewinnen, die ja letztlich durch die Entwicklungen am Bodenmarkt bedingt und nur im Falle von Veräußerungen realisiert werden. Vor allem würde sich eine solche Maßnahme nur dann als sachlich rechtfertigen lassen, wenn auch durch Planänderung verursachte Wertverluste ausgeglichen, das heißt entschädigt werden. Das ist beim gegenwärtigen Stand der Entschädigungsregelungen in den ROG indessen nicht gewährleistet.[167] So gesehen wäre die Abschöpfung von Planungsgewinnen, die außerhalb eines umfassenden Systems des wertmäßigen Ausgleichs von Planungsfolgen vorgesehen ist, aus der Perspektive des Gleichheitsgrundsatzes betrachtet unsachlich und eigentumsrechtlich gesehen unverhältnismäßig.

Damit ist nicht gesagt, dass die Einführung eines kohärenten Systems des *Planwertausgleichs* zwangsläufig gegen die Verfassung verstößt. Ein solcher systematischer Ausgleich von Widmungsgewinnen und -verlusten durch Abschöpfungen und Ausgleichszahlungen wird von vielen als zielführendes bodenmarktpolitisches Instrument bewertet und gefordert. Abgesehen von der politischen Realisierbarkeit einer solchen Maßnahme zeigt sich allerdings, dass die praktische Realisierung eines Planwertausgleichs mit zahlreichen und schwierig zu lösenden Problemen konfrontiert. Es ist hier nicht der Platz, sich damit auseinanderzusetzen. Was die Raumordnungsverträge angeht, ist als Ergebnis festzuhalten, dass Verträge über die Abfuhr von Planungsgewinnen *de lege lata* schon wegen ihrer fehlenden gesetzwidrigen Grundlage gesetzwidrig und ihre isolierte Einführung *de lege ferenda* an den angedeuteten verfassungsrechtlichen Schranken scheitern müsste. Sie sind daher nach § 879 Abs 1 ABGB nichtig.

---

165 Einen anderen Ansatz hat die funktionale Eigentumstheorie verfolgt, die davon ausgeht, dass die Rechtsordnung bestimmte Eigentumspositionen zuweist, denen von vornherein bestimmte Beschränkungen immanent sind. Die Baufreiheit des Grundstückseigentümers wäre danach nicht das vorgegebene Recht, das Grundstück „nach Willkür" zu bebauen oder unbebaut zu belassen, das durch die baurechtlichen Bestimmungen beschränkt wird, sondern die Eigentumsgarantie schützte von vornherein nur das Recht, das Grundstück im Rahmen der Gesetze und der raumplanerischen Funktionszuweisungen zu nutzen. In diese Richtung zB *Fröhler/Oberndorfer*, Österreichisches Raumordnungsrecht Bd 1 (1975) 171 ff; dagegen *Korinek* (Fn 100) 11 sowie *Rill*, Eigentum, Sozialbindung und Enteignung bei der Nutzung von Boden und Umwelt, VVDStRL 51 (1992) 177 (182 ff). Diese Lehre hat sich nicht durchgesetzt.
166 Vgl zB *Korinek* (Fn 100) 10; *Pernthaler*, Raumordnung und Verfassung Bd 2 (1978) 331 f.
167 Vgl dazu die Nachweise in Fn 82.

VII "VERLÄNDERUNG" DER KOMPETENZ FÜR DAS VOLKSWOHNUNGSWESEN?

Dass die Raumordnungskompetenz der Bundesländer eine Grenze am Kompetenztatbestand des Art 11 Abs 1 Z 3 B-VG findet, der dem Bund die Gesetzgebungskompetenz für die von den Ländern zu vollziehenden Angelegenheiten des „Volkswohnungswesens mit Ausnahme der Förderung des Wohnbaus und der Wohnhaussanierung" zuweist, wurde bereits behandelt. In diesem Zusammenhang wurden auch die sachliche Reichweite dieses Kompetenztatbestands und die Abgrenzung zur raumordnungsrechtlichen Zuständigkeit der Länder behandelt.[168] Der Bund hat von seiner Kompetenz für das Volkswohnungswesen im Bodenbeschaffungsgesetz Gebrauch gemacht, dessen ausdrücklicher Zweck es war, „die Beschaffung von Grundstücken für den Wohnungsbau zu erleichtern" und das zu diesem Zwecke hoheitliche Maßnahmen (Enteignung, Vorkaufsrecht) zur Baulandbeschaffung durch die Gemeinden vorsieht.[169] Dass dieses Gesetz aus verschiedenen Gründen problematisch und praktisch unangewendet geblieben ist, ist bekannt. Einer der für seine mangelnde Wirksamkeit maßgeblichen Gründe ist die schon kurz nach seiner Erlassung kritisch aufgezeigte „mangelnde Harmonisierung" mit den einschlägigen Landesmaterien, vor allem dem Grundverkehrs- und Raumordnungsrecht.[170]

Tatsächlich ist die Abstimmung zwischen den Maßnahmen der Bodenbeschaffung und der Zuständigkeit der Länder für die Raumordnung *ungenügend*, auch wenn man darin nicht den Hauptgrund für die faktische Nichtanwendung des Bodenbeschaffungsgesetzes sehen kann. Eine Übertragung der Gesetzgebungszuständigkeit für die Beschaffung von Baugrund für „Klein- und Mittelwohnungen" auf die Bundesländer scheint daher ein sinnvoller Weg zu sein, um das Instrumentarium zu verstärken, das in den Dienst des Ziels einer Förderung von „leistbarem Wohnen" gestellt werden kann. Dass die Bemühungen um eine Kompetenzbereinigung, wie sie zuletzt im *Österreich-Konvent* erfolgt sind, in diese Richtung weisen, kann als Beleg für die Richtigkeit dieses Weges angesehen werden: So sah der Schlussbericht des Konvents im Rahmen der (überwiegend konsentierten) bereinigten „Kompetenzfelder" eine umfassende Landeszuständigkeit für „Öffentliches Wohnungswesen, Wohnbauförderung und Assanierung" vor, in der unter anderem auch das Volkswohnungswesen (bisher Art 11 Abs 1 Z 3 B-VG) enthalten sein sollte.[171]

Eine auch das bisherige „Volkswohnungswesen" umfassende Zuständigkeit für das „Öffentliche Wohnungswesen" würde die Handlungsmöglichkeiten der Länder erweitern. Das könnte eine Neuregelung der hoheitlichen Instrumente einer Baulandbeschaffung für Zwecke des sozialen Wohnbaus umfassen, durch die die bisher bestehenden Defizite des Bodenbeschaffungsgesetzes behoben werden. Im vorliegenden Zusammenhang der Vertragsraumordnung wäre der Vorteil darin zu sehen, dass die oben unter IV.3. aufgezeigte Kompetenzproblematik ganz wesentlich entschärft werden könnte.

Vor allem wäre es auf einer solchen neuen Kompetenzgrundlage möglich, besondere Widmungskategorien für Bauland zu schaffen, bei dem im Wege eines neu gestalteten Mechanismus der Vertragsraumordnung durch Verwendungs- und/oder Überlassungsverträge dafür gesorgt wird, dass Bauflächen für tatsächlich geförderte Wohnungen den gemeinnützigen Wohnbauträgern zur Verfügung gestellt werden. Insoweit ist auf die oben unter VI.3. angestellten Überlegungen zu verweisen.

---

168 Vgl dazu V.3.
169 Vgl dazu die Nachweise zu den Materialien des Bodenbeschaffungsgesetzes bei *Korinek*, Bodenbeschaffung und Bundesverfassung (1976) 7; zu diesem Gesetz vgl ferner *Kanonier* (Fn 1) 41 ff.
170 Vgl *Korinek* (Fn 169) 13.
171 Vgl den Endbericht des Österreich-Konvents, Teil 3, 117 [abrufbar unter: http://www.konvent.gv.at/K/DE/ENDB-K/ENDB-K_00001/imfname_036112.pdf] sowie den Bericht des Ausschusses 5 vom 5.11.2004, 38 [abrufbar unter: http://www.konvent.gv.at/K/DE/AUB-K/AUB-K_00018/imfname_029785.pdf].

VIII SCHLUSSFOLGERUNGEN

1. Obwohl immer wieder auf rechtliche Unsicherheiten und offene Probleme beim Einsatz von Instrumenten der Vertragsraumordnung hingewiesen wird, hat sich der Eindruck bestätigt, dass zivilrechtlichen Raumordnungsverträgen in der Praxis eine nicht unerhebliche Bedeutung zukommt und sie auch als ein geeignetes Mittel angesehen werden, unter bestimmten Gegebenheiten einen Beitrag zur Mobilisierung von Bauland zu leisten. Dies spricht nach Meinung der Gutachter dafür, diesen Weg fortzusetzen. Bestehende Schwächen des Instrumentariums sollten analysiert werden, um auf dieser Grundlage rechtspolitische Anstrengungen zu einer Erhöhung der Effizienz der Vertragsraumordnung bei gleichzeitiger Sicherstellung der rechtsstaatlichen Erfordernisse zu unternehmen.

2. Das geltende Raumordnungsrecht nahezu aller Bundesländer ermächtigt zum Abschluss von Raumordnungsverträgen, in erster Linie in der Form von Verwendungs- und Überlassungsverträgen. Auch andere Vertragsinhalte (Vorbereitungs- und Durchführungsverträge, Kostenübernahmeverträge) können von diesen Ermächtigungen erfasst sein; wieweit die geltenden Ermächtigungen reichen, hängt von der konkreten Ausgestaltung im Landesrecht ab. Im Prinzip gibt es daher ausreichende gesetzliche Grundlagen für eine privatrechtlich ausgestaltete Vertragsraumordnung, womit den Anforderungen des verfassungsrechtlichen Legalitätsprinzips entsprochen wird. Bei Abschluss von Raumordnungsverträgen sind die einschlägigen Grundrechte, in erster Linie der Gleichheitsgrundsatz und die Eigentumsgarantie, zu beachten; diesem Erfordernis, das zum Teil in den Raumordnungsgesetzen konkretisiert wird, kann und muss bei der Ausgestaltung der Verträge Rechnung getragen werden. Unter diesen Voraussetzungen gibt es keine durchgreifenden öffentlich-rechtlichen Einwendungen gegen den Einsatz dieses Instruments *de lege lata*.

3. Aus privatrechtlicher Sicht werfen Raumordnungsverträge eine Reihe von Fragen auf, die aber auf der Grundlage des geltenden Rechts lösbar sind. So können Verwendungsverträge wegen des Fehlens einer Umwidmungsverpflichtung der Gemeinde zwar nicht als synallagmatische Verträge angesehen werden, sie können aber mit einer konditionalen Verknüpfung erklärt werden. Die Verwendungsverträge enthalten keine Haupt-, sondern lediglich Sekundärpflichten. Das bedeutet, dass auf die Verbauung nicht geklagt werden kann, ein Verstoß gegen die Bebauungspflicht aber sonstige Rechtsfolgen (zB Konventionalstrafe) auslöst. Auch vor der Umwidmung treffen sowohl den Grundeigentümer als auch die Gemeinde Pflichten. Überlange Bindungen des Liegenschaftseigentümers sind nichtig (§ 6 Abs 1 Z 1 KSchG; § 879 Abs 1 ABGB). Die Gemeinde ist verpflichtet, den Grundeigentümer bei Vertragsabschluss auf ihr erkennbare Umstände hinzuweisen, die einer Umwidmung entgegenstehen könnten. Eine Verletzung dieser Pflicht kann den Vertragspartner zur Anfechtung des Vertrages wegen Irrtums oder List (§§ 870, 871 ABGB) berechtigen. Soweit die Raumordnungsgesetze auch öffentlich-rechtliche Nutzungserklärungen vorsehen, wäre eine Klarstellung von deren Verhältnis zu Verwendungsverträgen von Vorteil. Überlassungs-, Vorbereitungs-, Durchführungs- und Kostenübernahmeverträge erscheinen solange privatrechtlich unbedenklich, als ihr Abschluss zur Erreichung der Raumordnungsziele notwendig ist.

4. Das Gutachten geht davon aus, dass die im Zusammenhang mit privatrechtlichen Raumordnungsverträgen mitunter aufgeworfenen Rechtsschutzdefizite, die vor allem eine Folge der faktischen Überlegenheit der Gemeinden aufgrund ihrer hoheitlichen Planungskompetenzen sein sollen, so nicht bestehen bzw im Rahmen des geltenden Zivil- und Zivilprozessrechts lösbar sind.

5. Auch wenn bereits die geltende Rechtslage sowohl aus öffentlich-rechtlicher als auch aus privatrechtlicher Perspektive betrachtet eine prinzipiell taugliche Grundlage für den Einsatz von Instrumenten der Vertragsraumordnung bildet, sind Maßnahmen zur Steigerung ihrer Effizienz und Zielgerichtetheit denkbar, auch und vor allem im Zusammenhang mit einer Mobilisierung von Bauland mit der Zielrichtung „leistbares Wohnen". Sie könnten in die Richtung gehen, dass die Gemeinden anders als nach dem geltenden Recht in gewissen Planungslagen zum Abschluss von Raumordnungsverträgen verpflichtet werden, wobei zugleich eine engere Verknüpfung zwischen den hoheitlichen Widmungsentscheidungen und dem Abschluss von Verträgen angestrebt werden kann. Ziel solcher Bemühungen sollte und könnte es sein, das Instrument des Raumordnungsvertrages in die Syste-

matik und Logik der hoheitlichen Planungsprozesse besser als bisher einzubauen, etwa durch Schaffung besonderer Widmungskategorien, eine gestaffelte Freigabe von Bauland oder die Verknüpfung des Vertrages mit befristeten Baulandwidmungen.

6. Ein solcher Ausbau des Instruments der Vertragsraumordnung setzt aus mehreren Gründen ein Tätigwerden des (Raumordnungs-)Gesetzgebers voraus. Er steht dabei vor einer Grundsatzfrage, nämlich ob der bisherige Weg einer privatrechtlichen Vertragsraumordnung fortgesetzt wird oder ob eine Vertragsraumordnung künftig in der Form öffentlich-rechtlicher Verträge realisiert wird. Diese Frage ist primär rechtspolitisch zu diskutieren und zu entscheiden. Praktisch würden sich beide Modelle dadurch unterscheiden, dass der Rechtsschutz ein unterschiedlicher ist: Im Falle öffentlich-rechtlicher Raumordnungsverträge würde er zu den Verwaltungsgerichten und in der Folge zu den Gerichtshöfen des öffentlichen Rechts führen, behält man die privatrechtliche Variante bei, bleibt es wie bisher bei der Zuständigkeit der ordentlichen Gerichte. Das Gutachten spricht die verschiedenen Gesichtspunkte an, die bei dieser Entscheidung ins Gewicht fallen können, und die damit verbundenen Vor- und Nachteile. Eine eindeutige Präferenz wird nicht zum Ausdruck gebracht und lässt sich auch aus einer rechtswissenschaftlichen Perspektive kaum treffen. Freilich steht fest, dass der legistische Aufwand bei einer öffentlich-rechtlichen Ausgestaltung doch ein deutlich höherer sein dürfte und in nicht wenigen Belangen rechtliches Neuland zu betreten ist.

7. Ein Ausbau der Vertragsraumordnung im vorstehend umschriebenen Sinne ist aus verfassungsrechtlicher Perspektive mit gewissen Unsicherheiten verbunden. Sie sind bei den beiden Alternativen (privatrechtliche oder öffentlich-rechtliche Raumordnungsverträge) jeweils andere. Eine stärkere Verpflichtung der Gemeinden zum Abschluss privatrechtlicher Verträge und ihre Verknüpfung mit den Planungsentscheidungen sehen sich den Einwendungen ausgesetzt, die den VfGH dazu bewogen haben, die Regelungen zur Salzburger Vertragsraumordnung im Jahre 1999 als verfassungswidrig einzustufen. Die Tragweite dieser Entscheidung wird im vorliegenden Gutachten näher analysiert, auch im Lichte der übrigen Judikatur des VfGH. Nach der in diesem Gutachten vertretenen Auffassung steht das zitierte Erkenntnis einer Ausgestaltung der Vertragsraumordnung mit stärkerem Verpflichtungscharakter nicht entgegen, wenn der Vertrag zwar als Bedingung für gewisse Widmungsentscheidungen ausgestaltet wird, er aber nur ein tatbestandliches Element unter anderen ist, die eine sachgerechte Planungsentscheidung determinieren. Mit endgültiger Gewissheit lässt sich freilich nicht sagen, ob der VfGH eine solche Ausgestaltung akzeptiert. Den verfassungsrechtlichen Bedenken, die vor dem Hintergrund des Erkenntnisses zur Salzburger Vertragsraumordnung erhoben werden, entkäme man jedenfalls bei einer Entscheidung für öffentlich-rechtliche Raumordnungsverträge. Hier ist das nicht vollständig abschätzbare juristische Risiko ein anderes: Wenn man nicht den immer schon möglichen, aber aus sachlichen Gründen wenig sinnvollen Weg gehen möchte, öffentlich-rechtliche Raumordnungsverträge letztlich in hoheitliche Bescheide münden zu lassen, müsste man eine Zuständigkeit der (neuen) Verwaltungsgerichte zur Entscheidung über öffentlich-rechtliche Raumordnungsverträge begründen. Ob das gestützt auf die verfassungsrechtliche Ermächtigung des Art 130 Abs 2 Z 1 B-VG möglich ist, wie das in diesem Gutachten angenommen wird, ist gegenwärtig noch nicht höchstgerichtlich geklärt.

8. Eine Vertragsraumordnung, welche die rechtsstaatlichen und insbesondere die grundrechtlichen Schranken respektiert, stößt im Hinblick auf die angestrebte Mobilisierung von Bauland und das Ziel einer Förderung von „leistbarem Wohnen" zwangsläufig an Grenzen. Das wird vor allem bei der Preisgestaltung deutlich, die letztlich die Entwicklung der Baulandpreise nur begrenzt beeinflussen kann, wenn der grundrechtliche Eigentumsschutz respektiert wird. Daher sollen andere Instrumente, vor allem die abgabenrechtlichen Möglichkeiten eines Einwirkens auf den Bodenmarkt, neben der Vertragsraumordnung weiter verfolgt werden.

ANHANG ZU TEIL 3

GUTACHTEN ZU RECHTSFRAGEN DER VERTRAGSRAUMORDNUNG IN ÖSTERREICH

FRAGENKATALOG

ANHANG: FRAGENKATALOG ZUM GUTACHTEN

Ausgehend von den bestehenden verfassungs- und zivilrechtlichen Rahmenbedingungen in Österreich soll im Rahmen dieses Auftrags folgenden Aspekten und Fragestellungen in Bezug auf „Vertragsraumordnung" nachgegangen werden:

1. Vertragsraumordnung durch die Länder bzw Gemeinden

Reichen die vorhandenen Bestimmungen aus, um den Ländern bzw Gemeinden eine umfangreiche verfassungskonforme Durchführung der Vertragsraumordnung zu ermöglichen (etwa entsprechend den Bestimmungen über die städtebaulichen Verträge im Deutschen BauGB)?

2. Öffentlich-rechtliche Verträge

Welche rechtlichen Voraussetzungen wären erforderlich, damit die Länder bzw Gemeinden öffentlich-rechtliche Verträge abschließen können? Was wären die Vor- bzw Nachteile öffentlich-rechtlicher Verträge insbesondere für die Planungsträger?

3. Verpflichtende (obligatorische) Vertragsraumordnung

Wann bzw unter welchen Bedingungen kann der Abschluss von Verträgen für Gemeinden verpflichtend vorgeschrieben werden?

4. Beurteilung einzelner Vertragsinhalte

Die Möglichkeiten und Grenzen der einzelnen Vertragsinhalte sind zu erörtern, wobei jeweils aufzuzeigen ist:
→ Grenzen und Möglichkeiten aufgrund der geltenden Rechtslage;
→ Erforderlicher gesetzlicher Handlungsbedarf, um die einzelnen Verträge bzw Vertragsinhalte rechtskonform umsetzen zu können.

Dies wäre zu erörtern bei:

a. Vorbereitungs- und Durchführungsverträgen: Dem Grundeigentümer werden die Kosten bzw die Durchführung von planerischen/städtebaulichen Maßnahmen übertragen (zB Plan- oder Gutachtenkosten, Neuordnung der Grundstücksverhältnisse (Umlegung), Beseitigung von Altlasten, Abbruch von Altgebäuden, …).

b. Verwendungsverträgen: Der Grundeigentümer muss die Liegenschaft innerhalb einer bestimmten Zeit widmungskonform nutzen bzw verpflichtet sich der Grundeigentümer zu einer bestimmten baulichen Nutzung, etwa zum förderbaren Wohnbau oder zur Deckung des Wohnbedarfs für die einheimische Bevölkerung (durch den Vertrag wird die durch die Widmungsbestimmung vorgegebene Nutzungsmöglichkeit spezifiziert bzw eingeschränkt).

c. Kostenübernahmeverträgen: Der Grundeigentümer verpflichtet sich zur Übernahme von Kosten bzw Folgekosten von städtebaulichen Maßnahmen, etwa für die technische und soziale Infrastruktur.

d. Überlassungsverträgen: Der Grundeigentümer verpflichtet sich, seine Grundstücke bzw Grundstücksteile an den Planungsträger bzw an genannte Dritte abzutreten.

e. Gewinnausgleichsverträgen: Der Grundeigentümer verpflichtet sich, einen bestimmten Anteil der Widmungsgewinne infolge von Planänderungen an die Gemeinden abzuführen.

5. Ergänzungen zum „Volkswohnungswesen"

Über die oben angeführten Fragen zur Vertragsraumordnung hinaus soll auch die Frage erörtert werden, welchen Beitrag zur Problemlösung die Verländerung der Kompetenz des Volkswohnungswesens bringen könnte.

ÖROK-SCHRIFTENREIHENVERZEICHNIS

190	Vielfalt und Integration im Raum, Ergebnisse der ÖREK-Partnerschaft, Wien 2014
189	Flächenfreihaltung für linienhafte Infrastrukturvorhaben: Grundlagen, Handlungsbedarf & Lösungsvorschläge, Wien 2013
188	STRAT.AT Bericht 2012/STRAT.AT Report 2012, Wien 2013
187	13. Raumordnungsbericht, Analysen und Berichte zur räumlichen Entwicklung Österreichs 2008–2011, Wien 2012
186	Wirkungsevaluierung – ein Praxistest am Beispiel der EFRE-geförderten Umweltmaßnahmen des Bundes 2007–2013, Wien 2011
185	Österreichisches Raumentwicklungskonzept (ÖREK) 2011, Wien 2011 samt Ergänzungsdokumenten
185en	Austrian Spatial Development Concept (ÖREK) 2011, Wien 2011
184	ÖROK-Regionalprognosen 2010–2030: Bevölkerung, Erwerbspersonen und Haushalte, Wien 2011
183	15 Jahre INTERREG/ETZ in Österreich: Rückschau und Ausblick, Wien 2011
182	STRAT.AT Bericht 2009, Wien 2010
181	Neue Handlungsmöglichkeiten für periphere ländliche Räume, Wien 2009
180	EU-Kohäsionspolitik in Österreich 1995–2007 – Eine Bilanz, Materialienband, Wien 2009
179	Räumliche Entwicklungen in österreichischen Stadtregionen, Handlungsbedarf und Steuerungsmöglichkeiten, Wien 2009
178	Energie und Raumentwicklung, Räumliche Potenziale erneuerbarer Energieträger, Wien 2009
177	Zwölfter Raumordnungsbericht, Wien 2008
176/II	Szenarien der Raumentwicklung Österreichs 2030, Regionale Herausforderungen und Handlungsstrategien, Wien 2009
176/I	Szenarien der Raumentwicklung Österreichs 2030, Materialienband, Wien 2008
175	strat.at 2007–2013, Nationaler strategischer Rahmenplan Österreich, Wien 2007
174	Erreichbarkeitsverhältnisse in Österreich 2005, Modellrechnungen für den ÖPNRV und den MIV (bearbeitet von IPE GmbH.), Wien 2007
173	Freiraum & Kulturlandschaft – Gedankenräume - Planungsräume, Materialienband, Wien 2006
172	Zentralität und Standortplanung d er öffentlichen Hand (bearbeitet von Regional Consulting ZT Gmbh), Wien 2006
171	Aufrechterhaltung der Funktionsfähigkeit ländlicher Räume (bearbeitet von Rosinak & Partner), Wien 2006
170	Elfter Raumordnungsbericht, Wien 2005
169	Europaregionen – Herausforderungen Ziele, Kooperationsformen (bearbeitet von ÖAR), Wien 2005
168	Präventiver Umgang mit Naturgefahren in der Raumordnung, Materialienband, Wien 2005
167	Zentralität und Raumentwicklung (bearbeitet von H. Fassmann, W. Hesina, P. Weichhart), Wien 2005
166/II	ÖROK-Prognosen 2001–2031 Teil 2: Haushalte und Wohnungsbedarf nach Regionen und Bezirken Österreichs (bearbeitet von STATISTIK AUSTRIA), Wien 2005
166/I	ÖROK-Prognosen 2001–2031 Teil 1: Bevölkerung und Erwerbstätige nach Regionen und Bezirken Österreichs (bearbeitet von STATISTIK AUSTRIA), Wien 2004
165	EU-Regionalpolitik und Gender Mainstreaming in Österreich (BAB GmbH & ÖAR GmbH), Wien 2004
164	Methode zur Evaluierung von Umweltwirkungen der Strukturfondsprogramme (bearbeitet vom ÖIR), Wien 2003
163	Österreichisches Raumentwicklungskonzept 2001, Wien 2002
163a	Österreichisches Raumentwicklungskonzept 2001 – Kurzfassung, Wien 2002
163b	The Austrian Spatial Development Concept 2001 – Abbreviated version, Vienna 2002
163c	Le Schéma autrichien de développement du territoire 2001 – Résumé, Vienne 2002
162	Räumliche Disparitäten im österreichischen Schulsystem – Strukturen, Trends und politische Implikationen (bearbeitet von Heinz Faßmann), Wien 2002
161	Ex-post-Evaluierung Ziel-5b- und LEADER II-Programme 1995–1999 in Österreich, (Bearbeitung: Forschungszentrum Seibersdorf Ges.m.b.H), Wien 2002
160	Zehnter Raumordnungsbericht, Wien 2002
159	Freiflächenschutz in Stadtregionen (Teil I bearbeitet von stadtland, Teil II bearbeitet vom ÖIR), Wien 2001
158	Soziale Infrastruktur, Aufgabenfeld der Gemeinden; Expertengutachten des ÖIR (bearbeitet von Claudia Doubek und Ulrike Hiebl), Wien 2001
157	Aktionsprogramme der Europäischen Union – Die Beteiligung Österreichs 1999/2000 (bearbeitet von ÖSB-Unternehmensberatung GesmbH. und ÖAR-Regionalberatung GesmbH.), Wien 2001

156	Literatur zur Raumforschung und Raumplanung in Österreich, ÖROK-Dokumentation 1999/2 (Bearbeitung ÖIR, KDZ), Wien 2000
155	Erreichbarkeitsverhältnisse im öffentlichen Verkehr und im Individualverkehr 1997/98, Gutachten der Firma IPE (Integrierte Planung und Entwicklung regionaler Transport- und Versorgungssysteme), Wien 2000
154	Transeuropäische Netze und regionale Auswirkungen auf Österreich – Ergänzungsstudie, Gutachten des ÖIR (bearbeitet von Reinhold Deußner unter Mitarbeit von Eckhard Lichtenberger, Ursula Mollay, Wolfgang Neugebauer und Herbert Seelmann), Wien 2000
153	Literatur zur Raumforschung und Raumplanung in Österreich, ÖROK-Dokumentation 1999/1 (Bearbeitung ÖIR, KDZ), Wien 2000
152	Aktionsprogramme und transnationale Netzwerke der EU – überarbeitete und erweiterte Fassung Handbuch der ÖSB-Unternehmensberatung GesmbH/ÖAR-Regionalberatung GesmbH/invent – Institut für regionale Innovationen (bearbeitet von T. Brandl, L. Fidlschuster, I. Gugerbauer, I. Naylon, F. Weber), Wien 2000
151	10. ÖROK-Enquete am 20. Mai 1999 in Wien: Das Österreichische Raumordnungskonzept 2001 – Zwischen Europa und Gemeinde, Wien 1999
150	Neunter Raumordnungsbericht, Wien 1999
149	Zwischenevaluierung der INTERREG II-A Außengrenzprogramme (bearbeitet von der Trigon – Entwicklungs- und Unternehmensberatung GmbH), Wien 1999
148	Literatur zur Raumforschung und Raumplanung in Österreich, ÖROK-Dokumentation 1998/2 (Bearbeitung ÖIR, KDZ), Wien 1999
147	Auswirkungen Transeuropäische Verkehrsnetze auf die räumliche Entwicklung Österreichs (bearbeitet vom ÖIR), Wien 1999
146	Regionale Auswirkungen der EU-Integration der Mittel- und Osteuropäischen Länder Band I und II (bearbeitet vom ÖIR und dem Österreichischen Institut für Wirtschaftsforschung), Wien 1999
145	Strukturwandel und Flächennutzungsänderungen in der österreichischen Land- und Forstwirtschaft (bearbeitet vom ÖIR), Wien 1999
144	Zwischenbewertung der Ziel-5b- und LEADER II-Programme 1995–1999 in Österreich (bearbeitet von Österreichisches Forschungszentrum Seibersdorf Ges.m.b.H und Regional Consulting Ziviltechniker Ges.m.b.H), Wien 1999
143	Siedlungsstruktur und öffentliche Haushalte, Gutachten des ÖIR (bearbeitet von Claudia Doubek), Wien 1999
142	Literatur zur Raumforschung und Raumplanung in Österreich, ÖROK-Dokumentation 1998/1 (Bearbeitung ÖIR, KDZ), Wien 1998
141	Zwischenevaluation des Ziel-1-Programms Burgenland (bearbeitet vom ÖIR) Wien 1998
140	Zwischenbewertung der Interventionen der Ziel-2-Programme, des RESIDER-II- und des RECHAR-II-Programmes in der Programmperiode 1995–99 in Österreich (bearbeitet von JOANNEUM RESEARCH Graz), Wien 1998
139	Haushaltsentwicklung und Wohnungsbedarf in Österreich 1991–2021, (bearbeitet von Heinz Faßmann, und Rainer Münz), Wien 1998
138	Literatur zur Raumforschung und Raumplanung in Österreich, ÖROK-Dokumentation 1997/2 (Bearbeitung ÖIR, KDZ), Wien 1998
137	Raumordnung in Österreich, Wien 1998
137a	Spatial Planning in Austria, Vienna 1998
137b	L Aménagement du territoire en Autriche, Vienne 1998
136	Literatur zur Raumforschung und Raumplanung in Österreich, ÖROK-Dokumentation 1997/1 (Bearbeitung ÖIR, KDZ), Wien 1997
135	Naturschutzrechtliche Festlegungen in Österreich (überarbeitete Version), Wien 1997
134	Wirtschaftliche Entwicklungsperspektiven für die österreichischen Ballungsräume; Gutachten des ÖIR, (bearbeitet von Christof Schremmer, Andreas Birner, Claudia Doubek, Bernhard Schausberger), Wien 1997
133	Literatur zur Raumforschung und Raumplanung in Österreich, ÖROK-Dokumentation 1996/2 (Bearbeitung ÖIR, KDZ), Wien 1997

Sonderserie Raum & Region, Heft 3, Politik und Raum in Theorie und Praxis – Texte von Wolf Huber kommentiert durch Zeit-, Raum- und WeggefährtInnen, Wien 2011

Sonderserie Raum & Region, Heft 2, Raumordnung im 21. Jahrhundert – zwischen Kontinuität und Neuorientierung, 12. Örok-Enquete zu 50 Jahre Raumordnung in Österreich, Wien 2005

Sonderserie Raum & Region, Heft 1, Raumordnung im Umbruch – Herausforderungen, Konflikte, Veränderungen, Festschrift für Eduard Kunze, Wien 2003